블록체인

애플리케이션 개발 실전 입문

Solidity를 이용한 이더리움 스마트 계약 구현

블록체인
애플리케이션 개발 실전 입문

Solidity를 이용한 이더리움 스마트 계약 구현

지은이 와타나베 아츠시, 마츠모토 유타, 니시무라 요시카즈, 시미즈 토시야
옮긴이 양현   감수 김응수
펴낸이 박찬규   엮은이 이대엽   표지디자인 Arowa & Arowana

펴낸곳 위키북스   전화 031-955-3658, 3659   팩스 031-955-3660
주소 경기도 파주시 문발로 115, 311호(파주출판도시, 세종출판벤처타운)

가격 27,000   페이지 328   책규격 188 x 240mm

1쇄 발행 2017년 12월 07일
2쇄 발행 2018년 01월 26일
3쇄 발행 2018년 09월 03일
ISBN 979-11-5839-085-3 (93500)

등록번호 제406-2006-000036호   등록일자 2006년 05월 19일
홈페이지 wikibook.co.kr   전자우편 wikibook@wikibook.co.kr

はじめてのブロックチェーン・アプリケーション
（Hajimete no Blockchain Application: 5134-2)
Copyright© 2017 Atsushi Watanabe, Yuta Matsumoto, Yoshikazu Nishimura, Toshiya Shimizu.
Original Japanese edition published by SHOEISHA Co.,Ltd.
Korean translation rights arranged with SHOEISHA Co.,Ltd. through Botong Agency.
Korean translation copyright © 2017 by WIKIBOOKS

이 도서의 국립중앙도서관 출판시도서목록 CIP는
서지정보유통지원시스템 홈페이지(http://seoji.nl.go.kr)와
국가자료공동목록시스템(http://www.nl.go.kr/kolisnet)에서 이용하실 수 있습니다.
CIP제어번호 CIP2017035879

블록체인
애플리케이션 개발 실전 입문

Solidity를 이용한 이더리움 스마트 계약 구현

와타나베 아츠시, 마츠모토 유타, 니시무라 요시카즈, 시미즈 토시야 지음

양현 옮김 / 김응수 감수

SE
SHOEISHA

위키북스

처음으로 '스마트 계약'이라는 단어를 들었을 때 정말 서비스로 성립 가능한지, 시스템으로써 사용해도 문제가 없을지 많이 의심스러웠다. 하지만 실제로 이더리움을 설치해 스마트 계약 프로그램을 만들어보고 그 잠재력에 큰 충격을 받았다.

스마트 계약은 튜링 완전, 즉 조건문(if 문)이나 반목문(for 문) 등 자바나 C 같은 일반적인 프로그래밍 언어와 동등한 언어로 만든 로직과 데이터를 현실적으로 변조할 수 없다고 말할 수 있는 블록 체인에서 동작시키는 구조다. 프로그램이나 실행 결과에 부정이 없는 것, 미리 정해진 로직이 실행되는 것은 네트워크에 참가하고 있는 노드가 상호 감시를 통해 담보한다. 전 세계적으로 확산되고 있는 블록체인에서 프로그램이 동작하므로 글로벌 컴퓨터라고 할 수 있다. 비트코인과 동일한 구조를 가진 블록체인에 누구나 자신만의 프로그램을 운영할 수 있다.

이 책에서는 블록체인 기술이 무엇이고 어떤 배경으로 만들어졌는지, 사업적으로 어떤 가능성이 있는지에 대해서는 깊이 설명하지 않는다. 그보다는 앞으로 블록체인을 사용해 무언가 새로운 응용 프로그램을 만들고 싶거나 서비스를 제공하고 싶은 엔지니어가 보기 위한 블록체인 입문서다.

아직 탄생한 지 얼마 안 된 기술인 블록체인은 변화의 속도도 빠르고 정보가 서로 엇갈리는 등 혼선이 생기기도 하지만 이 책이 스마트 계약 개발에 관심 있는 엔지니어에게 도움이 됐으면 하는 바람이다.

2017년 7월
집필자 일동

대상 독자

이 책은 이더리움에서 스마트 계약 개발에 참여(향후 포함)하는 모든 엔지니어를 대상으로 한다. 앞으로 스마트 계약을 개발할 엔지니어는 물론, 블록체인에 대해 조사하는 컨설턴트, 새로운 것을 찾는 정보 시스템 부서에서 근무하는 분들도 이 책을 통해 블록체인의 기초부터 스마트 계약의 개요, 실무에 적용 가능한 코드와 구체적인 개발 방법까지 폭넓게 배울 수 있다.

이 책의 구성

이 책은 블록체인 설명(1장), 블록체인 환경 구축 및 기본적인 조작, 스마트 계약의 기초(2장, 3장), 스마트 계약 개발(4장 ~ 6장)로 구성돼 있다.

1장에서는 블록체인 등장 배경과 요소 기술, 기대할 수 있는 것과 블록체인 응용 프로그램 개발에 대해 설명한다. 이 내용을 이해함으로써 왜 블록체인이 주목받는 기술인지 알 수 있다.

2장에서는 스마트 계약 기반 기술로 사용할 이더리움을 설치하고 개발 환경을 구축한다. 계정의 생성과 Ether 송금 등 이더리움의 기본적인 조작을 알아본다. 이 책에서 설치하는 이더리움 버전은 1.5.5다. 3장 이후에 사용하는 GUI 스마트 계약 개발 환경(Browser-Solidity)에서 동작 검증을 완료한 버전이다. 이 책을 집필하는 시점에는 1.6.x 버전이 배포되고 있다. 1.6 버전에서는 기동용 파일과 스마트 계약의 컴파일 방법이 1.5.x 버전과 다르다. 1.6 버전의 설치 방법은 부록을 참고하기 바란다. 컴파일 방법 등에 대해서는 5장을 참고한다. 스마트 계약 자체의 문법과 동작은 1.5.5 버전과 동일하기 때문에 먼저 1.5.5로 환경을 만드는 것을 권장한다.

3장에서는 스마트 계약 입문으로 스마트 계약의 개요, 개발 환경 소개 및 설치, 스마트 계약 전용 프로그래밍 언어인 Solidity를 소개한다. 4장 이후부터 스마트 계약을 개발하는 데 기초가 되므로 잘 봐둬야 한다.

4장부터는 실전편으로, 실제 스마트 계약을 구현해본다. 4장에서는 가상 화폐 계약을 다룬다. 최소한의 기능을 가진 가상화폐를 바탕으로 기능을 추가하며 크라우드 세일, 에스크로를 통해 Ether와 교환하는 부분까지 설명한다.

5장에서는 존재 증명 계약을 다룬다. 한번 등록되면 변조할 수 없다는 블록체인의 특성을 활용해 스마트 계약을 만드는 방법을 설명한다.

6장에서는 난수 생성 계약을 다룬다. 게임적 요소가 있는 응용 프로그램에는 난수를 생성해야 하는 경우가 있다. 블록체인에서 이를 어떻게 구현하고, 어떻게 투명성을 보장할지에 대해 고민해본다. 그리고 외부 정보를 참조하는 방법에 대해서도 설명한다.

이 책을 읽고 블록체인의 개념부터 환경 구축, 스마트 계약을 만들기 위해 엔지니어가 구체적으로 무엇을 해야 좋을지, 어떻게 개발할지에 대해 효율적으로 익힐 수 있다.

이 책을 읽는 법

기본적으로 이 책은 1장부터 순서대로 읽는 것이 좋으나 다음과 같은 방법으로 읽어도 상관 없다.

- 바로 코드를 작성해보고 싶다면: 2장에서 이더리움 설치 항목을 보고 4장 이후의 흥미 있는 부분부터 시작
- 이미 환경 구축이 돼 있다면: 3장, 스마트 계약 입문을 읽고 4장 이후의 흥미 있는 부분부터 시작
- 암호 기술에 흥미가 있다면: 6장 난수 생성 계약

이 책을 읽기 전에

이 책은 서적이라는 특성상 많은 독자가 알기 쉽게 설명하기 위해 효율적으로 동작 확인을 할 수 있는 Browser-Solidity를 최대한 이용해 설명한다. 하지만 Browser-Solidity에서 모든 함수를 지원하는 것은 아니기 때문에 콘솔을 이용해 설명하는 경우도 있다. 5장의 존재 증명 계약은 Browser-Solidity를 에디터로 사용할 뿐, 실제로는 콘솔에서 실행하며 설명한다. 이더리움(Geth) 버전은 이 책의 집필 당시(2017년 6월) 1.6.6 버전이 최신 버전이었지만, Browser-Solidity는 1.6을 지원하지 않고 있었기 때문에 동작이 비교적 안정된 1.5.5를 사용해 설명한다. 버전 차이로 발생하는 문제에 대해서는 solidity 기술 문서와 go-ethereum 사이트를 참조하기 바란다.

예제 파일에 대해

이 책의 예제 파일은 다음 URL에서 내려받을 수 있다.

http://wikibook.co.kr/blockchain-solidity

02

실전편

6장 _ 난수 생성 계약

APPENDIX

A

부록

PART

기초편

01

1장

블록체인 기초

블록체인이란?

1.1.1 블록체인 기술이란?

블록체인이라는 말을 들으면 일반적으로 비트코인을 떠올리는 사람이 많을 것이다. 혹은 이미 블록체인 기술에 대해 알고 있으면 블록체인은 p2p 기술이라든가 해시 함수라고 하는 사람도 있을 것이다. 블록체인 기술은 간단히 말해서 '정보를 변조하기 어려운 형태로 공유하는 시스템'이라고 할 수 있다. 이 설명만으로는 부족할 수 있으므로 좀 더 구체적으로 이해할 수 있도록 비트코인을 통해 블록체인 기술에 대해 설명한다.

■ 비트코인으로 배우는 블록체인

비트코인은 가상 화폐 중 하나지만 기존 화폐와 큰 차이점이 있다. 비트코인은 참가자(노드라고 한다)를 관리하는 중앙 기관이 존재하지 않고, 모든 노드가 P2P 네트워크를 이용해 연결돼 있다는 점이다. 따라서 비트코인 네트워크를 완전히 정지시키기 위해서는 비트코인에 참가하고 있는 모든 노드를 파괴해야 한다. 게다가 이 노드들이 공유하고 있는 정보는 현재 누가 얼마나 가지고 있는지 등의 정보가 아니라 과거부터 현재에 이르기까지의 모든 거래 정보다(물론 이 거래 정보는 매우 크기 때문에 개중에는 일부 정보만 가지고 있는 노드도 있다). 여기서 공유라고 하는 것은 어딘가 중앙에 있는 데이터를 복사해 공유하는 것이 아니라, P2P 네트워크를 이용해 각 노드가 정보를 서로 복사해 가며 동기화하는 것을 의미한다. 모든 거래 정보를 가지고 있기 때문에 모든 노드는 그 거래 정보를 보고 지금 누가 얼마나 가지고 있는지를 바로 확인할 수 있다. 그림 1-1은 비트코인 블록체인의 개념도다. 검증·등록에 대해서는 다음에 설명한다.

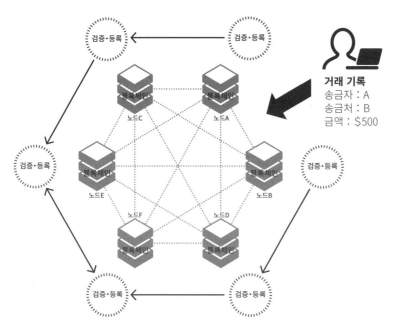

그림 1-1 블록체인 개념도. 거래 정보를 모든 노드가 공유하고 검증해 보유하고 있다.

이 거래 기록(트랜잭션이라고 한다)은 단순히 쌓아 두기만 하는 기록은 아니다. 해시 함수라고 하는 암호 기술을 사용해 시간대별로 몇 개의 트랜잭션이 덩어리(블록이라고 한다)를 만들면서 사슬처럼 연결돼 저장된다. 그림 1-2는 그 개념도다. 과거의 트랜잭션에 조금이라도 변화가 생기면 이후의 거래에서도 무결성에 이상이 발생하는 구조로 데이터를 저장한다(이 부분에 대해서는 1.1.2절에서 자세히 다룬다).

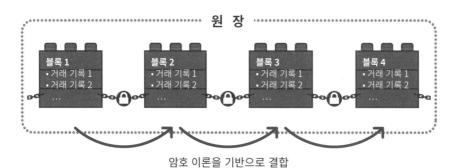

그림 1-2 비트코인에서 각 노드가 가진 데이터의 개념도. 거래 기록 블록이 사슬 형태로 연결돼 있다.

이 밖에도 중요한 것이 하나 있다. 앞서 설명한 거래 정보가 블록으로 만들어져 P2P로 전파될 때 그 블록이 올바른지를 어떻게 검증하는지에 대한 부분이다. 이를 비트코인에서는 '마이닝(채굴)'이라고 한다. 해시 값을 계산할 때 가장 먼저 정답을 맞춘 노드가 블록을 생성할 권리를 가지고 P2P에 블록을 전파한다. 각 노드는 새로운 블록이 올바르다고 판단되면 승인할 뿐이다(이 부분에 대해서도 1.1.2절에서 자세하게 다룬다).

서명 등 자세한 기술적 구조는 생각하지 않고 흐름에 대해서만 요약해 보면 다음과 같다. 가상 화폐를 거래하고 싶은 사람은 가상 화폐의 가치에 해당하는 트랜잭션을 생성한다. 트랜잭션은 모든 노드에 전파되고, 채굴에 성공한(즉, 연산 경쟁에서 이긴) 노드의 블록에 포함된다. 이 블록은 다시금 모든 노드로 전송되고, 각 노드는 그 블록을 자신의 기록 영역에 저장한다. 이 시스템은 중앙 관리 기관 없이 P2P 네트워크를 통해 각 노드가 자율적으로 동작함으로써 이 모든 것을 구현한다.

■ 진화하는 블록체인 – 가상 통화를 넘어서

비트코인에 대해 설명했지만 블록체인은 이 비트코인에서 사용되는 공유 정보에서 가상 화폐의 개념만 제거한 구조다. 즉, P2P를 통해 각 노드가 정보를 동기화하며 그 정보를 블록으로 만들어 변조가 불가능한 형태로 만들어 저장하는 시스템을 말한다.

그림 1–3을 보면 비트코인이라는 것은 블록체인이라는 기반 위에 비트코인이라는 가상 화폐 응용 프로그램을 올린 형태라는 것을 알 수 있다.

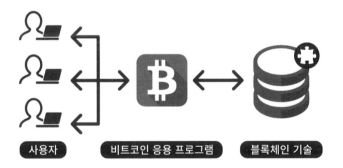

사용자   비트코인 응용 프로그램   블록체인 기술

그림 1–3 비트코인 시스템 개요도. 데이터 공유 기반으로서 블록체인을 활용하고, 그 위에 비트코인 응용 프로그램을 구현한 형태

블록체인이 무엇인지에 대한 직접적인 대답은 되지 않겠지만 대략적인 개념을 잡을 수는 있었을 것이다. 블록체인은 올바른 정보를 공유하는 구조이며, 비트코인은 이를 이용해 거래 내역을 서로 공유하는 하나의 응용 프로그램에 지나지 않는다. 비트코인이 정상적으로 가동될 수 있는 것은 이런 기술을 잘 조합해 블록체인을 만들어낸 사토시 나카모토(비트코인 창시자)의 혜안 덕이다.

그렇지만 블록체인 기술은 가상 통화의 범주를 뛰어넘어 계속 진화해 나가고 있는 것도 사실이다. 정보를 공유할 뿐만 아니라 더욱 명확하고 변조 불가능한 형태로 네트워크에 남겨두는 기반으로서 블록체인 기술이 주목받고 있으며 계속 연구되고 있다. 이 책은 블록체인 영역 중 가상 화폐만이 아니라 자신이 원하는 응용 프로그램을 만들어서 실행해 볼 수 있는 구체적인 방법을 설명한다.

1.1.2 블록체인을 지원하는 기술

여기서 설명하는 기술은 기술 하나하나가 서적 한 권 분량이 될 정도로 중요한 기술이다. 여기서는 이 기술에 대해 블록체인을 이해하는 데 필요한 부분만 간단하게 설명한다.

P2P 기술

P2P란 Peer-to-Peer의 약자로 동등한 계층끼리 서로 연결된 네트워크(동등 계층 간 통신망)라는 의미다. P2P형 네트워크 모델에서는 네트워크를 구성하는 컴퓨터(이를 노드라고 부르기도 한다)가 서로 서비스를 제공하거나 제공받을 수 있다(그림 1-4 참조). 이런 네트워크와 반대되는 개념으로는 클라이언트-서버(Client-Server)형 네트워크 모델이 있다. 클라이언트-서버형 모델에서는 네트워크를 구성하는 컴퓨터의 역할이 명확하게 나뉘어 있다. 즉, 서버라고 하는 특정 처리(부하가 많이 걸림)를 수행하는 서비스 제공용 단말기와 서버에서 제공하는 서비스를 받는 클라이언트가 존재하고, 서버를 중심으로 한 네트워크 구성이다(그림 1-5 참조).

두 네트워크가 지닌 장단점을 간단히 살펴보자. 먼저 클라이언트-서버형 모델에서는 서버가 중심이 되기 때문에 서버에 장애가 발생하면 시스템 전체에 장애가 발생한다. 한편, P2P형 모델에서는 모든 노드가 동등한 수준으로 연결된 경우가 많기 때문에 그러한 장애 문제는 발생하지 않는다. 클라이언트-서버형 모델에서는 서버에 부하가 집중되기 쉬운 구조지만 P2P에서는 특정 노드에 처리가 몰리기 어려울 뿐만 아니라 확장성에 있어서도 매우 뛰어나다.

그러나 P2P형 모델에도 부족한 점이 있다. 예를 들어, P2P에서는 특성상 각 노드가 다른 다수의 노드와 통신 경로를 확보해야 한다. 모든 노드를 연결하는 회선의 품질이 보증된다면 경로와 상관없이 고품질 통신을 누릴 수 있지만 현실적으로 어려운 부분이 있다.

즉, 노드를 잇는 경로에 느린 회선이 있다면 그것이 네트워크 전체의 품질을 저하시킬 수 있기 때문에 P2P 네트워크 구성 자체에 상응하는 노력이 필요하다. 그리고 클라이언트-서버형 모델에서는 언제나 연결할 곳은 서버가 되지만 P2P형 모델에서는 언제나 통신할 상대를 확인해야 한다.

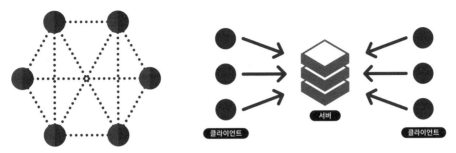

그림 1-4 P2P형 네트워크 구성도   그림 1-5 클라이언트-서버형 네트워크 구성도

해시 함수와 블록체인

1.1.1절에서 비트코인은 거래 기록이 블록을 이루면서 사슬처럼 연결돼 있다고 표현했다. 이 '사슬처럼 연결돼 있다'라는 부분의 기술은 암호 기술의 하나인 해시 함수를 통해 설명한다. 해시 함수란 데이터의 다이제스트[1]를 획득하는 함수다. 데이터 크기가 큰 경우에 데이터를 비교 · 검색하기 위해 데이터의 특징을 고정 길이화해서 표시하는 것이다. 이 특징을 데이터의 해시 값이라고 한다. 해시 값은 간편하게 계산할 수 있어야 하며 출력 값이 균일하게 분포돼야 한다. 블록체인에서는 암호학적 해시 함수라고 하는 함수가 이용되며 이것은 다음과 같은 특징을 가진다.

- 특정 해시 값을 가진 데이터를 검색하는 것이 매우 힘들다.

이 특징은 데이터가 조금이라도 변하면 해시 값이 완전히 바뀌는 특성도 함께 가지고 있다. 그림 1-6에는 실제 문자열에 대해 SHA256이라는 해시 함수를 사용해 해시 값을 출력한 예다. 문자열을 조금 바꾼 것만으로 완전히 다른 값이 출력된 것을 확인할 수 있다.

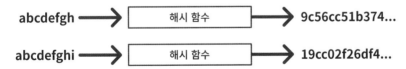

그림 1-6 해시 함수는 데이터를 받아 그 다이제스트를 반환한다[2]

---

1   (옮긴이) 디지털 정보의 요약
2   다른 데이터의 해시 값이 우연히 중복될 확률은 매우 낮다. 예를 들어, SHA256에서는 $2^{256} \sim 10^{70}$에 한 번의 확률로, 매우 낮은 확률이다.

블록체인에서는 새로운 블록을 만들 때는 반드시 이전에 만들어진 블록의 해시 값이 기재된다. 이로써 과거의 어떤 블록이 변조됐다고 해도 그 블록의 해시 값과 다음 블록에 쓰여진 원래의 해시 값을 비교함으로써 바로 변조 사실을 알아낼 수 있다. 해시 값의 변조 없이 데이터를 변경하는 것은 불가능에 가깝다.

마이닝(채굴)

이것은 블록체인보다는 비트코인이나 기타 공용 블록체인에서 많이 가지고 있는 특징이다. 하지만 이 책의 주요 내용인 Ethereum(이더리움)이라고 하는 블록체인에서도 이 구조를 사용하기 때문에 간단하게 설명해 둔다.

지금까지 블록체인의 데이터 구조는 블록의 연속이라고 설명했다. 그렇다면 대체 누가 이 블록을 만들 권리를 가지고 있는 것일까? 특정 소수의 노드만 이런 권리를 가지고 있다면 그것은 중앙 집권형 방식으로 바뀔 것이며, 모든 노드가 동등하게 블록을 만들어 낸다면 블록이 대량으로 만들어져 어떤 블록을 신뢰할 것인지 알 수 없게 된다. 이를 해결하기 위한 것이 바로 채굴이다.

채굴이란 해시 값을 찾기 위한 계산 경쟁이다. 특정 해시 값을 찾기 위한 경쟁에서 승리한 사람만이 블록을 만들 권리를 가지게 되며, 이 경쟁에는 모든 노드가 참가할 수 있다. 그리고 이 경쟁에서 승리해 블록을 생성한 사람에게는 보상이 주어지는데, 이것이 자원을 소모해 가며 채굴에 뛰어들게 하는 요소가 된다. 모든 노드가 블록을 만들 수 있는 권리를 가지고 있으며, 모든 노드가 전체 시스템의 유지에 도움을 주게 되는 이 구조는 채굴을 통해 구현된다.

전자 서명

이번 절의 마지막으로 전자 서명이라고 하는 기술을 소개한다. 이것은 전자적으로 본인을 인증하고 확인하는 시스템이다. 예를 들어, 비트코인에서 A가 B에게 돈을 얼마나 송금했는지에 대한 트랜잭션이 과거에 있다고 가정해 보자. B는 그 트랜잭션을 사용해 받은 돈을 사용할 수 있는 트랜잭션을 발행할 수 있다. 여기서 B가 누군가에게 이 트랜잭션을 발행했다는 것을 증명하기 위한 기능이 전자 서명이다. 비트코인 등 많은 블록체인에서는 사용자가 계정을 만들 때 공개키와 비밀키라고 하는 키 쌍을 생성한다. 공개키는 검증용 키, 비밀키는 서명용 키다. 비밀키는 이름 그대로 타인이 알 수 없도록 잘 보관해야 한다. 한편, 공개키는 전자적인 사용자 주소를 만들기 위해 사용한다. 트랜잭션은 사람과 사람 간의 통화 이동을 전자적인 주소라는 형태로 구현한다. 이 상태에서 어떤 주소가 트랜잭션을 발행할 때는 해당 트랜잭션에 자신의 비밀키를 사용해 서명한다. 트랜잭션 검증은 트랜잭션에 첨부된 전자 서명을 트랜잭션을 발행한 주소의 공개 키를 이용해 검증한다. 자세한 서명과 검증 흐름은 그림 1-7에 나타나 있다.

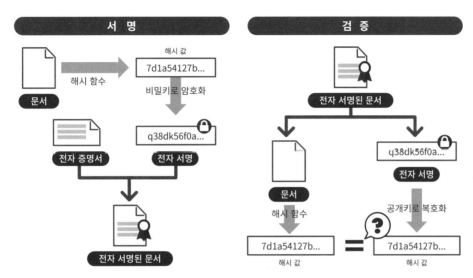

그림 1-7 서명 및 검증의 흐름. 서명에는 데이터 해시 값을 비밀키로 암호화해 데이터에 첨부한다. 검증은 데이터에 첨부된 암호화된 해시 값을 공개키로 복호화해 데이터의 해시 값과 비교한다.

비밀키는 절대 분실해서는 안 된다. 블록체인에서 주소나 계좌 등 자산의 소유권을 주장하기 위해서는 비밀키가 필요하다.

1.1.3 스마트 계약과 블록체인

1.1.1절의 마지막에 비트코인은 블록체인을 기반으로 동작하는 응용 프로그램이라는 것을 언급했다. 지금까지는 비트코인을 중심으로 블록체인에 대해 설명했지만 여기서부터는 이더리움을 비롯해 가상 통화 기능뿐만 아니라 다른 기능도 갖추고 있는 블록체인에 대해 알아본다.

먼저 스마트 계약이라는 용어에 대해 알아보자. 스마트 계약이란 과학자이자 법학자인 닉 스자보(Nick Szebo)가 제창한 개념이다. 스마트 계약을 명확하게 설명하는 것은 어렵지만 그중 한 가지 해석은 '미리 정해진 임의의 규칙을 바탕으로 자동적으로 디지털 자산을 이동시키는 시스템'이라는 것이다. 비트코인의 거래도 물론 그렇지만, 몇 시가 되면 자동으로 돈이 인출되는 시스템처럼 조금 복잡한 계약도 그 범주에 속한다.

블록체인은 정보를 확실한 형태로 변조되지 않게 저장해 두는 것이 가능하다. 그런 블록체인을 사용해 스마트 계약을 실현하게끔 하는 것이 앞에서 말한 블록체인을 기반으로 동작하는 응용 프로그램이다. 구현하고 싶은 스마트 계약을 코드라는 형태로 작성하고 블록체인에 저장한다. 그리고 모든 노드에서 이 계약을 모니터링하다가 계약 조건이 만족되면 코드가 실행되고 해당 내용은 저장된다. 이런 꿈 같은 기술이 바로 블록체인이다. 그림 1-8에서 이 개념도를 볼 수 있다. 응용 프로그램은 이 책을 읽는 독자가 직접 자유롭게 만들 수 있다. 비트코인과 같은 가상 화폐는 물론, 다양한 응용 프로그램을 직접 만들어 블록체인으로 공유할 수 있다.

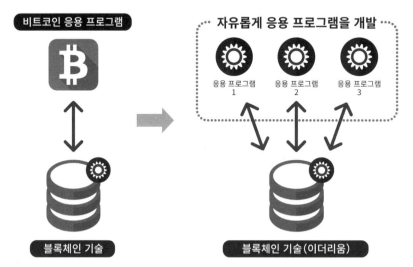

그림 1-8 가상 화폐만이 아니라 다양한 응용 프로그램을 블록체인 기술로 개발한 개념도. 이 책에서는 블록체인 기술 중 이더리움을 다룬다.

1.2절에서는 블록체인에서 동작하는 응용 프로그램을 사용해 어떤 것을 구현할 수 있고, 어떤 장점이 있는지 구체적인 예를 살펴본다.

블록체인의 가치

1.2.1 블록체인으로 가능한 것

1.1절에서 블록체인 기술은 변조가 실질적으로 불가능하며 무중단(Zero Downtime) 서비스를 제공할 수 있다고 설명했다. 지금까지 주류를 이루었던 중앙 집중적 모델인 클라이언트–서버형 시스템을 벗어나 이 블록체인 기술을 적용할 수 있는 분야에는 어떤 것들이 있을까. 이 같은 논의는 이미 많이 이뤄지고 있다. 이번 절에서는 모든 내용을 설명하지는 않지만 4장 이후에서 직접 만들어볼 응용 프로그램을 포함해 몇 가지 예를 살펴본다.

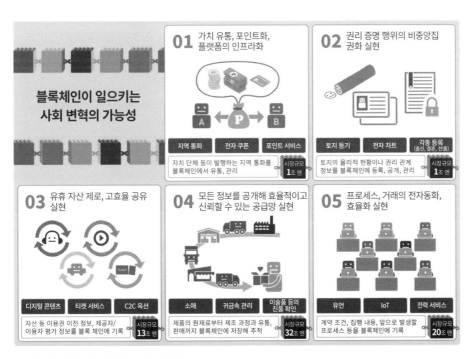

그림 1.9 블록 체인 기술 전망(일본 경제 산업성)

금융

비트코인으로도 알 수 있다시피 블록체인의 대표적인 응용 사례라고 할 수 있는 것이 바로 이 가상 화폐다. 물론 화폐뿐만 아니라 포인트 시스템이나 기타 금융 상품 취급 등도 포함한 금융 분야 전반에 응용하는 것도 생각할 수 있다. 금융 분야에서 변조할 수 없는 형태로 확실하게 거래 기록을 남길 수 있는 기술은 정말 간절히 원하는 기능일 것이다. 각국의 금융 기관은 현재 실증 실험에 한창이며, 블록체인 기술의 보급을 위해 열심히 노력하고 있다. 일본 은행 중 '미츠비시 도쿄 UFJ 은행'은 독자적인 가상 화폐인 'MUFG 코인' 개발을 발표, 2017년 이후 출시하는 것을 목표로 하고 있다. '미즈호 은행'도 후지쯔와 협력해 국제 거래 등에 블록체인 기술을 적용하는 실증 실험을 진행 중이라는 발표를 했다. 그 밖에 유명한 것으로는 The DAO라는 것이 있다. 블록체인의 가상 화폐를 담보로 기업의 신규 사업 제안에 출자하는 시스템이다(그림 1-10). 이 The DAO에는 펀드 매니저 같은 중앙 집권적인 개념은 없다. 블록체인에 저장된 프로그램이 자동으로 계약을 집행하고 블록체인에 이를 기록해 둔다.

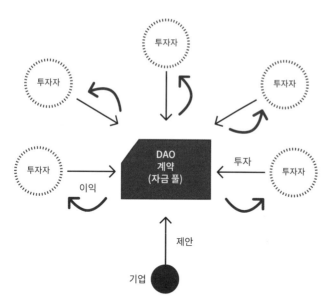

그림 1-10 The DAO의 개념도. 투자자는 블록체인 내에 있는 계약(기업의 제안 등)을 확인하고 해당 기업에 투자를 한다. 기업은 이를 수행해
사업을 진행한다. 투자 후 이익 등에 대한 처리는 블록체인 프로그램이 자율적으로 수행한다.

이처럼 비트코인에서 탄생한 기술인 블록체인은 금융 분야에서 활발하게 연구·실험되고 있다. 이 책의 실전편에서는 가상 화폐를 스스로 만들어본다.

권리 증명

앞에서 블록체인에 기록된 데이터는 변조가 불가능에 가깝다고 설명했다. 이를 이용한 서비스의 하나로 본인 인증이나 소유권 증명 등 다양한 권리 증명을 위해 사용하는 것도 생각해 볼 수 있다. 독일의 신생 서비스 중 ascribe라는 저작권 보호 서비스가 있다. 블록체인에 사용자의 행동 이력을 남김으로써, 디지털 작품 소유권을 모든 사람이 공유 가능한 형태인 블록체인으로 남겨 부정 사용을 막는 시스템을 제공한다. 제3자 기관, 즉 공증인을 통하지 않고 디지털 작품의 저작권을 증명할 수 있다. Factom이라는 블록체인 플랫폼은 암호화 화폐를 대가로 모든 전자 데이터의 보존 서비스를 제공한다. 영속적으로 보관할 전자 데이터를 모아 트랜잭션 형태로 블록체인에 저장해 데이터의 존재 증명을 할 수 있다.

그 밖에도 개인의 이력을 블록체인에 저장해 변조 불가능한 이력서 시스템을 구현한다거나 자산 정보의 관리, 개인 정보의 등록을 블록체인으로 공유한다면 정보 등록의 부담을 줄이는 등 다양한 방법으로 블록체인을 활용할 수 있다.

기타 응용

그 밖에도 공급망, 기업의 업무 처리 시스템, IoT 등 다양한 분야에서도 블록체인에 주목하고 있다. 공급망에서는 제품의 제조, 유통, 판매 등 모든 과정을 블록체인에 기록해 제품의 추적 가능성, 품질 보증을 할 수 있는 플랫폼을 시험 중이며, IoT에서는 중앙 관리 서버가 필요 없다는 강점을 살려 자동으로 동작하는 IoT 기기를 구현하는 플랫폼으로서 블록체인을 활용하는 시도를 하고 있다. 스타트업 기업 중에서도 자동차의 주행 데이터를 블록체인에 저장해 해당 데이터를 바탕으로 보험료를 결정하는 시스템을 개발하는 곳이 있다.

많은 사례를 소개하지는 않았지만 이처럼 금융을 비롯해 다양한 분야에서 블록체인 기술은 주목받고 있으며 응용되기 시작하고 있다.

1-3

블록체인에서
응용 프로그램 개발

1.3.1 이더리움

현재 전 세계의 공용 네트워크에서 가동되고 있는 블록체인 중 하나로 이더리움이 있다. 이더리움은 스위스의 비영리 단체인 이더리움 재단(Ethereum Foundation)에서 개발한 오픈소스 프로젝트다. 이더리움의 고안자인 비탈릭 부테린(Vitalik Buterin)은 이더리움 백서[3]에서 이더리움의 기본 개념을 다음과 같이 설명한다.

What Ethereum intends to provide is a blockchain with a built-in fully fledged Turing-complete programming language that can be used to create "contracts" that can be used to encode arbitrary state transition functions, allowing users to create any of the systems described above,[4] as well as many others that we have not yet imagined, simply by writing up the logic in a few lines of code.[5]

즉, 이더리움은 단순한 코드로 스마트 계약을 구현할 수 있는 블록체인 기술이라는 것이다. 이더리움은 비트코인에 이어 두 번째로 시장 규모가 큰 블록체인 기술이며, 세계 각국의 주목을 받고 있다. Crypto-Currency Market Capitalizations에 따르면 이더리움의 시가 총액은 1억 달러를 넘었다고 한다. 비탈릭에 의하면 이더리움은 계약이라고 하는 코드를 블록체인에 저장해 실행할 수 있다. 블록체인에 참가해 송금하는 사용자와 마찬가지로 블록체인에 저장된 계약은 해당 내용을 블록체인에 보관하면서 자동으로

---

3 https://www.weusecoins.com/assets/pdf/library/Ethereum_white_paper-a_next_generation_smart_contract_and_decentralized_application_platform-vitalik-buterin.pdf

4 스마트 계약이나 DAO(자율 분산형 구조)를 가리킴

5 (번역) 이더리움이 제공하고자 하는 바는 완전 자율형 튜링 완전성 프로그래밍 언어가 내장된 블록체인이다. 사용자는 이 프로그래밍 언어를 이용해 임의의 상태 천이 함수를 인코딩하는 데 사용할 수 있는 '계약'을 작성함으로써 위에서 설명한 시스템을 만들 수 있다. 그뿐만 아니라 아직 상상할 수 없던 많은 것들도 단지 몇 줄의 코드로 간단하게 만들 수 있다.

계약을 집행해 나간다. 이더리움 사용자는 이더리움 코드를 작성할 수 있는 언어를 배우는 것만으로(약간의 프로그래밍 경험이 있다면 배우기 쉽다) 이 계약을 만들어 실행할 수 있다. 이 책에서도 이더리움에서 실제 계약을 작성해보고 응용 프로그램을 만들 수 있는 수준까지 다룬다.

그런데 한 가지 주의해야 할 점이 있다. 블록체인은 무수히 개발되고 있으며 각 기업이나 단체가 독자적인 블록체인을 개발하고 있다. 아쉽게도 현재는 표준화된 기술이라고 할 만한 것이 없다. 따라서 다른 블록체인 위에서 개발했다면, 다시 처음부터 공부해서 고쳐 나가야 한다는 점이다. 물론 이렇게 환경을 갖출 것인지, 어떤 언어를 사용해서 개발할지는 블록체인 기술에 따라 다르고, 유사한 형식으로 개발을 진행할 수도 있다. 하지만 블록체인이라는 기술을 사용해 계약을 만들고, 노드에 전파하고, 실행 및 공유한다는 대전제는 바뀌지 않는다. 이 책은 그러한 블록체인 위에서 동작하는 응용 프로그램을 개발하는 입문서이며, 블록체인 기술로는 이더리움을 사용한다. 하지만 이 책을 읽은 독자가 갑자기 Hyperledger Fabric[6]으로 개발을 해야 하는 경우에도 블록체인의 기본 개념을 잘 이해하고 있다면 금방 적응할 수 있을 것이다.

1.3.2 이더리움으로 응용 프로그램 개발

실제로 어떤 응용 프로그램을 개발할 것인지 흐름을 살펴보자(자세한 사항은 2장 이후에서 다룬다).

이 책의 독자가 비트코인을 시작한다고 가정해 보자. 1.1절에서 마이닝(채굴)을 수행하는 노드에 대해 설명했지만 비트코인을 사용하기 위해 반드시 채굴하는 노드를 만들 필요는 없다. 스마트폰에 비트코인 응용 프로그램을 설치하고 자신의 지갑 주소를 입력하면 그것으로 충분하다. 이미 비트코인을 가지고 있는 사람이 소유한 지갑 주소에서 비트코인을 받는다면 해당 트랜잭션이 전 세계에 전송되고 비트코인의 정당한 소유자로 인정받게 된다. 그 트랜잭션과 로그는 블록을 가진 노드에 영구적으로 저장된다. 블록체인 네트워크가 이미 존재하고 가상 화폐 응용 프로그램도 존재하기 때문에 이런 작업이 가능한 것이다.

이더리움은 어떨까? 기본적으로는 비트코인 응용 프로그램에 해당하는 부분을 스스로 만들어야 한다. 즉, 가상 화폐 응용 프로그램을 만들고 싶다면 가상 화폐 응용 프로그램을 정의하는 코드를 스스로 만들고 그것을 자신의 노드에서 전 세계에 전파해야 한다. 물론 갑자기 전 세계에 코드를 전파하는 것은 권장

---

6 HyperledgerProject라는 블록체인 프로젝트에서 제공한다. IBM이 주도하고 있다.

하지 않는다. 테스트 네트워크라고 하는 작은 사설 네트워크 노드에서 본인이 만든 코드를 시험해 볼 수 있다. 그리고 이더리움에는 비트코인과 동일한 가상 화폐 기능이 구현돼 있다. 이더리움에 기본적으로 준비된 가상 화폐는 채굴 보상으로 얻을 수 있다. 그리고 실제로 그 가상 화폐를 지불해 계약을 실행하는 것이 가능하다.

2장에서는 실제로 이더리움 테스트 네트워크와 노드를 만들어 채굴을 해보고 가상 화폐를 주고받아 본다. 그 후 3장에서 계약을 작성하는 방법에 대해 간단히 공부한 뒤 그것을 테스트 네트워크 노드에서 실제로 공개된 공용 네트워크로 송신하는 단계를 알아본다.

2장

이더리움

2-1

이더리움 개요

2.1.1 이더리움 클라이언트 소개

여기서부터 이더리움에 대해 구체적으로 설명한다. 공식 사이트(https://ethereum.org/)에 다음과 같은 설명이 있다.

Ethereum is a **decentralized platform that runs smart contracts**: applications that run exactly as programmed without any possibility of downtime, censorship, fraud or third party interference.[1]

이더리움이란 특별히 정해진 구현 방법을 말하는 것이 아니라 스마트 계약을 실행할 수 있는 플랫폼이다[2]. 개발 초기부터 보안을 고려했고, Go, C++, 파이썬 언어로 클라이언트가 구현돼 있다. 집필 당시의 이더리움 클라이언트는 표 2-1과 같다. 이 중에서 go-ethereum과 Parity의 개발이 가장 활발하게 이뤄지고 있다.

이처럼 이더리움에는 다양한 클라이언트가 있지만 이 책에서는 이더리움 재단에서 권장하는 go-ethereum을 설치한다. go-ethereum은 줄여서 Geth라고 한다.

---

1 (번역) 이더리움은 스마트 계약(고장, 검열, 부정이나 제3자에 의한 방해가 전혀 없이 프로그래밍된 대로 동작하는 응용 프로그램)을 수행할 수 있는 분산형 플랫폼이다.

2 이더리움의 사양서(Yellow Paper)는 http://paper.gavwood.com/에서 확인할 수 있다.

No.	클라이언트	언어	개발자	최신 릴리스
1	go-ethereum	Go	Ethereum Foundation	go-ethereum-v1.6.1
2	Parity	Rust	Ethcore	Parity-v1.6.7
3	cpp-ethereum	C++	Ethereum Foundation	cpp-ethereum-v1.3.0
4	pyethapp	Python	Ethereum Foundation	pyethapp-v1.5.0
5	ethereumjs-lib	JavaScript	Ethereum Foundation	ethereumjs-lib-v1.0.2
6	Ethereum(J)	Java	〈ether.camp〉	ethereumJ-v1.5.0
7	ruby-ethereum	Ruby	Jan xie	ruby-ethereum-v0.11.0
8	ethereumH	Haskell	BlockApps	no Homestead release yet

표 2-1 이더리움 클라이언트(2017년 5월 시점)

2.1.2 네트워크

이더리움은 크게 2개의 네트워크로 분류할 수 있다. 하나는 '라이브 네트워크', 다른 하나는 '테스트 네트워크'다.

■ 라이브 네트워크

전 세계의 노드가 참가하는 공개된 네트워크다. 즉 공개 블록체인이다. 누구라도 참가해 블록체인에 접근할 수 있으며, 트랜잭션을 보낼 수 있다. 그리고 블록체인에 참가하는 블록을 결정하는 합의 프로세스에도 참가할 수 있다[3]. 네트워크의 상태는 Ethstats.net, EtherNodes.com, Etherscan.io, etherchain.org 등의 사이트에서 확인할 수 있다.

■ 테스트 네트워크

테스트용 네트워크다. 테스트 네트워크도 실제로 두 종류가 있다. 하나는 라이브 네트워크처럼 전 세계의 노드가 참가할 수 있는 'Morden 테스트 넷'이고, 다른 하나는 자신의 노드 하나만(또는 한정된 노드만) 참가할 수 있는 '사설 테스트넷(Local Private Test-net)'이다. 사설 테스트넷은 채굴의 난이도를 지정할 수 있으므로 참가하는 노드가 쉽게 채굴할 수 있다. 여기서 한 가지 주의해야 할 점이 있다. 채굴로

---

3 Proof of Work에 대한 것이다. 참가할 수는 있지만 개인 PC에서 채굴하는 것은 극히 힘들다.

획득한 Ether는 그 테스트넷 안에서만 사용할 수 있다. 블록체인 네트워크가 달라지면 블록체인 내용도 달라지고, 채굴한 Ether 역시 공유되지 않기 때문에 사용할 수 없다.

이번 장에서는 사설 테스트넷을 구축해 Ether를 채굴하고 거래해본다.

2.1.3 Ether

1.3.2절에서 간단하게 설명했지만, 이더리움에도 'Ether'[4]라는 가상 화폐가 구현돼 있다. Ether는 가상 화폐로서 주고받을 수 있지만, 계약을 수행하는 수수료로 이용할 수도 있다.

Ether의 단위는 'ether'이나 비트코인과 마찬가지로 더 작은 단위로 나눌 수 있다. 가장 작은 단위는 wei로, 1ether는 10^{18}wei다. 스마트 계약의 개념을 만든 닉 스자보의 이름도 단위 중 하나로 들어가 있으며, 1szabo는 10^{12}wei다.

단위	Wei 가치	Wei
wei	1 wei	1
Kwei(babbage)	10^3 wei	1,000
Mwei(lovelace)	10^6 wei	1,000,000
Gwei(shannon)	10^9 wei	1,000,000,000
microether(szabo)	10^{12} wei	1,000,000,000,000
milliether(finney)	10^{15} wei	1,000,000,000,000,000
ether	10^{18} wei	1,000,000,000,000,000,000

표 2-2 Ether 단위

2.1.4 Gas

Ether의 송금과 계약을 실행하기 위해서는 수수료로 Ether를 지불해야 한다. 이를 'Gas'라고 한다. 이더리움의 이용자는 사용한 컴퓨팅 자원의 대가로 채굴자(Miner)에게 Gas를 지불한다. 지불하는 Gas는 요구하는 자원의 양과 복잡성으로 결정되는 수수료(Gas Fee)와 현재 Gas의 가격(Gas Price)에 의해 결정된다.

---

4 2017년 5월 시점의 ether 가격은 $135,810이다.

■ Gas Fee

가스 수수료는 이더리움에서 요구하는 자원의 양과 복잡도에 따라 가치가 결정되는 수수료다. 단위는 Gas다.

■ Gas Price

가스 가격은 1Gas당 가격이다. 단위는 wei/Gas다. Ether의 가격이 변동되면 실질적으로 동일한 가치를 얻을 수 있도록 변경된다. 채굴자는 가스 가격이 높은 트랜잭션부터 실행한다(=블록에서 가져온다). https://etherscan.io/chart/gasprice에서 평균, 최대, 최소 가스 가격을 확인할 수 있다.

예를 들어, 송금 트랜잭션의 가스 수수료가 21,000Gas이고, 가스 가격이 2.2×10^{10}wei/Gas라면 Gas는 4.62×10^{14}wei가 된다. 1ether의 가격이 100USD라면 송금할 때 드는 비용은 0.046USD가 된다.

그 밖에 Gas Limit라는 값도 있다. 이것은 트랜잭션을 실행할 때 설정할 수 있는 인수의 하나로, 그 트랜잭션의 처리에 드는 최댓값을 정하는 것이다. 만약 처리를 할 때 Gas Limit를 넘게 된다면 그 이상은 처리하지 않고 실행 전 상태로 돌린다. 하지만 Gas는 채굴자에게 지불된다. 그렇기 때문에 대량의 자원을 사용하는 경우에는 거기에 맞는 Gas Limit를 설정해야 한다. 반대로 계약 측에서 잘못이 있어도 지불할 Gas는 Gas Limit를 초과하지 않는다. 즉, Gas Limit라는 것은 최댓값만 설정할 뿐이며, 반드시 지불해야 하는 것은 아니다. 남은 Gas는 지불처로 돌아온다.

2-2

Geth 설치

이번 절에서는 Geth(go-ethereum)을 설치해본다. 설치할 Geth 버전은 1.5.5다. 이 책에서 사용하는 개발 환경(Browser-Solidity)에서 동작을 확인한 버전이다[5]. 최신 버전(1.7.x)을 설치하는 방법은 책의 마지막에 있는 부록에 수록돼 있다. Geth는 다양한 방법으로 설치할 수 있지만[6] 여기서는 우분투 환경에서 소스코드를 직접 내려받아 설치하는 방법을 설명한다. 다른 OS(MacOS, 윈도우)에서 설치하는 방법 역시 부록에 수록했으니 참고하기 바란다. 이 책에서 사용하는 우분투 버전은 16.04LTS다.

Geth는 go-ethereum이라는 이름에서도 알 수 있듯이 Go 언어로 만들어진 클라이언트다. 소스코드로부터 빌드해야 하기 때문에 먼저 Go 언어와 C 컴파일러 등을 설치해야 한다[7].

```
$ sudo apt-get install -y build-essential libgmp3-dev golang git tree
```

git 저장소에서 소스를 다운로드한다. 버전은 1.5.5를 사용하므로 1.5.5를 체크아웃한다. 1.5.5 버전은 3장 이후에 만들 계약이 정상적으로 동작하는 것을 확인한 버전이다[8].

```
$ git clone https://github.com/ethereum/go-ethereum.git
$ cd go-ethereum/
$ git checkout refs/tags/v1.5.5
```

---

5 집필 당시 Geth 1.7.x 버전은 Browser-Solidity의 계약 배포가 되지 않았다.
6 https://ethereum.github.io/go-ethereum/install/
7 패스워드를 입력할 때는 본인의 패스워드를 입력한다.
8 집필 당시의 최신 버전은 1.7.0이다. 해당 버전의 설치 방법은 부록을 참조한다.

make geth 명령으로 빌드한다.

```
$ make geth
```

geth 버전을 확인한다. 정상적으로 설치됐다면 1.5.5-stable을 확인할 수 있다.

```
$ ./build/bin/geth version
Geth
Version: 1.5.5-stable
Git Commit: ff07d54843ea7ed9997c420d216b4c007f9c80c3
Protocol Versions: [63 62]
Network Id: 1
Go Version: go1.6.2
OS: linux
GOPATH=
GOROOT=/usr/lib/go-1.6
```

geth를 /usr/local/bin에 복사한다.

```
$ sudo cp build/bin/geth /usr/local/bin/
```

경로가 제대로 설정돼 있는지 확인한다.

```
$ which geth
/usr/local/bin/geth
```

이상으로 설치가 완료됐다.

2-3

테스트 네트워크에서 Geth 기동

로컬 테스트넷에서 Geth를 기동하기 위해서는 아래 두 가지를 준비해야 한다.

- 데이터 디렉터리

- Genesis 파일

우선 첫 번째 '데이터 디렉터리'를 준비해야 한다. 데이터 디렉터리는 송수신한 블록 데이터와 계정 정보를 저장할 디렉터리다. 데이터 디렉터리를 별도로 지정하지 않으면 '~/.ethereum'이 데이터 디렉터리가 된다[9]. 따라서 디렉터리 생성을 생략해도 문제 없이 기동되지만 데이터 디렉터리를 지정하면 서로 다른 블록체인 네트워크 사이에서 공유가 가능하다. 여기서는 데이터 디렉터리를 별도로 설정해본다. 홈 디렉터리에 'data_testnet'이라는 디렉터리를 만든다. 참고로 이 책에서는 'wikibooks'라는 사용자로 환경을 구축했기 때문에 예제 경로가 wikibooks로 돼 있다. 예제 경로 중 '/home/wikibooks/'라는 경로는 본인의 환경에 맞춰 변경해야 한다.

```
$ mkdir ~/data_testnet
$ cd ~/data_testnet/
$ pwd
/home/wikibooks/data_testnet
```

---

9 OS에 따라서 기본 디렉터리가 달라진다. macOS에서는 '~/Library/Ethereum', 리눅스에서는 '~/.ethereum', 윈도우에서는 '%Appdata%\Ethereum'이다.

다음으로 'Genesis 파일'을 만들어야 한다. Genesis 파일은 블록체인의 Genesis 블록(0번째 블록)의 정보가 저장된 JSON 형식의 텍스트 파일이다. 동일한 블록체인 네트워크에 참가하는 노드는 동일한 Genesis 블록으로부터 연결되는 블록체인을 공유한다. 사설 테스트넷을 구축할 경우 0부터 블록체인을 만들게 되므로 Genesis 블록 정보가 저장된 Genesis 파일이 필요하다[10].

앞서 만든 데이터 디렉터리에 Genesis 파일인 'genesis.json' 파일을 만든다.

```
{
    "nonce":"0x0000000000000042",
    "timestamp":"0x0",
    "parentHash":"0000000000000000000000000000000000000000000000000000000000000000",
    "extraData":"0x0",
    "gasLimit":"0x80000000",
    "difficulty":"0x4000",
    "mixhash":"0x0000000000000000000000000000000000000000000000000000000000000000",
    "coinbase":"0x3333333333333333333333333333333333333333",
    "alloc":{}
}
```

데이터 디렉터리와 Genesis 파일이 준비됐다면 Geth를 초기화한다. 각 경로는 독자의 환경에 따라 적절히 변경해야 한다.

```
$ geth --datadir /home/wikibooks/data_testnet init /home/wikibooks/data_testnet/genesis.json
```

```
wikibooks@ubuntu:~/data_testnet$ geth --datadir /home/wikibooks/data_testnet ini
t /home/wikibooks/data_testnet/genesis.json
I0903 16:02:15.468437 cmd/utils/flags.go:615] WARNING: No etherbase set and no a
ccounts found as default
I0903 16:02:15.468637 ethdb/database.go:83] Allotted 128MB cache and 1024 file h
andles to /home/wikibooks/data_testnet/geth/chaindata
I0903 16:02:15.498421 ethdb/database.go:176] closed db:/home/wikibooks/data_test
net/geth/chaindata
I0903 16:02:15.498545 ethdb/database.go:83] Allotted 128MB cache and 1024 file h
andles to /home/wikibooks/data_testnet/geth/chaindata
I0903 16:02:15.639721 cmd/geth/chaincmd.go:131] successfully wrote genesis block
 and/or chain rule set: 04d8be6fcee0e7706d1693b818d85b2f55352a917b2fc7a6806b33ca
a0e469b5
wikibooks@ubuntu:~/data_testnet$ █
```

---

10 이전의 Geth에는 Olympic이라는 테스트넷이 있어 그곳에서 동작하는 경우 Genesis 파일은 필요없었다. Geth 1.6.x 버전부터는 Genesis 파일 형식이 변경됐다. 부록에서 1.6.x 버전을 지원하는 Genesis 파일 형식을 볼 수 있다.

tree 명령으로 초기화한 후 데이터 디렉터리를 확인할 수 있다.

```
$ tree [데이터 디렉터리]
```

```
wikibooks@ubuntu:~/data_testnet$ cd
wikibooks@ubuntu:~$ tree data_testnet
data_testnet
├── genesis.json
├── geth
│   └── chaindata
│       ├── 000002.log
│       ├── CURRENT
│       ├── LOCK
│       ├── LOG
│       └── MANIFEST-000003
└── keystore

3 directories, 6 files
wikibooks@ubuntu:~$ █
```

chaindata 디렉터리 아래에 블록에 대한 정보, keystore 디렉터리 아래에 계정에 관한 정보가 저장된다. 파일명은 환경에 따라 달라질 수 있으므로 동일한 파일명이 나오지 않는다고 해서 걱정할 필요는 없다.

초기화가 완료되면 Geth를 실행해본다.

```
$ geth --networkid 4649 --nodiscover --maxpeers 0 --datadir /home/wikibooks/data_testnet
console 2>> /home/wikibooks/data_testnet/geth.log
```

각 옵션이 의미하는 내용은 다음과 같다.

--networkid 4649

네트워크 식별자(정수). 0~3은 예약된 숫자다(0=Olympic(disused), 1=Frontier, 2=Morden(disused), 3=Ropsten) (default: 1). 그 밖의 정수를 사용하면 된다. 여기서는 4649를 지정했다.

--nodiscover

생성자의 노드를 다른 노드에서 검색할 수 없게 하는 옵션이다. 노드 추가는 수동으로 해야 한다. 지정하지 않으면 동일한 Genesis 파일과 네트워크 ID를 가진 블록체인 네트워크에 생성자의 노드가 연결될 가능성이 있다.

--maxpeers 0

생성자의 노드에 연결할 수 있는 노드의 수를 지정한다. 0을 지정하면 다른 노드와 연결하지 않는다.

--datadir /home/wikibooks/data_testnet

데이터 디렉터리를 지정한다. 지정하지 않으면 기본 디렉터리를 사용한다. 디렉터리는 자신의 환경에 맞게 지정한다.

console

대화형 자바스크립트 콘솔을 기동한다.

2>> /home/wikibooks/data_testnet/geth.log

로그 파일을 만들 때 사용할 옵션으로, 에러를 해당 경로의 파일에 저장한다. Geth가 아닌 리눅스 셸 명령이다.

문제가 없다면 다음과 같은 Welcome 메시지와 프롬프트()가 표시된다.

```
wikibooks@ubuntu:~$ geth --networkid 4649 --nodiscover --maxpeers 0 --datadir /h
ome/wikibooks/data_testnet console 2>> /home/wikibooks/data_testnet/geth.log
Welcome to the Geth JavaScript console!

instance: Geth/v1.5.5-stable-ff07d548/linux/go1.6.2
 modules: admin:1.0 debug:1.0 eth:1.0 miner:1.0 net:1.0 personal:1.0 rpc:1.0 txp
ool:1.0 web3:1.0

>
```

2-4

테스트 네트워크에서 Ether 송금

이번 절에서는 Geth 콘솔에서 계정을 만들어 Ether를 채굴하고 송금을 해본다.

2.4.1 계정 생성

이더리움에는 두 가지 종류의 계정이 있다. 하나는 EOA(Externally Owned Account)이고, 다른 하나는 Contract 계정이다. EOA는 일반 사용자가 사용하는 계정으로, 비밀키로 관리된다. Ether를 송금하거나 계약을 실행할 수 있다. Contract 계정은 이름처럼 계약용 계정으로, 계약을 블록체인에 배포할 때 만들어지는 계정으로 블록체인에 존재한다. 다른 계정으로부터 메시지를 수신해 코드를 실행하고 계정에 메시지를 보낼 수 있다.

Geth 콘솔에서 personal.newAccount 명령을 실행하면 EOA를 만들 수 있다.

```
> personal.newAccount("pass0")
"0x37dca7e66c1610e2afdb9517dfdc8bdb13015852"
```

"pass0"은 계정의 패스워드로서 영숫자, 기호를 사용한 임의 문자열을 지정할 수 있다. 여기서는 매우 단순한 패스워드를 지정했지만 실제 환경에서 사용할 때는 보안을 고려해 적절한 길이와 복잡도를 가진 패스워드를 지정해야 한다. 단, 패스워드는 잊어버리면 복구할 방법이 없기 때문에 잊어버리지 않도록 주의해야 한다.

"0x37dca7e66c1610e2afdb9517dfdc8bdb13015852"는 생성된 계정의 주소다. 이 주소를 지정해 송금 등을 할 수 있다. 여기서 주소는 유일 값을 갖도록 생성되기 때문에 이 책을 따라 하며 생성한 주소와 책에 나온 주소는 서로 다르다.

계정(EOA)은 eth.accounts 명령으로 확인할 수 있다. 이 명령으로 표시되는 주소는 해당 이더리움의 노드가 관리하고 있는 계정의 주소다.

```
> eth.accounts
["0x37dca7e66c1610e2afdb9517dfdc8bdb13015852"]
```

2.4.3절에서 다룰 송금 확인을 위해 추가 계정을 만들어 두자. 생성 후 eth.accounts 명령을 실행하면 주소가 늘어난 것을 확인할 수 있다.

```
> personal.newAccount("pass1")
"0x0a622c810cbcc72c5809c02d4e950ce55a97813e"
> eth.accounts
["0x37dca7e66c1610e2afdb9517dfdc8bdb13015852", "0x0a622c810cbcc72c5809c02d4e950ce55a97813e"]
```

각 계정은 eth.accounts[0], eth.accounts[1]과 같이 인덱스 형태로 지정해 확인할 수 있다.

```
> eth.accounts[0]
"0x37dca7e66c1610e2afdb9517dfdc8bdb13015852"
> eth.accounts[1]
"0x0a622c810cbcc72c5809c02d4e950ce55a97813e"
```

exit 명령으로 Geth 콘솔을 종료할 수 있다.

```
> exit
$
```

콘솔을 종료하면 Geth 프로세스도 종료된다. ps 명령으로 Geth 프로세스가 동작하지 않는 것을 확인할 수 있다.

```
wikibooks@ubuntu:~$ ps -eaf | grep geth
wikiboo+  11566   5383  0 09:45 pts/4    00:00:00 grep --color=auto geth
```

셸에서 geth 명령을 사용해 계정을 만들 수 있다. 이번에 생성할 계정의 패스워드는 pass2로 설정한다[11].

---

11 패스워드를 입력할 때 화면에는 입력 내용이 표시되지 않는다.

```
wikibooks@ubuntu:~$ geth --datadir /home/wikibooks/data_testnet account new
Your new account is locked with a password. Please give a password. Do not forget this
password.
Passphrase: (여기에 pass2를 입력)
Repeat passphrase: (pass2를 다시 한 번 입력)
Address: {f898fc6cea2524faba179868b9988ca836e3eb88}
```

geth 명령으로 계정을 확인할 수도 있다.

```
wikibooks@ubuntu:~$ geth --datadir /home/wikibooks/data_testnet account list
Account #0: {37dca7e66c1610e2afdb9517dfdc8bdb13015852} /home/wikibooks/data_testnet/keystore/
UTC--2017-09-04T15-17-10.517382180Z--37dca7e66c1610e2afdb9517dfdc8bdb13015852
Account #1: {0a622c810cbcc72c5809c02d4e950ce55a97813e} /home/wikibooks/data_testnet/keystore/
UTC--2017-09-04T16-28-54.418820766Z--0a622c810cbcc72c5809c02d4e950ce55a97813e
Account #2: {f898fc6cea2524faba179868b9988ca836e3eb88} /home/wikibooks/data_testnet/keystore/
UTC--2017-09-04T16-48-17.703949835Z--f898fc6cea2524faba179868b9988ca836e3eb88
```

tree 명령으로 데이터 디렉터리를 표시할 수 있다. keystore에 계정 정보가 추가된 것을 볼 수 있다[12].

```
wikibooks@ubuntu:~$ tree data_testnet/
data_testnet/
├── genesis.json
├── geth
│   ├── chaindata
│   │   ├── 000004.ldb
│   │   ├── 000007.log
│   │   ├── CURRENT
│   │   ├── LOCK
│   │   ├── LOG
│   │   └── MANIFEST-000008
│   ├── LOCK
│   └── nodekey
├── geth.log
├── history
└── keystore
    ├── UTC--2017-09-04T15-17-10.517382180Z--37dca7e66c1610e2afdb9517dfdc8bdb13015852
```

---

12 chaindata 디렉터리에 생성된 파일은 환경에 따라 달라진다. 표시된 파일명이나 파일 개수가 다르다고 해서 걱정할 필요는 없다.

```
    ├── UTC--2017-09-04T16-28-54.418820766Z--0a622c810cbcc72c5809c02d4e950ce55a97813e
    └── UTC--2017-09-04T16-48-17.703949835Z--f898fc6cea2524faba179868b9988ca836e3eb88
```

2.4.2 채굴

우선 Geth를 구동해야 한다. 옵션은 앞에서 지정했던 내용과 동일하게 설정한다.

```
$ geth --networkid 4649 --nodiscover --maxpeers 0 --datadir /home/wikibooks/data_testnet
console 2>> /home/wikibooks/data_testnet/geth.log
```

Geth 콘솔에서 계정 정보를 확인해본다. 앞의 실습에서 생성한 계정 정보가 표시된다.

```
> eth.accounts
["0x37dca7e66c1610e2afdb9517dfdc8bdb13015852", "0x0a622c810cbcc72c5809c02d4e950ce55a97813e",
"0xf898fc6cea2524faba179868b9988ca836e3eb88"]
```

이제 송금을 위한 Ether를 얻기 위해 채굴을 해보자. 이더리움에서 채굴에 성공했을 때 보상을 받는 계정을 Etherbase라고 한다. Etherbase에는 기본적으로 eth.account[0]이 설정된다. eth.coinbase 명령으로 Etherbase를 확인할 수 있다.

```
> eth.coinbase
"0x37dca7e66c1610e2afdb9517dfdc8bdb13015852"
```

Etherbase는 miner.setEtherbase 명령으로 변경할 수 있다.

```
> miner.setEtherbase(eth.accounts[1])
true
```

Etherbase가 변경된 것을 확인할 수 있다.

```
> eth.coinbase
"0x0a622c810cbcc72c5809c02d4e950ce55a97813e"
```

miner.setEtherbase 명령으로 Etherbase 변경이 가능한 것을 확인했으면 이후의 설명을 위해 원래 계정(eth.accounts[0])으로 되돌려둔다.

```
> miner.setEtherbase(eth.accounts[0])
true
> eth.coinbase
"0x37dca7e66c1610e2afdb9517dfdc8bdb13015852"
```

잔고 확인은 eth.getBalance 명령으로 할 수 있다. 인수로는 계정의 주소를 전달한다. 현재 만들어진 계정은 아직 Ether를 소유하고 있지 않으므로 잔고는 모두 0으로 표시된다.

```
> eth.getBalance(eth.accounts[0])
0
> eth.getBalance(eth.accounts[1])
0
> eth.getBalance(eth.accounts[2])
0
```

이어서 블록체인의 블록 수도 확인해 본다. 블록 수는 eth.blockNumber 명령으로 확인할 수 있다. 아직 채굴되지 않았기 때문에(블록을 생성하지 않았기 때문에) 블록 수 역시 0으로 표시된다.

```
> eth.blockNumber
0
```

준비가 완료됐으면 채굴을 시작해보자.

이더리움도 비트코인과 마찬가지로 채굴을 통해 가상 화폐인 Ether를 보상으로 획득할 수 있다. 채굴은 miner.start(thread_num)라는 명령으로 개시한다. 여기서 thread_num은 채굴할 때 사용할 스레드 수다. 우선 thread_num을 1로 설정해 채굴을 수행해보자[13].

```
> miner.start(1)
true
```

첫 번째 채굴에서는 DAG(Directed Acyclic Graph)가 생성되기 때문에 채굴이 완료되기까지 약간 시간이 걸린다[14]. DAG는 채굴의 ASIC 내성[15]을 위해 만들어지는 약 1GB 크기의 파일로, 30,000블록(약 125

---

13 (옮긴이) 이후 eth.blockNumber로 생성된 블록을 확인할 때 시간이 많이 경과해도 블록이 생성되지 않는다면 스레드 수를 지정하지 않고 miner.start()로 실행하면 블록이 생성된다.

14 필자의 환경에서는 약 3분 정도

15 ASIC(Application Specific Integrated Circuit, 전용 IC 칩)을 사용해도 더 좋은 채굴 효과를 낼 수 없게끔 만들기 위한 구조

시간[16]마다 다시 만들어진다. Geth 콘솔이 실행되고 있는 터미널에서 exit 명령어로 빠져나오면 Geth도 종료되므로 별도의 터미널을 열어 로그 파일을 확인해보자(tail −100f ~/data_testnet/geth.log).

```
wikibooks@ubuntu:~$ tail −100f ~/data_testnet/geth.log
… 생략 ...
I0905 08:58:59.872047 p2p/server.go:342] Starting Server
I0905 08:58:59.890696 p2p/server.go:610] Listening on [::]:30303
I0905 08:58:59.891997 node/node.go:341] IPC endpoint opened: /home/wikibooks/data_testnet/
geth.ipc
I0906 07:39:05.607750 eth/backend.go:475] Automatic pregeneration of ethash DAG ON (ethash dir:
/home/wikibooks/.ethash)
I0906 07:39:05.679606 eth/backend.go:482] checking DAG (ethash dir: /home/wikibooks/.ethash)
I0906 07:39:05.693838 miner/miner.go:136] Starting mining operation (CPU=1 TOT=2)
I0906 07:39:05.732839 miner/worker.go:516] commit new work on block 1 with 0 txs & 0 uncles.
Took 38.302811ms
I0906 07:39:05.746897 vendor/github.com/ethereum/ethash/ethash.go:259] Generating DAG for epoch
0 (size 1073739904) (0000000000000000000000000000000000000000000000000000000000000000)
I0906 07:39:06.490394 vendor/github.com/ethereum/ethash/ethash.go:291] Generating DAG: 0%
I0906 07:39:10.389697 vendor/github.com/ethereum/ethash/ethash.go:291] Generating DAG: 1%
I0906 07:39:14.488645 vendor/github.com/ethereum/ethash/ethash.go:291] Generating DAG: 2%
I0906 07:39:18.286448 vendor/github.com/ethereum/ethash/ethash.go:291] Generating DAG: 3%
```

DAG 파일은 $(HOME)/.ethash/full−R(임의 숫자)−(숫자) 형식으로 만들어진다. tree .ethash/ 명령으로 DAG 파일명을 확인할 수 있다.

```
wikibooks@ubuntu:~$ tree .ethash/
.ethash/
└── full-R23-0000000000000000
0 directories, 1 file
wikibooks@ubuntu:~$ ls -lh .ethash/full-R23-0000000000000000
-rw-rw-r-- 1 wikibooks wikibooks 1.0G Sep  6 07:45 .ethash/full-R23-0000000000000000
```

채굴되고 있는지는 eth.mining 명령으로 확인할 수 있다. eth.hashrate 명령으로 해시 속도[17], eth. blockNumber 명령으로 블록 길이를 확인할 수 있다. 채굴 중의 해시 속도는 1 이상의 값이 된다.

---

16 약 15초에 1블록이 생성된다.

17 해시 속도는 채굴하는 데 사용하는 연산력을 나타내는 값으로, 단위는 hash/s(초)다. 예를 들어 1087190 hash/s라면 1초당 1,087,190번 해시 값 연산이 가능하다는 뜻이다.

```
> eth.mining
true
> eth.hashrate
1087190
> eth.blockNumber
61
```

블록이 생성됐다면 miner.stop() 명령으로 채굴을 중지한다. 채굴을 중지하면 eth.mining은 false, eth.hashrate는 0이 된다. 블록 길이는 채굴로 인해 생성된 블록 수이므로 채굴을 중지해도 0이 되지 않는다[18].

```
> miner.stop()
true
> eth.mining
false
> eth.hashrate
0
> eth.blockNumber
62
```

채굴 보상을 받는 계정인 Etherbase(eth.coinbase = eth.accounts[0])의 잔고를 확인해보자.

```
> eth.getBalance(eth.coinbase)
310000000000000000000
> eth.getBalance(eth.accounts[0])
310000000000000000000
```

엄청난 숫자가 표시[19]되지만, 이 명령으로 표시되는 숫자의 단위는 wei다. wei는 이더리움에서의 최소 단위로, 1ether는 10^{18}wei(=1,000,000,000,000,000,000 wei)다. wei를 ether로 변환해서 확인해보자.

```
> web3.fromWei(eth.getBalance(eth.accounts[0]),"ether")
310
```

---

18 (옮긴이) 생성되는 블록 수는 채굴을 실행하고 있는 시간에 따라 달라진다.
19 환경에 따라서는 '3.1e+20'처럼 지수 형태로 표시될 수도 있다.

310 ether[20]다. 현재 채굴로 받을 수 있는 보상은 1블록에 5ether다. 블록의 길이가 62이므로 62 ∗ 5 = 310. 계산대로다.

2.4.3 Ether 송금

Ether를 생성했으니 eth.accounts[0]에서 eth.accounts[1]로 10ether를 송금해보자. 송금은 sendTransaction 명령으로 수행한다. from에 보내는 주소, to에 받는 주소, value에 송금액을 wei 단위로 적는다.

```
> eth.sendTransaction({from:eth.accounts[0], to:eth.accounts[1], value:web3.toWei(10,"ether")})
Error: account is locked
    at web3.js:3119:20
    at web3.js:6023:15
    at web3.js:4995:36
    at <anonymous>:1:1
```

송금을 실행하면 오류가 발생한다. 사실 트랜잭션의 발행은 유료(from에 지정된 주소가 수수료를 낸다)이기 때문에 잘못된 실행을 방지하기 위해 언제나 잠금 상태이며, 사용할 때 잠금을 해제(Unlock)해야 한다. personal.unlockAccount 명령으로 계정 잠금을 해제할 수 있다. 명령을 실행하면 계정의 암호를 물어오는데, 앞에서 설정한 암호를 입력하면 잠시 후 true를 반환하며 계정 잠금이 해제된다.

```
> personal.unlockAccount(eth.accounts[0])
Unlock account 0x37dca7e66c1610e2afdb9517dfdc8bdb13015852
Passphrase: (계정의 암호 입력)
true
```

personal.unlockAccount 명령은 다음과 같이 인수에 암호를 입력할 수도 있다.

```
> personal.unlockAccount(eth.accounts[0], "pass0")
true
```

계정 잠금 해제의 유효 시간은 기본적으로 300초다. 이 시간을 연장하는 인수도 추가로 입력할 수 있다 (초 단위). 0을 입력하면 Geth 프로세스가 종료되기 전까지 계정 잠금 해제 상태를 유지한다.

---

20 여기서는 채굴한 블록 수가 62였기 때문에 310ether가 됐지만, 채굴을 중지한 시점에 따라 생성된 블록 수는 달라지기 때문에 모두 310ether를 받는 것은 아니다.

```
> personal.unlockAccount(eth.accounts[0], "pass0", 0)
true
```

계정 잠금을 해제했으면 다시 한 번 sendTransaction을 실행해본다. 결과("0x91..")는 발행한 트랜잭션의 ID다. 이 값 역시 환경마다 다른 값이 반환된다.

```
> eth.sendTransaction({from:eth.accounts[0], to:eth.accounts[1], value:web3.toWei(10,"ether")})
"0x910179f73d877d1a2636f519bffc6089313fd9d72467c28437c750ec9a817904"
```

송금 후 정상적으로 송금이 됐는지 잔고 확인을 해보자.

```
> eth.getBalance(eth.accounts[1])
0
```

잔고가 0이다. 사실 sendTransaction으로 트랜잭션을 발행해도 처리가 실행되지 않는다. 블록체인에서는 블록 안에 그 트랜잭션이 포함될 때 트랜잭션의 내용이 실행된다.[21] 그러면 트랜잭션 상태를 확인해보자. 앞서 발행한 트랜잭션 ID를 인수로 eth.getTransaction 명령을 실행한다.

```
> eth.getTransaction("0x910179f73d877d1a2636f519bffc6089313fd9d72467c28437c750ec9a817904")
{
  blockHash: "0x0000000000000000000000000000000000000000000000000000000000000000",
  blockNumber: null,
  from: "0x37dca7e66c1610e2afdb9517dfdc8bdb13015852",
  gas: 90000,
  gasPrice: 20000000000,
  hash: "0x910179f73d877d1a2636f519bffc6089313fd9d72467c28437c750ec9a817904",
  input: "0x",
  nonce: 0,
  r: "0x57dec24507e67040202846515b8e3c17a3c8c5d4a749c96ea1857e5bce390229",
  s: "0x1148d5f5456324c20dd0833f633eb15f1e097951745cf64d80b8624e1c490f7f",
  to: "0x0a622c810cbcc72c5809c02d4e950ce55a97813e",
  transactionIndex: null,
  v: "0x1b",
  value: 10000000000000000000
}
```

---

21 (옮긴이) 트랜잭션이 블록에 포함되기 위해서는 새로운 블록이 만들어져야 한다.

blockNumber가 null인 상태다. null은 블록에 포함되지 않았다(=미처리, 계류 중)는 것을 표시한다. eth.pendingTransactions 명령으로 계류 중인 트랜잭션을 확인할 수 있다.

```
> eth.pendingTransactions
[{
    blockHash: null,
    blockNumber: null,
    from: "0x37dca7e66c1610e2afdb9517dfdc8bdb13015852",
    gas: 90000,
    gasPrice: 20000000000,
    hash: "0x910179f73d877d1a2636f519bffc6089313fd9d72467c28437c750ec9a817904",
    input: "0x",
    nonce: 0,
    r: "0x57dec24507e67040202846515b8e3c17a3c8c5d4a749c96ea1857e5bce390229",
    s: "0x1148d5f5456324c20dd0833f633eb15f1e097951745cf64d80b8624e1c490f7f",
    to: "0x0a622c810cbcc72c5809c02d4e950ce55a97813e",
    transactionIndex: null,
    v: "0x1b",
    value: 10000000000000000000
}]
```

미처리된 트랜잭션을 처리하기 위해 채굴을 재개해 블록을 생성한다.

```
> miner.start(1)
true
```

잠시 기다린 뒤 다시 eth.pendingTransaction을 실행해보면 미처리 트랜잭션 내용이 사라진 것을 볼 수 있다. 다시 채굴을 중지하고 블록 수를 확인해보자.

```
> eth.pendingTransactions
[]
> miner.stop()
true
> eth.blockNumber
67
```

eth.getTransaction 명령으로 트랜잭션을 확인해보자. null이었던 blockNumber에 숫자(이 책에서는 63)가 할당된 것을 확인할 수 있다[22].

```
> eth.getTransaction("0x910179f73d877d1a2636f519bffc6089313fd9d72467c28437c750ec9a817904")
{
  blockHash: "0x05ba79403ab2aae76ef2be2a6f1d65d38eeaded151bcd299339213a909c27f70",
  blockNumber: 63,
  from: "0x37dca7e66c1610e2afdb9517dfdc8bdb13015852",
  gas: 90000,
  gasPrice: 20000000000,
  hash: "0x910179f73d877d1a2636f519bffc6089313fd9d72467c28437c750ec9a817904",
  input: "0x",
  nonce: 0,
  r: "0x57dec24507e67040202846515b8e3c17a3c8c5d4a749c96ea1857e5bce390229",
  s: "0x1148d5f5456324c20dd0833f633eb15f1e097951745cf64d80b8624e1c490f7f",
  to: "0x0a622c810cbcc72c5809c02d4e950ce55a97813e",
  transactionIndex: 0,
  v: "0x1b",
  value: 1000000000000000000
}
```

eth.getBlock 명령으로 블록을 확인해보자. transactions 항목에 앞의 트랜잭션 ID 값이 표시되는 것을 볼 수 있다.

```
> eth.getBlock(63)
{
  difficulty: 134940,
  extraData: "0xd78301050584676574688767676f312e362e32856c696e7578",
  gasLimit: 2019284637,
  gasUsed: 21000,
  hash: "0x05ba79403ab2aae76ef2be2a6f1d65d38eeaded151bcd299339213a909c27f70",
  logsBloom: "0x0000000000000000000000000000000000000000000000000000000000000000
0000000000000000000000000000000000000000000000000000000000000000000000000000000
0000000000000000000000000000000000000000000000000000000000000000000000000000000
0000000000000000000000000000000000000000000000000000000000000000000000000000000
```

---

22 63은 검증 환경에서 확인한 블록 번호다. 지금까지 확인한 블록 번호를 되짚어보면 blockNumber에 들어갈 번호를 바로 알 수 있다.

```
    00000000000000000000000000000000000000000000000000000000000000000000000000000000000000000000000000
    000000000000000000000000000000000000000000000000000000000000000000",
    miner: "0x37dca7e66c1610e2afdb9517dfdc8bdb13015852",
    mixHash: "0xa3b5717f8a09bac919f1d588108d7b14b386d6cffbeaee1b5f616aad521c8075",
    nonce: "0x2e4a7f8f1f4cf11b",
    number: 63,
    parentHash: "0x1a5e76816ae2ab44a49b1e32f58e6ecc67532b5945a2cc0295f1494e075ad790",
    receiptsRoot: "0x23b34126d5c62998d0d501c94629849677b9ce67c9a09eba81c9ef682a08160a",
    sha3Uncles: "0x1dcc4de8dec75d7aab85b567b6ccd41ad312451b948a7413f0a142fd40d49347",
    size: 650,
    stateRoot: "0xb53fa482fbc52c867396724831e711d2b43484845cd025fe5760cddc01fe4981",
    timestamp: 1504742633,
    totalDifficulty: 8399247,
    transactions: ["0x910179f73d877d1a2636f519bffc6089313fd9d72467c28437c750ec9a817904"],
    transactionsRoot: "0x694be24227f58ea162613485657d2a59dfe4a0de91b7bb713f2fcf2ca5bd66bb",
    uncles: []
}
```

무사히 송금이 완료됐으니 eth.accounts[1]의 잔고를 확인해보자. 10ether를 가지고 있음을 확인할 수 있다.

```
> eth.getBalance(eth.accounts[1])
10000000000000000000
> web3.fromWei(eth.getBalance(eth.accounts[1]), "ether")
10
```

2.4.4 트랜잭션 수수료

다음으로 eth.accounts[1]에서 eth.accounts[2]로 송금을 해보자. 우선 eth.accounts[1]의 잠금을 해제한다.

```
> personal.unlockAccount(eth.accounts[1], "pass1", 0)
true
```

잠금을 해제한 후 sendTransaction 명령을 실행한다. eth.accounts[1]이 가진 Ether의 절반인 5ether를 송금한다.

```
> eth.sendTransaction({from:eth.accounts[1], to:eth.accounts[2], value:web3.toWei(5, "ether")})
"0x5eb80b2c15bce0a0efffdee2b20f5d8391fe0547e6eed007dd10e2a3373a3bdd"
```

계속해서 miner.start 명령을 통해 채굴을 시작하고 eth.pendingTransaction 명령으로 처리 여부를 확인한 뒤 miner.stop 명령으로 채굴을 정지한다.

```
> miner.start(1)
true
> eth.pendingTransactions
[]
> miner.stop()
true
> eth.blockNumber
72
```

송금이 완료됐으니 수취인인 eth.accounts[2]의 잔고를 확인해보자. 5ether가 입금됐다.

```
> eth.getBalance(eth.accounts[2])
5000000000000000000
> web3.fromWei(eth.getBalance(eth.accounts[2]), "ether")
5
```

송금자인 eth.accounts[1]의 잔고도 확인해보자.

```
> eth.getBalance(eth.accounts[1])
4999580000000000000
> web3.fromWei(eth.getBalance(eth.accounts[1]), "ether")
4.99958
```

5ether가 아니다. 매우 작지만 조금 줄어 있다. 이 차이(0.00042ether)는 어떻게 된 것일까? eth.accounts[0]의 잔고를 확인해보자.

```
> eth.getBalance(eth.accounts[0])
350000420000000000000
> web3.fromWei(eth.getBalance(eth.accounts[0]), "ether")
350.00042
```

350.00042ether다. 소수점 이하 부분이 매우 이상한 수치다[23]. 2.1.4절에서도 설명했지만 트랜잭션을 처리하기 위해서는 수수료(Gas)가 필요하다. Gas는 블록을 만들 때 주는 보상과 마찬가지로 채굴자(블록을 생성한 노드의 Etherbase)에게 지불된다. eth.accounts[1]에서 eth.accounts[2]로 송금했을 때의 트랜잭션 정보를 확인해보자.

```
> eth.getTransaction("0x5eb80b2c15bce0a0efffdee2b20f5d8391fe0547e6eed007dd10e2a3373a3bdd")
{
  blockHash: "0x4abbde214239e2e0e7fe315ce0558667d30efa9952e9ab0f0dabc0496de5fc1c",
  blockNumber: 68,
  from: "0x0a622c810cbcc72c5809c02d4e950ce55a97813e",
  gas: 90000,
  gasPrice: 20000000000,
  hash: "0x5eb80b2c15bce0a0efffdee2b20f5d8391fe0547e6eed007dd10e2a3373a3bdd",
  input: "0x",
  nonce: 0,
  r: "0xcef6cd081709378231e9770daaacac54ce793da51c86bb029dd62d105feb5b43",
  s: "0xeb05fb2962bc9f6417aa1714fbd3f954086f44775ffed288f7f45223bdb4ef0",
  to: "0xf898fc6cea2524faba179868b9988ca836e3eb88",
  transactionIndex: 0,
  v: "0x1c",
  value: 5000000000000000000
}
```

여기서 확인할 것은 gas와 gasPrice다. gasPrice는 1Gas의 가격이며, 단위는 wei/Gas다. gas는 지불 가능한 최대 Gas이며, 실제로 해당 트랜잭션을 처리하는 데 지불한 Gas는 아니다. 지불한 Gas의 양을 앞에서의 차이(0.00042ether = 420,000,000,000,000wei)를 대입해 계산해보자.

지불한 수수료 [wei] / gasPrice [wei/Gas] = 420,000,000,000,000 / 20,000,000,000 = 21,000 Gas

실제 지불한 gas는 21,000이다. 트랜잭션에서 지정한 gas의 값 90,000보다 작은 것을 확인할 수 있다.

그리고 eth.accounts[0]에서 eth.accounts[1]에 송금할 때도 당연히 수수료가 발생하지만 eth.accounts[0]은 Etherbase이기도 하므로 해당 수수료를 자기가 받게 된다. 따라서 수수료가 발생하지 않는 것처럼 보인다.

---

23 Etherbase(eth.accounts[0])는 채굴 보상(5ether/block)이 지급되기 때문에 실습 도중 생성한 블록 수에 따라 정수 값은 달라진다. 단, 소수점 이하의 블록은 .00042로 동일하다.

exit 명령으로 Geth를 종료한다.

```
> exit
wikibooks@ubuntu:~$
```

2.4.5 백그라운드로 Geth 기동

지금까지는 이더리움을 이용하기 위해 Geth를 실행하고 채굴 등을 수행했다. 이번 절에서는 매번 Geth를 기동해 작업을 하는 것이 아니라 항상 백그라운드에서 동작하며 채굴을 수행하도록 설정하는 방법을 알아본다.

```
wikibooks@ubuntu:~$ nohup geth --networkid 4649 --nodiscover --maxpeers 0 --datadir /home/
wikibooks/data_testnet/ --mine --minerthreads 1 --rpc 2 >> /home/wikibooks/data_testnet/
geth.log &
[1] 38594
wikibooks@ubuntu:~$ nohup: ignoring input and redirecting stderr to stdout
wikibooks@ubuntu:~$
```

옵션에 대한 내용은 다음과 같다.

nohup

Geth의 옵션이 아니라 유닉스 계열 OS의 명령이다. SIGHUP을 무시한 상태로 프로세스를 기동한다. 셸로부터 SIGHUP이 전송돼도 무시하기 때문에 로그아웃 후에도 프로세스가 종료되지 않는다. 중지하기 위해서는 kill 명령을 사용한다.

--mine

채굴을 활성화한다.

--minerthreads 1

채굴에 사용할 CPU 스레드 수를 지정한다. 기본값은 1이다.

--rpc

HTTP-RPC 서버를 활성화한다. 별도의 콘솔에 연결할 때 필요한 옵션이다.

&

명령을 백그라운드에서 실행한다. 이 명령도 Geth 옵션은 아니다.

다음 명령을 통해 Geth의 콘솔에 접속할 수 있다[24].

```
wikibooks@ubuntu:~$ geth attach rpc:http://localhost:8545
Welcome to the Geth JavaScript console!

instance: Geth/v1.5.5-stable-ff07d548/linux/go1.6.2
coinbase: 0x37dca7e66c1610e2afdb9517dfdc8bdb13015852
at block: 309 (Thu, 07 Sep 2017 07:32:30 PDT)
 modules: eth:1.0 net:1.0 rpc:1.0 web3:1.0

>
```

채굴 작업을 하고 있는지 확인해보자.

```
> eth.mining
true
```

exit로 Geth를 빠져나온 뒤에도 Geth는 종료되지 않는 것을 확인할 수 있다.

```
> exit
wikibooks@ubuntu:~$ ps -eaf | grep geth
wikiboo+  38917   2015 99 07:38 pts/17    00:00:08 geth --networkid 4649 --nodiscover
--maxpeers 0 --datadir /home/wikibooks/data_testnet/ --mine --minerthreads 1 --rpc 2
wikiboo+  38931   2015  0 07:39 pts/17   00:00:00 grep --color=auto geth
```

Geth를 종료할 때는 kill 명령을 사용한다. ps 명령으로 확인한 프로세스 ID를 지정해 kill 명령을 실행한다[25].

```
wikibooks@ubuntu:~$ kill 38917
wikibooks@ubuntu:~$
[1]+ Terminated              nohup geth --networkid 4649 --nodiscover --maxpeers 0 --datadir
```

---

24 표시되는 coinbase, block은 환경에 따라 다르다.
25 실행한 뒤 엔터 키를 한 번 더 누르면 프로세스가 정지했다는 메시지가 표시된다.

```
/home/wikibooks/data_testnet/ --mine --minerthreads 1 --rpc 2 >> /home/wikibooks/data_testnet/
geth.log
wikibooks@ubuntu:~$ ps -eaf | grep geth
wikiboo+  38935   2015  0 07:40 pts/17   00:00:00 grep --color=auto geth
```

2.4.6 JSON-RPC

계속해서 Geth 콘솔이 아니라 HTTP를 이용한 작업을 해보자. Geth에는 JSON-RPC 서버 기능이 포함돼 있다[26]. Geth 기동 시 HTTP-RPC 서버를 활성화해서 원격에서 각종 명령[27]을 실행할 수 있다.

```
wikibooks@ubuntu:~$ nohup geth --networkid 4649 --nodiscover --maxpeers 0 --datadir /home/
wikibooks/data_testnet/ --mine --minerthreads 1 --rpc --rpcaddr "0.0.0.0" --rpcport 8545
--rpccorsdomain "*" --rpcapi "admin,db,eth,debug,miner,net,shh,txpool,personal,web3" 2 >>
/home/wikibooks/data_testnet/geth.log &
```

옵션에 대한 내용은 다음과 같다.

--rpc

HTTP-RPC 서버를 활성화한다.

--rpcaddr "0.0.0.0"

HTTP-RPC 서버의 수신 IP를 지정한다. 기본값은 "localhost"다. "0.0.0.0"을 지정하면 localhost뿐만 아니라 어떤 인터페이스에 대해 접근해도 수신한다.

--rpcport 8545

HTTP-RPC 서버가 요청을 받기 위해 사용하는 포트를 지정한다. 기본 포트 번호는 8545다.

--rpccorsdomain "*"

자신의 노드에 RPC로 접속할 IP 주소를 지정한다. 쉼표로 구분해 여러 개를 지정할 수 있다. "*"로 지정하면 모든 IP에서 접속을 허용한다.

---

26 앞의 예제에서도 옵션으로 사용했다.
27 https://github.com/ethereum/wiki/wiki/JSON-RPC

```
--rpcapi "admin,db,eth,debug,miner,net,shh,txpool,personal,web3"
```

RPC를 허가할 명령을 지정한다. 쉼표로 구분해 여러 개를 지정할 수 있다. 기본값은 "eth, net, web3"이다.

Geth를 실행했다면 curl 명령으로 Geth 명령어를 실행해보자. --data 옵션에 JSON-RPC 형식으로 명령을 전송한다. 여기서는 Geth를 설치한 우분투 가상 머신에서 실행하므로 요청을 받을 주소는 localhost:8545다.

우선 계정을 생성해보자. "method"에 Geth 명령(personal.newAccount)에 해당하는 API인 ("personal_newAccount")를 입력하고 "params"에 패스워드를 지정한다. "id"에는 임의의 숫자를 지정한다. 응답과 연결할 때 사용하는 것으로 요청하는 쪽에서 결정한다. 여기서는 10으로 지정한다.[28]

```
wikibooks@ubuntu:~$ curl -X POST --data '{"jsonrpc":"2.0","method":"personal_newAccount","para
ms":["pass3"],"id":10}' localhost:8545
```

```
{"jsonrpc":"2.0","id":10,"result":"0x874e91ecc8b0b7b6b62ddb9d8ed33e8222236ea1"}
```

id가 10인 요청의 결과(result)로 생성된 계정의 주소가 반환됐다. 현재 계정의 목록을 표시해보자. "method"는 "personal_listAccounts"다. 앞서 생성한 계정의 주소도 확인할 수 있다.

```
wikibooks@ubuntu:~$ curl -X POST --data '{"jsonrpc":"2.0","method":"personal_listAccounts","pa
rams":[],"id":10}' localhost:8545
```

```
{"jsonrpc":"2.0","id":10,"result":["0x37dca7e66c1610e2afdb9517dfdc8bdb13015852","0x0a622c810cb
cc72c5809c02d4e950ce55a97813e","0xf898fc6cea2524faba179868b9988ca836e3eb88","0x874e91ecc8b0b7b
6b62ddb9d8ed33e8222236ea1"]}
```

채굴이 이뤄지고 있는지도 확인해보자. "method"는 "eth_mining"이다.

```
wikibooks@ubuntu:~$ curl -X POST --data '{"jsonrpc":"2.0","method":"eth_mining","params":[],"
id":10}' localhost:8545
```

```
{"jsonrpc":"2.0","id":10,"result":true}
```

마찬가지로 해시 속도도 확인할 수 있다. "method"는 "eth_hashrate"다. 응답은 16진수로 표시된다.

---

28 (옮긴이) curl은 기본적으로 설치되지 않기 때문에 sudo apt install curl 명령으로 설치해야 한다.

```
wikibooks@ubuntu:~$ curl -X POST --data '{"jsonrpc":"2.0","method":"eth_hashrate","params":[],
"id":10}' localhost:8545
```

```
{"jsonrpc":"2.0","id":10,"result":"0x203b4"}
```

셸 명령어인 printf를 사용해 10진수로 변경할 수 있다.

```
wikibooks@ubuntu:~$ printf '%d\n' "0x203b4"
132020
```

블록 번호도 확인할 수 있다. "method"는 "eth_blockNumber"다. 해시 속도와 마찬가지로 응답은 16진수다. 역시 printf를 사용해 10진수로 변경할 수 있다.

```
wikibooks@ubuntu:~$ curl -X POST --data '{"jsonrpc":"2.0","method":"eth_blockNumber","params":
[],"id":10}' localhost:8545
```

```
{"jsonrpc":"2.0","id":10,"result":"0x13ff"}
```

```
wikibooks@ubuntu:~$ printf '%d\n' "0x13ff"
5119
```

송금하기 전 계좌 잔고를 확인해보자. "method"는 "eth_getBalance"다. 이번에는 eth.accounts[2]에서 JSON-RPC를 통해 만든 계정(eth.accounts[3])으로 송금해본다. "params"에 eth.accounts[2]의 주소를 지정한다. eth.accounts[2]의 잔고는 5,000,000,000,000,000,000wei(5ether)다.

```
wikibooks@ubuntu:~$ curl -X POST --data '{"jsonrpc":"2.0","method":"eth_getBalance","params":[
"0xf898fc6cea2524faba179868b9988ca836e3eb88", "latest"],"id":10}' localhost:8545
```

```
{"jsonrpc":"2.0","id":10,"result":"0x4563918244f40000"}
```

```
wikibooks@ubuntu:~$ printf '%d\n' "0x4563918244f40000"
5000000000000000000
```

확인이 끝났으면 실제로 송금해보자. "method"는 "eth_sendTransaction"이다. "params"의 "from"에는 송금자인 eth.accounts[2]의 주소를 지정하고, "to"에는 송금받을 eth.accounts[3]의 주소를 지정한다. "value"에는 송금액을 지정한다. 여기서는 잔고의 1/10에 해당하는 500,000,000,000,000,000(16진수로 표현하면 "0x6f05b59d3b20000") wei를 송금해본다.[29]

---

29 (옮긴이) 16진수 변환은 printf '%x\n' "정수"

```
wikibooks@ubuntu:~$ curl -X POST --data '{"jsonrpc":"2.0","method":"eth_sendTransaction","pa
rams":[{"from":"0xf898fc6cea2524faba179868b9988ca836e3eb88","value":"0x6f05b59d3b20000","to":-
"0x874e91ecc8b0b7b6b62ddb9d8ed33e8222236ea1"}],"id":10}' localhost:8545
```

```
{"jsonrpc":"2.0","id":10,"error":{"code":-32000,"message":"account is locked"}}
```

Geth 콘솔에서와 마찬가지로 계정 잠금 해제를 하지 않았기 때문에 오류가 발생한다. 계정 잠금 해제를
위한 "method"는 "personal_unlockAccount"다.

```
curl -X POST --data '{"jsonrpc":"2.0","method":"personal_unlockAccount","params":["0xf898fc6ce
a2524faba179868b9988ca836e3eb88","pass2", 300],"id":10}' localhost:8545
```

```
{"jsonrpc":"2.0","id":10,"result":true}
```

다시 한 번 송금을 시도해보자. 이번에는 트랜잭션 ID를 반환한다.

```
wikibooks@ubuntu:~$ curl -X POST --data '{"jsonrpc":"2.0","method":"eth_sendTransaction","pa
rams":[{"from":"0xf898fc6cea2524faba179868b9988ca836e3eb88","value":"0x6f05b59d3b20000","to":-
"0x874e91ecc8b0b7b6b62ddb9d8ed33e8222236ea1"}],"id":10}' localhost:8545
```

```
{"jsonrpc":"2.0","id":10,"result":"0xef4d846ada88d063fd03604e5a5144fed1819dd53a069f89adf88baa6
9b8cae7"}
```

송금자 eth.accounts[2]의 잔고를 확인해보자. 송금액뿐만 아니라 트랜잭션 수수료도 차감된 것을 확인
할 수 있다.

```
wikibooks@ubuntu:~$  curl -X POST --data '{"jsonrpc":"2.0","method":"eth_getBalance","params":
["0xf898fc6cea2524faba179868b9988ca836e3eb88","latest"],"id":10}' localhost:8545
```

```
{"jsonrpc":"2.0","id":10,"result":"0x3e71b82b9273c000"}
```

```
wikibooks@ubuntu:~$ printf '%d\n' "0x3e71b82b9273c000"
4499580000000000000
```

송금받은 eth.accounts[3]의 잔고도 확인해보자. 500,000,000,000,000,000wei를 받은 것을 확인할 수
있다.

```
wikibooks@ubuntu:~$  curl -X POST --data '{"jsonrpc":"2.0","method":"eth_getBalance","params":
["0x874e91ecc8b0b7b6b62ddb9d8ed33e8222236ea1","latest"],"id":10}' localhost:8545
```

```
{"jsonrpc":"2.0","id":10,"result":"0x6f05b59d3b20000"}
```

```
wikibooks@ubuntu:~$ printf '%d\n' '0x6f05b59d3b20000'
500000000000000000
```

이처럼 HTTP-RPC 서버를 활성화하면 JSON-RPC를 통해 원격지에서 Geth와 데이터를 주고받을 수 있다.

2.4.7 Geth 기동 시 계정 잠금 해제

마지막으로 Geth를 시작할 때 자동으로 계정 잠금을 해제하는 방법을 알아본다. 지금까지는 Geth 콘솔이나 JSON-RPC에서 별도로 unlockAccount 명령을 내려서 계정 잠금을 해제했으나 Geth를 시작할 때 지정한 계정을 잠금 해제하는 방법이 있다. 물론 보안상 매우 좋지 않은 방법이기 때문에 개발할 때만 한정적으로 쓰는 것이 좋다.

eth.accounts[0]을 잠금 해제해 Geth를 시작해보자. 여기서는 포어그라운드에서 실행한다. 명령을 실행하면 암호를 물어오는데, eth.accounts[0]의 패스워드(pass0)를 입력한다[30].

```
wikibooks@ubuntu:~$ geth --networkid 4949 --nodiscover --maxpeers 0 --datadir /home/wikibooks/
data_testnet --mine --minerthreads 1 --rpc --rpcaddr "0.0.0.0" --rpcport 8545 --rpccorsdomain
"*" --rpcapi "admin,db,eth,debug,miner,net,shh,txpool,personal,web3" --unlock 0 --verbosity 6
console 2>> /home/wikibooks/data_testnet/geth.log
```

```
Unlocking account 0 | Attempt 1/3
Passphrase: (암호 입력)
Welcome to the Geth JavaScript console!
instance: Geth/v1.5.5-stable-ff07d548/linux/go1.6.2
(이하 생략)
```

사용한 옵션에 대한 설명은 다음과 같다.

--unlock 0

잠금 해제할 계정을 지정한다. 이번에는 eth.accounts[0]을 잠금 해제했으므로 0을 지정했다. 쉼표로 구분해 여러 개를 지정할 수 있다.

---

30 암호 입력은 세 번까지 시도할 수 있다.

--verbosity 6

로그 출력 수준을 지정한다. 0=silent, 1=error, 2=warn, 3=info, 4=core, 5=debug, 6=detail이며 기본값은 3이다. 여기서는 가장 상세한 내용을 출력하도록 6을 지정했다.

eth.accounts[0]에서 eth.accounts[1]로 송금해보자. 따로 계정 잠금 해제를 하지 않아도 송금할 수 있다.

```
> web3.fromWei(eth.getBalance(eth.accounts[1]), "ether")
4.99958[1]
> eth.sendTransaction({from:eth.accounts[0], to:eth.accounts[1], value: web3.toWei(10,
"ether")})
"0xef294c075c7d261a6c2cdf2ac5d8883cd3a4562ba281188f8ecd44253bb5b879"
> web3.fromWei(eth.getBalance(eth.accounts[1]), "ether")
14.99958
> exit
```

계정의 패스워드를 파일에 저장한 뒤, 해당 파일을 인수로 사용해 Geth를 시작하는 것도 가능하다. 우선 패스워드를 저장할 파일을 만든다.

```
wikibooks@ubuntu:~$ echo pass0 > /home/wikibooks/data_testnet/passwd
wikibooks@ubuntu:~$ cat ~/data_testnet/passwd
pass0
```

--password /home/wikibooks/data_testnet/passwd

패스워드 파일을 지정한다.

위 옵션을 추가해 Geth를 실행하면 패스워드를 묻는 절차 없이 바로 Geth 콘솔로 진입한다.

```
wikibooks@ubuntu:~$ geth --networkid 4949 --nodiscover --maxpeers 0 --datadir /home/wikibooks/
data_testnet --mine --minerthreads 1 --rpc --rpcaddr "0.0.0.0" --rpcport 8545 --rpccorsdomain
"*" --rpcapi "admin,db,eth,debug,miner,net,shh,txpool,personal,web3" --unlock 0 --password
/home/wikibooks/data_testnet/passwd --verbosity 6 console 2>> /home/wikibooks/data_testnet/
geth.log
```

```
Welcome to the Geth JavaScript console!
(이하 생략)
```

Geth 실행 옵션에서 계정을 여러 개 지정한 경우에는 다음과 같이 패스워드 파일에 행 단위로 패스워드를 입력한다. 그리고 실행 옵션(--unlock)에서 잠금 해제할 계정의 번호를 입력한다. 여러 개의 계정에 대해 잠금 해제를 하는 경우 쉼표(,)로 각 계정을 구분한다.

```
wikibooks@ubuntu:~$ echo pass1 >> /home/wikibooks/data_testnet/passwd
wikibooks@ubuntu:~$ cat ~/data_testnet/passwd
pass0
pass1

wikibooks@ubuntu:~$ geth --networkid 4949 --nodiscover --maxpeers 0 --datadir /home/wikibooks/
data_testnet --mine --minerthreads 1 --rpc --rpcaddr "0.0.0.0" --rpcport 8545 --rpccorsdomain
"*" --rpcapi "admin,db,eth,debug,miner,net,shh,txpool,personal,web3" --unlock 0,1 --password
/home/wikibooks/data_testnet/passwd --verbosity 6 console 2>> /home/wikibooks/data_testnet/
geth.log

Welcome to the Geth JavaScript console!
(이하 생략)
```

백그라운드로 실행할 때도 동일한 옵션을 사용할 수 있다. 물론 attach로 접속할 수 있다.

```
wikibooks@ubuntu:~$ nohup geth --networkid 4949 --nodiscover --maxpeers 0 --datadir /home/
wikibooks/data_testnet --mine --minerthreads 1 --rpc --rpcaddr "0.0.0.0" --rpcport 8545
--rpccorsdomain "*" --rpcapi "admin,db,eth,debug,miner,net,shh,txpool,personal,web3" --unlock
0,1 --password /home/wikibooks/data_testnet/passwd --verbosity 6 2>> /home/wikibooks/
data_testnet/geth.log &
[1] 45140
wikibooks@ubuntu:~$
wikibooks@ubuntu:~$ geth attach rpc:http://localhost:8545
Welcome to the Geth JavaScript console!
(이하 생략)
```

마지막으로 다시 한 번 당부하지만 시작 시 계정 잠금 해제는 보안상 매우 위험하다. 실제 서비스 환경에서는 절대 사용하지 않도록 주의해야 한다.

3장

—

스마트 계약 입문

3-1

스마트 계약 개요

3.1.1 스마트 계약 개발

3장에서는 스마트 계약(Smart Contract)에 대해 알아본다. 스마트 계약은 블록체인에서 동작하는 응용 프로그램의 단위다. 스마트 계약의 개발 흐름은 웹 응용 프로그램 개발과 동일하다. 개발자는 코드를 작성하고, 서버(여기서는 블록체인)에 배포한다. 사용자는 브라우저를 통해 서버에 접근하고, 목적한 일을 수행한다. 조금 더 자세히 알아보자[1].

우선 개발자는 튜링 완전[2]한 고급 언어로 계약을 작성한다. 그리고 이를 EVM 컴파일러로 컴파일해 EVM 바이트코드(EVM 고유의 바이너리 형식)로 만들어 블록체인에 배포한다(EVM은 Ethereum Virtual Machine의 약자). EVM 바이트코드는 각 EVM에서 실행된다. 이것은 자바 프로그램, 자바 바이트코드, JVM의 관계와 비슷하다. 그리고 '블록체인에 배포한다'라는 말은 블록 안에 EVM 바이트코드를 저장하는 것을 의미한다. 블록체인 네트워크에 참가하는 모든 노드는 같은 블록을 가지고 있기 때문에 모든 노드가 EVM 바이트코드를 보유하고 실행할 수 있다(그림 3-1).

---

1 개발 전에 노드 간의 통신, 계약의 보존 형식, 변수 데이터 구조 등에 신경 쓰는 사람이 있을지도 모른다. 그것들은 이더리움이 제공하므로 우선 실제 코드를 작성해서 동작시켜 보자.

2 튜링 머신 에뮬레이터에 저장하는 것. 시간과 메모리가 무한하다면 튜링 머신이 계산할 수 있는 문제를 작성하고 계산할 수 있다. 튜링 머신을 한마디로 정의하는 것은 어렵지만 굳이 정의한다면 일반 프로그래밍 언어라고 할 수 있다.

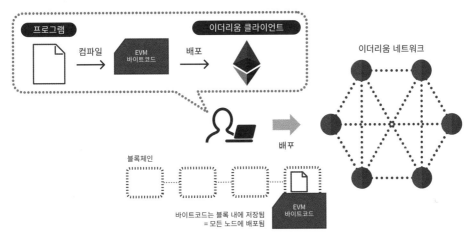

그림 3-1 계약의 배포. 바이트코드로 블록 내에 저장된다.

다음으로 계약(EVM 바이트코드)에 접근하는 것에 대해 설명한다. 사용자는 브라우저나 콘솔에서 블록
체인에 존재하는 EVM 바이트코드에 JSON-RPC 등으로 접근한다. EVM 바이트코드는 연결한 노드의
EVM에서 실행되고, 데이터를 갱신하는 경우(송금 등과 마찬가지로) 갱신 내용이 블록체인 네트워크에
전달된다(그림 3-2).

'블록체인에 존재하는 코드는 누구나 확인할 수 있으므로 부정을 저지를 수 없다'고 이야기한다. 확실히
EVM 바이트코드는 확인할 수 있지만 사람이 보고 이해할 수 있는 프로그램은 없다. 개발자는 누구나 확
인할 수 있도록 프로그램의 소스코드와 EVM 바이트코드를 깃허브(GitHub)에 공개하거나 Etherscan
등에 프로그램을 업로드해 대응하는 경우가 많다.

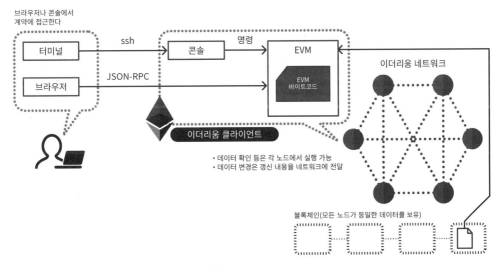

그림 3-2 계약 실행 개념도. 브라우저나 콘솔에서 접근한다

3.1.2 스마트 계약 개발용 프로그래밍 언어

이더리움 계약을 만들기 위한 프로그래밍 언어는 현재 다음과 같은 세 가지가 있다.

Solidity

Solidity는 자바스크립트와 문법이 유사한 언어로서, 현재 이더리움의 계약 개발에 가장 많이 사용되는 언어이며 가장 인기가 높다. 인터넷에서 찾을 수 있는 정보도 많고, 예제 코드도 풍부하다.

Serpent

Serpent는 이름에서 유추하긴 힘들 수 있지만 파이썬과 문법이 유사한 언어다. 인터넷에서 찾을 수 있는 정보는 많지 않으나 예측 시장에서의 블록체인 적용 사례인 Auger Project[3]는 Serpent를 이용하고 있다.

LLL

LLL은 Lisp Like Language의 이니셜이다. 어셈블리와 유사한 저수준 언어로, 인터넷에도 거의 정보가 없다.

이 책에서는 가장 인기 있는 Solidity를 사용해 계약을 개발한다.

3.1.3 컴파일러 설치

계약은 EVM 바이트코드로 컴파일한 뒤 블록체인에 배포해야 한다. 따라서 Solidity의 컴파일러를 설치해야 한다. 우분투의 공식 리포지터리에서 배포되지 않기 때문에 PPA(Personal Package Archive)를 사용해 설치한다.

다음 명령으로 PPA를 추가한 뒤 설치할 수 있다.

```
sudo add-apt-repository ppa:ethereum/ethereum
sudo apt-get update
sudo apt-get install solc
```

---

3 https://auger.net/

설치한 후 버전을 확인해보자.

```
wikibooks@ubuntu:~$ solc --version
solc, the solidity compiler commandline interface
Version: 0.4.16+commit.d7661dd9.Linux.g++
```

solc 경로를 확인해둔다.

```
wikibooks@ubuntu:~$ which solc
/usr/bin/solc
```

Geth를 실행해 콘솔에 접속한다[4]. 데이터 디렉터리는 본인의 환경에 따라 적절히 변경해야 한다.

```
wikibooks@ubuntu:~$ nohup geth --networkid 4649 --nodiscover --maxpeers 0 --datadir /home/
wikibooks/data_testnet --mine --minerthreads 1 --rpc --rpcaddr "0.0.0.0" --rpcport 8545
--rpccorsdomain "*" --rpcapi "admin,db,eth,debug,miner,net,shh,txpool,personal,web3" --unlock
0,1 --password /home/wikibooks/data_testnet/passwd --verbosity 6 2>> /home/wikibooks/
data_testnet/geth.log &
[1] 47479
wikibooks@ubuntu:~$
wikibooks@ubuntu:~$ geth attach rpc:http://localhost:8545
```

admin.setSolc 명령으로 Geth에 solc 경로를 설정한다[5]. which로 확인한 경로를 인수로 지정한다.

```
> admin.setSolc("/usr/bin/solc")
"solc, the solidity compiler commandline interface\nVersion: 0.4.16+commit.d7661dd9.Linux.g++
\n"
```

정상적으로 설정됐는지 확인해보자.

```
> eth.getCompilers()
["Solidity"]
```

---

4 Geth 시작 명령에 대한 자세한 내용은 2장을 참고한다.
5 Geth 1.5에서 1.6으로 버전업되면서 EIP(Ethereum Improvement Proposal) No. 209가 적용돼 eth_compileSolidity, eth_compileSerpent, eth_compileLLL 함수가
   deprecated(더 이상 사용되지 않음)됐다. 1.6 이후에서는 외부에 컴파일러를 설치하고 Geth에 연결하는 방식이 됐다.

3-2

콘솔에서 계약 만들기

3.2.1 Hello World

처음으로 만들어 볼 계약은 사용자가 설정한 문자열("Hello, World!" 등)을 반환하는 것이다. 먼저 아래 소스코드를 보자.

```solidity
pragma solidity ^0.4.8; // (1) 버전 프라그마

// (2) 계약 선언
contract HelloWorld {
    // (3) 상태 변수 선언
    string public greeting;
    // (4) 생성자
    function HelloWorld(string _greeting) {
        greeting = _greeting;
    }
    // (5) 메서드 선언
    function setGreeting(string _greeting) {
        greeting = _greeting;
    }
    function say() constant returns(string) {
        return greeting;
    }
}
```

프로그램을 설명하기 전에 주석에 대해 먼저 설명한다. Solidity의 주석은 자바 등과 마찬가지로 행마다 주석을 다는 방법(행 주석)과 영역을 지정해서 주석을 다는 방법(블록 주석)이 있다. 행 주석은 해당 줄에서 '//' 뒤의 모든 글자를 주석으로 취급하는 것이고, 블록 주석은 '/*'과 '*/' 사이의 모든 내용을 주석으로 취급한다.

```
// 행 주석
/*
    블록 주석
*/
```

이제 위의 프로그램에 대해 설명한다.

(1) 버전 프라그마

```
pragma solidity ^0.4.8;
```

컴파일러의 버전을 지정하는 명령이다. 호환성이 없는 컴파일러 버전에서 컴파일할 수 없게 설정할 수 있다. 초기 Solidity에서는 선언할 필요가 없었지만 현재는 반드시 선언해야 한다.

(2) 계약 선언

```
contract HelloWorld {
```

contract로 계약을 선언한다. 계약은 자바 등 객체지향 프로그래밍 언어의 '클래스'와 매우 흡사하며 임의의 이름으로 만들 수 있다. 여기서는 HelloWorld라는 이름을 사용했다.

(3) 상태 변수 선언

```
string public greeting;
```

계약 내에서 유효한 변수를 선언할 수 있다. 이더리움에서는 이를 상태 변수라고 한다. 이 소스에서는 사용자로부터 전달된 문자열을 저장하는 변수 greeting을 선언했다. 여기서 public으로 돼 있는 것에 주의해야 한다. public 변수는 그 계약에 접근할 수 있는 사용자라면 누구나 열람할 수 있다. 하지만 public이라도 값을 변경할 수는 없으니 안심해도 된다. 어디까지나 열람만 가능하다.

(4) 생성자

```
function HelloWorld(string _greeting) {
    greeting = _greeting;
}
```

function으로 메서드를 선언한다. 생성자는 계약과 같은 이름을 가진 메서드로, 배포할 때만 실행 가능한 특별한 메서드다. 여기서는 인수로 전달된 _greeting을 상태 변수에 설정했다. Solidity에서는 관례적으로 메서드의 인수 앞에 언더바를 붙인다.

(5) 메서드 선언

```
function setGreeting(string _greeting) {
    greeting = _greeting;
}
function say() constant returns(string) {
    return greeting;
}
```

반환값을 돌려주는 메서드를 선언할 수 있다. 반환값을 돌려주는 경우 returns의 괄호 안에 반환값의 데이터 형을 선언한다. 여기서 블록체인에 저장된 데이터의 변경을 수반하지 않는 경우 constant를 붙인다.

3.2.2 컴파일러 준비

컴파일하기에 앞서 소스 줄 바꿈을 제거해야 한다. 우선 앞의 소스를 파일에 저장한다. 그리고 tr 명령을 사용해 줄 바꿈을 모두 제거한다. 이때 행 주석은 삭제하거나 블록 주석으로 변경해야 한다. 파일은 임의의 위치에 생성해도 상관없다. 본인이 사용하기 편한 에디터를 사용해 앞의 소스를 HelloWorldOrg.sol이라는 파일로 저장한다.

HelloWorldOrg.sol 파일의 내용

```
pragma solidity ^0.4.8;
contract HelloWorld {
    string public greeting;
```

```
    function HelloWorld(string _greeting) {
        greeting = _greeting;
    }
    function setGreeting(string _greeting) {
        greeting = _greeting;
    }
    function say() constant returns(string) {
        return greeting,
    }
}
wikibooks@ubuntu:~$ cat HelloWorldOrg.sol ¦ tr -d '\n' > HelloWorld.sol
wikibooks@ubuntu:~$ cat HelloWorld.sol
pragma solidity ^0.4.8;contract HelloWorld {    string public greeting;
function HelloWorld(string _greeting) {    greeting = _greeting;    } function
setGreeting(string _greeting) {    greeting = _greeting;    }    function say() constant
returns(string) {    return greeting;    }}
```

3.2.3 컴파일

Geth 콘솔에 접속해 앞서 생성한 HelloWorld.sol의 내용을 변수에 대입한다.

```
wikibooks@ubuntu:~$ geth attach rpc:http://localhost:8545
```

```
> source ='pragma solidity ^0.4.8;contract HelloWorld {string public greeting;function
HelloWorld(string _greeting) {greeting = _greeting;}function setGreeting(string _greeting)
{greeting = _greeting;}function say() constant returns(string) {return greeting;}}'
```

컴파일 명령으로 소스를 컴파일한다.

```
> sourceCompiled = eth.compile.solidity(source)
```

아래와 같은 응답이 반환된다.

```
{
  /tmp/geth-compile-solidity023785425:HelloWorld: {
    code: "0x60606040523415610000f57600080fd5b6040516104ee3803806104ee833981016
040528080519091019050505b600081805161003e9291602001906100046565b505b506100e6565b
8280546001816001161561010002031660029004906000526020600209060101f0160209004810192826011061f1061
```

008757805160ff191683800117855561000b4565b82800160010185558215610 0b4579182015b828111156100b4
578251825591602001919060010190610099565b5b506100c19291506100c5565b5090565b6100e391905b8082
11156100c157600081556001016100cb565b5090565b90565b6103f9806100f56000396000f300606060405263
ffffffff7c0100000000000000000000000000000000000000000000000000000000600035041663954ab4b281
14610053578063a4136862146100de578063ef690cc014610131575b600080fd5b341561005e57600080fd5b61
00666101bc565b604051602080825281908101838181515181526020019150805190602001908083836000 5b8381
10156100a35780820151818401525b60200161008a565b5050505090509081019060 01f1680156100d057808203
80516001836020003610 00a03191681526020019150 5b50925050506040518091039 0f35b34156100e9576000
80fd5b61012f600460024813581810190830135806020601f820181900481020160405190810160405281815292
919060208401838380828437509496506102659550505050505050565b005b341561013c576000 80fd5b61006661
027d565b604051602080825281908101838181515181526020019150805190602001908083836000 5b8381101561
00a35780820151818401525b6020016100 8a565b5050505090509081019060 01f1680156100d05780820380516
0018360200036101000a0319168152 6020019150 5b509250505060405180910390f35b610 1c461031b565b60008 0
54600181600116156101000203166002900480601f0160208091040260200160405190810160405280929191 081
815260200182805460018160011615610100020316600290048015610 25a5780601f1061022f576101008083 5404
028352916020019161025a565b8201919060005260206000 2 0905b815481529060010190602001808311161023d5
7829003601f1682019 15b5050505050509050 5b90565b6000 81805161027892916020019061032d565b505b5056
5b6000805460018160011615610100020316600290048 0601f01602080910402602001604051908 1016040528
09291908181526020019182805460018160011615610100020316600290048 01561031 3578 0601f106102e8576 1
01008083540402835291602001916 103135 65b8201919060005260206000 20905b815 481529060 0 10190602001808
3116102f65782900 3601f16820191 5b5050505050 50 81565b6020604051908101604052600081529 0565b8280 546001
81600116156101000 20316600290049060005260206000 20 90601f 016020090 0048 1019282601f1061036e5 78 05160
ff191683800117855561039b565b82800160010185558215610 39b5791820 15b8281111561039b5782518255916020
019190600101906103 8 0565b5b506103a89291506103ac565b5090565b6102629 1905b808211156103a857600 08155
6001016103b2565b5090565b905600a165627a7a723058 201cc453d666c1c75364b7611fbcd5a2091f516 2cea2d860
a2b9a4d9ffa2acc2450029",

```
    info: {
        abiDefinition: [{...}, {...}, {...}, {...}],
        compilerOptions: "--combined-json bin,abi,userdoc,devdoc --add-std --optimize",
        compilerVersion: "0.4.16",
        developerDoc: {
            methods: {}
        },
        language: "Solidity",
        languageVersion: "0.4.16",
        source: "pragma solidity ^0.4.8;contract HelloWorld {string public greeting;function
HelloWorld(string _greeting) {greeting = _greeting;}function setGreeting(string _greeting)
{greeting = _greeting;}function say() constant returns(string) {return greeting;}}",
        userDoc: {
```

```
        methods: {}
      }
    }
  }
}
```

3.2.4 계약 배포

sourceCompiled에서 ABI(Application Binary Interface)를 취득한다. ABI란 계약의 외부 사양을 말한다. 계약에 포함되는 메서드와 인수, 반환값에 대한 정보로 계약에 접근할 때 필요한 정보 중 하나다[6]. 인수인 '/tmp/geth-compile-solidity023785425:HelloWorld' 부분은 컴파일 실행 시 반환된 응답 중 2번째 줄에 있다. 이 부분 역시 환경에 따라 다르니 적절하게 변경해 입력해야 한다.

```
> contractAbiDefinition = sourceCompiled['/tmp/geth-compile-solidity023785425:HelloWorld'].inf
o.abiDefinition
```

다음은 ABI 취득 내용이다.

```
[{
    constant: true,
    inputs: [],
    name: "say",
    outputs: [{
        name: "",
        type: "string"
    }],
    payable: false,
    stateMutability: "view",
    type: "function"
}, {
    constant: false,
    inputs: [{
        name: "_greeting",
        type: "string"
```

---

6 그 밖에 필요한 정보는 계약 주소다. 이것은 배포 후에 획득할 수 있다.

```
    }],
    name: "setGreeting",
    outputs: [],
    payable: false,
    stateMutability: "nonpayable",
    type: "function"
}, {
    constant: true,
    inputs: [],
    name: "greeting",
    outputs: [{
        name: "",
        type: "string"
    }],
    payable: false,
    stateMutability: "view",
    type: "function"
}, {
    inputs: [{
        name: "_greeting",
        type: "string"
    }],
    payable: false,
    stateMutability: "nonpayable",
    type: "constructor"
}]
```

ABI로부터 계약 객체를 만든다.

```
> sourceCompiledContract = eth.contract(contractAbiDefinition)
```

다음은 응답이다. 매우 길지만 전문을 기재한다.

```
{
  abi: [{
      constant: true,
      inputs: [],
      name: "say",
      outputs: [{...}],
```

```
        payable: false,
        stateMutability: "view",
        type: "function"
}, {
        constant: false,
        inputs: [{...}],
        name: "setGreeting",
        outputs: [],
        payable: false,
        stateMutability: "nonpayable",
        type: "function"
}, {
        constant: true,
        inputs: [],
        name: "greeting",
        outputs: [{...}],
        payable: false,
        stateMutability: "view",
        type: "function"
}, {
        inputs: [{...}],
        payable: false,
        stateMutability: "nonpayable",
        type: "constructor"
}],
eth: {
        accounts: ["0x37dca7e66c1610e2afdb9517dfdc8bdb13015852", "0x0a622c810cbcc72c5809c02d4e950c
e55a97813e", "0xf898fc6cea2524faba179868b9988ca836e3eb88", "0x874e91ecc8b0b7b6b62ddb9d8ed33e82
22236ea1"],
        blockNumber: 12026,
        coinbase: "0x37dca7e66c1610e2afdb9517dfdc8bdb13015852",
        compile: {
          lll: function(),
          serpent: function(),
          solidity: function()
        },
        defaultAccount: undefined,
        defaultBlock: "latest",
        gasPrice: 20000000000,
```

```
hashrate: 132136,
mining: true,
pendingTransactions: [],
syncing: false,
call: function(),
contract: function(abi),
estimateGas: function(),
filter: function(fil, callback),
getAccounts: function(callback),
getBalance: function(),
getBlock: function(),
getBlockNumber: function(callback),
getBlockTransactionCount: function(),
getBlockUncleCount: function(),
getCode: function(),
getCoinbase: function(callback),
getCompilers: function(),
getGasPrice: function(callback),
getHashrate: function(callback),
getMining: function(callback),
getNatSpec: function(),
getPendingTransactions: function(callback),
getRawTransaction: function(),
getRawTransactionFromBlock: function(),
getStorageAt: function(),
getSyncing: function(callback),
getTransaction: function(),
getTransactionCount: function(),
getTransactionFromBlock: function(),
getTransactionReceipt: function(),
getUncle: function(),
getWork: function(),
iban: function(iban),
icapNamereg: function(),
isSyncing: function(callback),
namereg: function(),
resend: function(),
sendIBANTransaction: function(),
sendRawTransaction: function(),
```

```
    sendTransaction: function(),
    sign: function(),
    signTransaction: function(),
    submitTransaction: function(),
    submitWork: function()
  },
  at: function(address, callback),
  getData: function(),
  new: function()
}
```

그리고 작성한 계약 객체를 이더리움 블록체인에 배포한다. 이때 생성자에 전달해야 할 인수가 있는 경우 함께 전달한다. 여기서 생성자에게 전달할 문자열은 'Hello, World!'로 해보자.

```
> _greeting = "Hello, World!"
"Hello, World!"
```

사전 작업이 끝났으면 배포 작업으로 넘어간다. from에 지정할 계정은 계정 잠금을 해제해둬야 한다. 앞서 컴파일 시 획득한 경로를 data 부분에 할당하고, gas를 지정하면 배포가 완료된다.

```
> contract = sourceCompiledContract.new(_greeting, {from:eth.accounts[0],
data:sourceCompiled['/tmp/geth-compile-solidity023785425:HelloWorld'].code, gas:'4700000'})
```

응답 중 맨 아래 부분을 보면 address: undefined로 돼 있다. 아직 블록이 생성되지 않았기 때문이다. 잠시 기다린 뒤(블록이 생성된 뒤) contract를 확인해보자.

```
> contract
{
  abi: [{
      constant: true,
      inputs: [],
      name: "say",
      outputs: [{...}],
      payable: false,
      stateMutability: "view",
      type: "function"
  }, {
```

```
    constant: false,
    inputs: [{...}],
    name: "setGreeting",
    outputs: [],
    payable: false,
    stateMutability: "nonpayable",
    type: "function"
}, {
    constant: true,
    inputs: [],
    name: "greeting",
    outputs: [{...}],
    payable: false,
    stateMutability: "view",
    type: "function"
}, {
    inputs: [{...}],
    payable: false,
    stateMutability: "nonpayable",
    type: "constructor"
}],
address: "0xb78392d0216bfed26927b816ca35dbe404963ce7",
transactionHash: "0xe75e433c6e8999b915cb06f469ca0162b8ebf4875d040ce983c86f3309f0e5a6",
allEvents: function(),
greeting: function(),
say: function(),
setGreeting: function()
}
```

address가 undefined에서 "0xb78392d0216bfed26927b816ca35dbe404963ce7"로 바뀐 것을 확인할 수 있다[7]. 이것이 계약 주소다.

---

7 주소도 환경에 따라 달라진다.

3.2.5 계약 동작시키기

계약을 동작시켜보기에 앞서 메서드의 실행 방법을 잠시 알아보자. 이더리움에서 메서드를 실행하는 방법은 두 가지가 있다. 하나는 'sendTransaction'이고, 다른 하나는 'call'이다.

sendTransaction

블록체인 상태를 변화시키기 위해 사용한다. 여기서 '상태를 변화시킨다'는 것은 새롭게 데이터를 쓰거나 기존의 데이터를 변경하는 것을 말한다. 이것은 블록체인의 블록을 생성해서 구현되기 때문에 수수료(Gas)가 발생한다. 여기서 sendTransaction은 Ether의 송금에서 사용했었다. Ether의 송금도, 잔고(상태)를 변화시키는 것이라고 생각하면 이해하기가 한결 쉬울 것이다.

```
계약 객체.메서드명.sendTransaction(인수, {from: 보내는 주소, gas: 가스 양})
```

call

블록체인에서 데이터를 얻을 때 이용한다. 블록을 생성하지 않아도 되기 때문에 수수료는 발생하지 않는다. 잔고를 구하는 메서드 등에 사용한다. 잔고는 이미 존재하는 데이터에서 요구하는 것이기 때문에 새로운 데이터를 쓸 필요는 없다.

```
계약 객체.메서드명.call(인수)
```

앞서 만든 계약의 경우 setGreeting 메서드는 데이터를 갱신하기 때문에 sendTransaction을 사용하고 say 메서드는 데이터를 읽을 뿐이므로 call을 사용한다.

그럼 say 메서드를 실행해보자. 계약이 저장하고 있는 문자열이 반환된다.

```
> contract.say.call()
"Hello, World!"
```

여기서 public 상태 변수 greeting을 확인해보자. 메서드명에 상태 변수명을 지정해 call을 실행한다.

```
> contract.greeting.call()
"Hello, World!"
```

다음은 setGreeting을 실행해 상태 변수를 "Hello, World!"에서 "Hello, Ethereum!"으로 변경해보자[8]. 이 부분은 데이터의 변경을 수행하므로 sendTransaction을 이용한다.

```
> contract.setGreeting.sendTransaction("Hello, Ethereum!", {from:eth.accounts[0], gas:1000000})
"0x183e606077c96cbc52a087a00cf6cd30155621f0de3f6372c030cea63bf53dbc"
```

트랜잭션 ID가 반환됐다. 채굴 후 say를 실행해 변경 여부를 확인해보자.

```
> contract.say.call()
"Hello, Ethereum!"
```

3.2.6 기존 계약에 접근

다음으로 앞에서 만든 계약에 다른 Geth 콘솔을 이용해 접근해보자. 먼저 별도의 터미널을 열어[9] Geth 콘솔에 접속한다.

```
wikibooks@ubuntu:~$ geth attach rpc:http://localhost:8545
```

계속해서 계약의 외부 사양인 ABI를 취득한다. 계약을 만들 때와 마찬가지로 줄 바꿈을 삭제한 소스를 변수에 넣어 컴파일한다. 컴파일하면 /tmp 아래의 문자열(숫자 부분)이 바뀌어 표시된다.

```
> source = 'pragma solidity ^0.4.8;contract HelloWorld {string public greeting;function
HelloWorld(string _greeting) {greeting = _greeting;}function setGreeting(string _greeting)
{greeting = _greeting;}function say() constant returns(string) {return greeting;}}'

> sourceCompiled = eth.compile.solidity(source)
{
  /tmp/geth-compile-solidity274418428:HelloWorld: {
    code: "0x6060604052341561000f57600080fd5b6040516104ee3803806104ee8339810160405280805190910
190505b600081805161003e9291602001906106100046565b505b506100e6565b828054600181600
(이후 생략)

> contractAbiDefinition = sourceCompiled['/tmp/geth-compile-solidity274418428:HelloWorld'].inf
o.abiDefinition
```

---

8 eth.accounts[0] 계정 잠금 해제를 해야 하는 명령이다. 잠금 해제 방법에 따라 유효 기간이 만료돼 다시 잠금 해제를 해야 할 수도 있다.

9 지금까지 사용했던 콘솔을 종료한 뒤 다시 한 번 attach로 접속해도 상관없다.

계약 객체를 만든다. 그리고 기존 계약에 접근할 때는 new는 사용하지 않는다[10]. at에는 3.2.4절에서 배 포한 계약의 주소(0xb78392d0216bfed26927b816ca35dbe404963ce7)를 지정한다.

```
> contract = eth.contract(contractAbiDefinition).at("0xb78392d0216bfed26927b816ca35dbe404963
ce7")
```

이로써 계약 객체가 만들어졌다. 메서드를 실행해보자.

```
> contract.say.call()
"Hello, Ethereum!"
```

"Hello, Ethereum!"을 확인할 수 있다.

---

10 new는 블록체인에 새로운 계약을 배포할 때만 사용하는 명령이다.

3-3

계약 개발 환경

3.3.1 개발 환경

앞 절에서는 Geth 콘솔에서 프로그램을 컴파일하고 블록체인에 배포해 메서드를 실행했다. 사실 굉장히 손도 많이 가고, 개발하기에도 좋은 환경은 아니다. 하지만 최근에는 다양한 개발 환경이 공개되고 있다. 텍스트 데이터를 강조하는 기능이 있는 단순한 것에서부터 기존의 IDE에서 사용 가능한 플러그인, 그리고 브라우저를 기반으로 별도의 설치가 필요 없는 개발 환경 등 개발자의 취향에 맞게 선택할 수 있다.

아래에 몇 가지 개발 환경을 소개한다[11]. 이 책에서는 Browser−Solidity(Remix)를 사용해 개발한다.

Browser-Solidity(Remix)

https://remix.ethereum.org/
Browser−Solidity는 Solidity 언어의 기여자(Contributor)가 개발한 Solidity 언어 전용 웹 브라우저 기반 통합 개발 환경(IDE)이다. 웹 브라우저에서 계약 코드 작성, 컴파일, 이더리움 노드에 배포, 계약 메서드의 실행 등 일반적으로 필요한 작업을 수행할 수 있다. 이더리움 노드 없이 계약을 웹 브라우저의 자바스크립트 VM을 사용해 비슷하게 동작시킬 수도 있다.

---

11 이 개발 환경들은 매우 활발히 개발되고 있기 때문에 최신 버전은 제대로 동작하지 않는 등 문제가 발생할 수 있다. 검증이 완료된 버전을 사용하는 것이 가장 안전하다.

Ethereum Studio

https://live.ether.camp/
리눅스의 이더리움 클라이언트 셸 접속도 가능한 cloud9 기반 웹 IDE다. 이용하기 위해서는 사용자 등록을 해야 한다.

Intellij-Solidity

https://plugins.jetbrains.com/plugin/9475-intellij-solidity
IntelliJ IDEA(및 기타 JetBrains IDE 전체)의 Solidity 플러그인이다.

Visual Studio Code Ethereum Solidity Extension

https://github.com/juanfranblanco/vscode-solidity
마이크로소프트 비주얼 스튜디오 코드용 Solidity 플러그인이다.

Vim Solidity

구문 강조를 지원하는 Vim 에디터의 플러그인이다.

3.3.2 Browser-Solidity 설치

Browser-Solidity를 이용하는 방법은 두 가지가 있다. 하나는 인터넷에 공개돼 있는 사이트(https://remix.ethereum.org/)에 접속해 온라인으로 사용하는 방법, 다른 하나는 깃허브에서 Zip 파일을 내려받아 오프라인으로 이용하는 방법이다. 여기서는 오프라인으로 이용하는 방법을 설명한다. 하지만 해당 개발 환경은 계속 개발이 이뤄지고 있고, 버전 지정도 되지 않기 때문에 이 책에 게재된 화면이나 동작과 다른 부분이 있을 수 있다.

Browser-Solidity는 Geth의 IP 주소와 포트 번호를 지정해 접속할 수 있다. 윈도우에 Browser-Solidity를 설치하고 원격(또는 가상머신)의 우분투에서 작동하는 Geth에 연결해 계약을 개발하는 것이 가능하다.

여기서는 윈도우에 Browser-Solidity를 설치하는 방법을 설명한다.

01. 깃허브의 Browser-Solidity 페이지(https://github.com/ethereum/browser-solidity)에 접속해 'gh-pages' 브랜치로 전환한다.

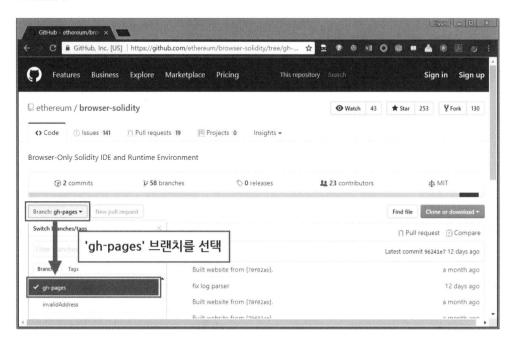

02. 'Clone or download' 버튼을 클릭한 뒤 'Download ZIP'을 클릭한다.

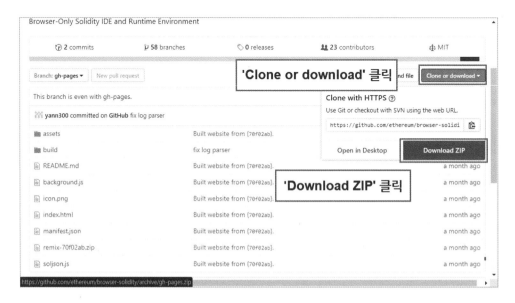

03. 다운로드한 'browser-solidity-gh-pages.zip' 파일을 적당한 곳에 압축 해제한 뒤 해당 디렉터리 안의 'index.html' 파일을 더블클릭 또는 브라우저로 드래그한다.[12]

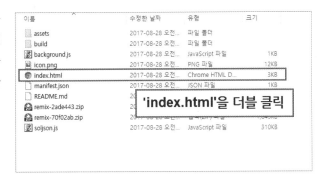

04. Browser-Solidity가 웹 브라우저로 열린다. 화면은 일반적인 IDE와 비슷한 형태로, 왼쪽에 프로젝트 브라우징과 코드 에디터가 있고, 오른쪽에는 각종 설정과 계약 배포, 메서드를 실행할 수 있는 화면이 있다. 처음 Browser-Solidity를 실행하면 'ballot.sol' 파일이 표시되는데, 닫아도 상관없다.

05. Browser-Solidity를 통해 이더리움 노드에 접속해보자. 화면 우측에 있는 Contract 탭을 누르고 Environment 선택 박스를 클릭해 Web3 provider를 선택한다. 그러면 자바스크립트 알림창으로 'Are you sure you want to connect to an ethereum node?'라고 물어온다. 확인을 누르면 Web3 Provider Endpoint 주소를 넣는 창이 다시 나타난다.

---

12 (옮긴이) 크롬 브라우저를 사용해야 한다.

이곳에 Geth를 실행 중인 우분투의 IP 주소와 포트 번호를 입력한다. 예를 들어, Geth의 IP 주소가 192.168.216.129이고, rpcport가 기본값인 상태(8545)라면 'http://192.168.216.129:8545'라고 입력한다.

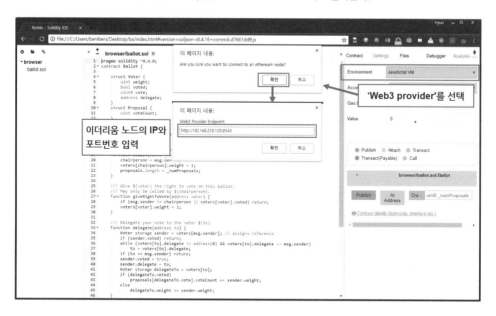

3.3.3 Browser-Solidity에서 Hello World

Browser-Solidity 화면 왼쪽의 에디터 영역에 새로운 파일을 만들고 3.2.1절의 코드를 입력해보자.

01. 화면 좌측 상단의 + 버튼을 누르면 새로운 파일(Untitled.sol)이 생성된다.

02. 비어 있는 에디터 화면에 3.2.1의 계약 코드(Hello, World!)를 입력한다.

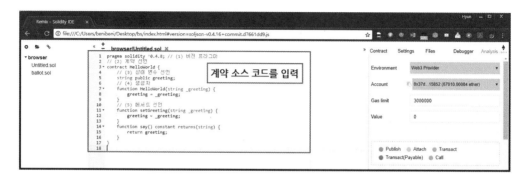

03. 입력했다면 바로 배포해본다. 화면 오른쪽의 각종 탭 중 Contract 탭에서 Create 항목의 입력창에 영어로 'Hello, World'라고 입력한 뒤 'Create' 버튼을 클릭한다[13]. 환경에 따라 시간은 다르지만 버튼을 누르고 1분 정도 후에 계약의 주소와 메서드가 표시된다.

04. say, greeting을 확인한다. 앞에서 입력한 "Hello, World!"로 바뀌어 있다.

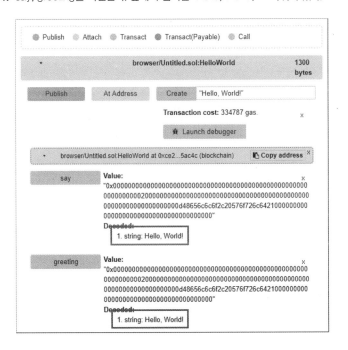

---

13 Transaction gas limit가 미입력(또는 0)인 경우 gas limit exceed 오류가 발생하며 진행되지 않는다. 이 경우 470000000이라고 입력한다.

05. 조금 더 아래로 스크롤을 내려보면 setGreeting 버튼과 입력 폼이 있다. 입력 폼에 ["Hello, Browser-Solidity!"]를 입력하고 'setGreeting'을 클릭해보자.

06. 처리가 완료되면 하단에 'Result: {…}'가 표시된다. 위의 say와 greeting 버튼을 각각 눌러보면 string 부분이 'Hello, World!'에서 'Hello, Browser-Solidity!'로 변경된다.

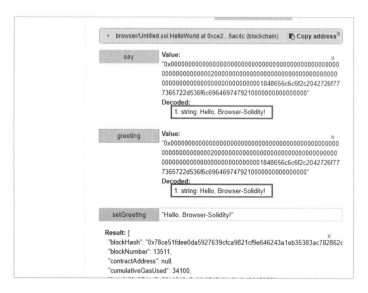

3.3.4 기존 계약에 접근

Browser-Solidity를 사용해 기존 계약에 접근해보자. 여기서는 3.2.4절에서 콘솔로 만든 HelloWorld 계약에 접속해본다.

01. 브라우저 새로고침 또는 재실행해서 앞에서와 마찬가지로 Web3 Provider를 선택해 Geth에 접속한다. 그 후 오른쪽 하단의 'At Address' 버튼을 클릭하면 아래 그림과 같은 대화창이 표시된다. 여기에 앞에서 생성했던 계약의 주소(0xb 78392d0216bfed26927b816ca35dbe404963ce7)를 입력한다.

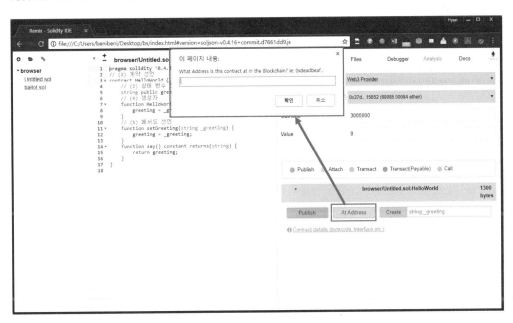

02. 입력한 주소가 표시되고, say와 greeting에 'Hello, Ethereum!'이 표시된다. 만약 표시되지 않는다면 Geth 콘솔에서 eth.mining 명령을 실행해 채굴이 진행되고 있는지 확인하자. 채굴 중이 아니라면 표시되지 않는다.

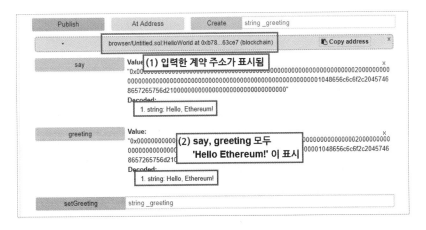

3.3.5 기존 계약에 접근 2

이번에는 반대로 Browser-Solidity에서 배포한 계약에 콘솔에서 접근해본다. 접근할 대상인 기존 계약은 3.3.3절에서 배포한 계약으로 한다.

Browser-Solidity의 오른쪽 하단을 보면 'Contract details (bytecode, interface etc.)'이라는 문구를 볼 수 있다. 이를 클릭해보면 Bytecode, Interface 등의 내용을 볼 수 있다. 이곳의 Bytecode는 3.2.4절의 'sourceCompiled['/tmp/geth-compile-solidity023785425:HelloWorld'].code'에서 컴파일된 소스로, Interface는 'contractAbiDefinition'(ABI)다.

기존 계약에 접근할 때 필요한 정보는 3.2.6절에서 설명한 것과 같이 'ABI'와 '계약의 주소'다.

우선 Browser-Solidity의 Interface 내용을 복사한다.

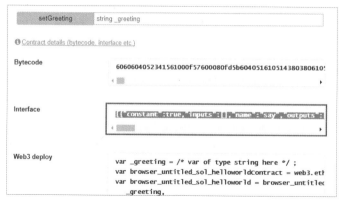

Geth 콘솔에서 변수에 대입한다. 작은따옴표로 감싸야 한다.

```
> abi = '[{"constant":true,"inputs":[],"name":"say","outputs":[{"name":"","type":"string"}],"p
ayable":false,"stateMutability":"view","type":"function"},{"constant":false,"inputs":[{"name":
"_greeting","type":"string"}],"name":"setGreeting","outputs":[],"payable":false,"stateMutabili
ty":"nonpayable","type":"function"},{"constant":true,"inputs":[],"name":"greeting","outputs":[
{"name":"","type":"string"}],"payable":false,"stateMutability":"view","type":"function"},{"inp
uts":[{"name":"_greeting","type":"string"}],"payable":false,"stateMutability":"nonpayable","ty
pe":"constructor"}]'
```

계약 객체를 만든다. 여기서 eth.contract()에는 abi를 JSON.parse한 결과를 할당한다. at에는 3.3.3절
에서 배포한 계약 주소를 지정한다.

```
> contract = eth.contract(JSON.parse(abi)).at("b78392d0216bfed26927b816ca35dbe404963ce7")
```

문제 없이 할당됐다면 say 메서드를 실행해보자.

```
> contract.say.call()
"Hello, Browser-Solidity!"
```

'Hello, Browser-Solidity!'를 확인할 수 있다.

3.3.6 Browser-Solidity에서 송금

Browser-Solidity에서 계약으로 송금할 수 있다[14].

01. 다음 확인용 프로그램을 Browser-Solidity 텍스트 에디터 부분에 입력하자.

```
pragma solidity ^0.4.8;

contract RecvEther {
    address public sender;          // 보내는 주소 확인용 변수
    uint public recvEther;          // 받은 Ether (합계)
    // 송금받기
    function () payable {
        sender = msg.sender;        // 확인을 위해 상태 변수를 갱신
        recvEther += msg.value;
    }
}
```

---

14 콘솔에서 실행하는 경우 목적지 주소를 계약 주소로 설정해 sendTransaction을 수행한다.

02. 'Create' 버튼을 클릭한다. 채굴이 이뤄진 이후 생성된 계약 정보가 표시된다.

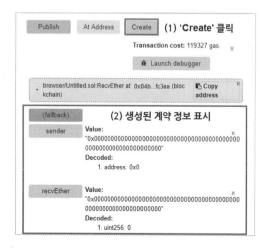

03. 생성한 계약에 송금해보자. 송금액은 Value에 입력한다. 여기서는 '1 szabo'만 송금한다. 입력했으면 '(fallback)' 버튼을 클릭한다.

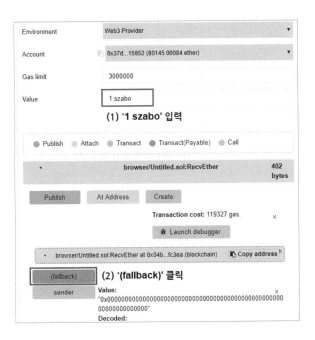

04. 전 단계에서 입력한 Value 값을 '0'으로 변경한다. 버전에 따라 자동으로 0으로 돌려줄 수도 있지만 확인 후 0이 아니라면 0으로 변경해야 한다. 0이 아닌 상태라면 이후 정상적인 처리가 이뤄지지 않을 수 있기 때문에 주의가 필요하다[15].

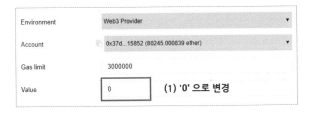

05. 송금자 주소와 송금한 Ether를 확인해보자. 'sender' 버튼과 'recvEther' 버튼을 클릭한다. 여기서 recvEther 단위는 wei다. 앞서 송금했던 금액 1szabo는 1012wei이므로 1000000000000으로 표시된다.

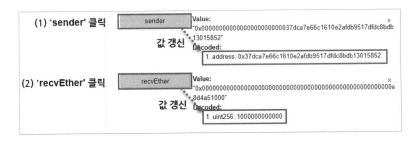

---

15 Browser-Solidity의 사양 변화가 많기 때문에 불필요한 단계가 될 수 있다.

06. Geth 콘솔에서 계약이 보유하고 있는 Ether를 확인해보자. 계약 주소를 인수로 eth.getBalance 명령을 실행한다.

```
> eth.getBalance("0x04b837772a109ed74d296b6ee05a2095812fc3ea")
1000000000000
> web3.fromWei(eth.getBalance("0x04b837772a109ed74d296b6ee05a2095812fc3ea"), "szabo")
1
```

3.3.7 조작 계정 전환

Browser-solidity에서 계약을 만들거나 메서드를 실행할 때 사용하는 기본 계정은 eth.accounts[0]이다. 다른 계정을 사용하고 싶다면 Web3 Provider로 Geth에 접속된 상태에서 Account 선택 상자를 클릭하면 현재 연결된 Geth에 존재하는 모든 계정이 표시된다. 여기서 사용하고 싶은 계정을 선택하면된다.

3.4.1 Solidity 데이터 형식

Solidity는 정적으로 입력되는 언어이며, 컴파일 시 변수, 메서드의 인수와 반환값의 형태를 지정해야 한다. 그리고 형식은 다른 언어와 마찬가지로 값 형식(Value Type)과 참조 형식(Reference Type)이 있다. 값 형식은 실제 데이터 자체를 저장하고, 참조 형식은 실제 데이터를 참조하기 위한 포인터를 저장한다. 아래의 예제 코드를 보자.

이 계약에는 값 형식을 반환하는 메서드인 getValueType과 참조 형식을 반환하는 메서드인 getReferenceType이 있다. 이 두 메서드에서는 처음에 변수 a를 선언하고 값을 설정한다. 그 후 변수 b를 선언해 a로 초기화하고 b의 값을 갱신해 a를 반환한다. a, b가 값 형식인 경우(getValueType)는 데이터 그 자체를 저장하고 있기 때문에 b의 값을 갱신해도 a는 갱신되지 않는다. 반대로 a, b가 참조 형식인 경우(getReferenceType) 동일한 데이터 영역을 참조하기 때문에 b가 참조하는 데이터 영역을 갱신하면 a가 참조하는 데이터 영역도 갱신된다. 설명보다는 직접 코드를 실행해 보며 이해해보자. 이번 절에서는 소스코드 기반으로 설명을 진행한다. 궁금한 부분은 직접 Browser-Solidity에서 동작을 확인해보고 확실히 이해한 후 진행하기를 당부한다.

```solidity
pragma solidity ^0.4.8;

contract DataTypeSample {
    function getValueType() constant returns (uint) {
        uint a;          // uint형 변수 a를 선언. 이 시점에서 a는 0으로 초기화된다.
        a = 1;           // a의 값이 1이 된다.
        uint b = a;      // 변수 a에 a의 값 1이 대입
        b = 2;           // b의 값이 2가 된다.
```

```
        return a;        // a의 값인 1이 반환
    }

    function getReferenceType() constant return (uint[2]) {
        uint[2] a;       // uint 형식을 가진 배열 변수 a를 선언
        a[0] = 1;        // 배열의 첫 번째 요소의 값에 1을 대입.
        a[1] = 2;        // 배열의 두 번째 요소의 값에 2를 대입.
        uint[2] b = a;   // uint 형식을 가진 배열 변수 b를 선언하고 a를 b에 대입. a는 데이터
영역 주소이기 때문에 b는 a와 동일한 데이터 영역을 참조함
        b[0] = 10;       // b와 a는 같은 데이터 영역을 참조하기 때문에 a[0]도 10이 된다.
        b[1] = 20;       // 마찬가지로 a[1]도 20이 된다
        return a;        // 10, 20이 반환된다.
    }
}
```

Solidity에서 이용 가능한 주 데이터 형식을 값 형식과 참조 형식으로 분류한 것이 표 3-1이다. 여기서 소수점(고정 및 부동)을 다루는 데이터 형식은 구현되지 않았다. 날짜형 데이터 역시 존재하지 않는다.

No.	논리명	데이터 형식	값 형식	참조 형식
1	불리언	bool	O	–
2	부호 있는 정수	int	O	–
3	부호 없는 정수	uint	O	–
4	주소	address	O	–
5	배열(고정 길이, 가변 길이)	Arrays		O
6	문자열	string		O
7	구조체	Structs		O
8	매핑	mapping		O

표 3-1 Solidity에서 사용 가능한 데이터 형식

불리언(bool)

불리언은 값으로 true(참), false(거짓) 중 하나를 갖는 데이터 형식이다. 다른 프로그래밍 언어와 동일한 비교 연산자를 가진다. 초깃값은 false다. 여기서 ||, &&는 단락(short circuit) 연산으로 처리된다. 즉, if (f(x) || g(x)) {}라는 구문에서 f(x) = true인 경우 g(x)는 실행되지 않는다. 마찬가지로 if (f(x) && g(x)) {}라는 구문에서 f(x) = false인 경우에도 g(x)는 실행되지 않는다.

연산자	설명
!	논리부정
&&	논리곱 "and"
||	논리합 "or"
==	등식(같음)
!=	부등식(같지 않음)

정수(int, uint)

정수형은 다양한 크기를 가지며, 부호가 있는(int) 형식이 있고, 부호가 없는(uint; unsigned int) 형식이 있다. uint8 ~ uint256, int8 ~ int256까지 8의 배수 길이로 형태가 존재한다. 이 숫자는 비트 수를 표시하는데, uint8이라면 0~255가 된다. 초깃값은 uint, int 모두 0이다. 참고로 uint는 uint256의 별칭, int는 int256의 별칭이다.

연산자	설명
비교(bool 값으로 평가)	<=, <, ==, !=, >=, >
비트 연산자	&(AND), |(OR), ^(XOR), ~(NOT)
산술 연산자	+, −, *, /, %(나머지), **(제곱), <<(왼쪽 시프트), >>(오른쪽 시프트)
	여기서 나누기는 항상 나머지를 버린다. 단, 양쪽 모두 상수인 경우 나머지를 버리지 않는다. 그리고 0으로 나누기 연산은 예외가 발생한다. x << y는 x * 2**y, x >> y는 x / x**y다. 왼쪽 시프트는 *2, *2,,,이고, 오른쪽 시프트는 *1/2, *1/2,,,이 된다.

```
pragma solidity ^0.4.8;

contract IntSample {
    function division() constant returns (uint) {
        uint a = 3;
        uint b = 2;
        uint c = a / b * 10      // a / b의 결과는 1이다.
        return c;                // 10이 반환된다.
    }
    function divisionLiterals() constant returns (uint) {
        uint c = 3 / 2 * 10;     // 상수이기 때문에 a / b의 나머지를 버리지 않는다. 즉 1.5가 된다.
        return c;                // 15가 반환된다.
    }
}
```

```
function divisionByZero() constant returns (uint) {
    uint a = 3;
    uint c = a / 0;           // 컴파일은 되지만 실행 시 예외가 발생한다.
    return c;                 // uint c = 3 / 0으로 하면 컴파일도 진행되지 않는다.
}
function shift() constant returns (uint[2]) {
    uint[2] a;
    a[0] = 16 << 2;           // 16 * 2 ** 2 = 64
    a[1] = 16 >> 2;           // 16 / 2 ** 2 = 4
    return a;                 // 64, 4가 반환된다.
}
}
```

주소(address)

주소 형식은 EOA나 계약 등의 계정 주소를 저장한다. 크기는 20바이트로, 초깃값은 0x0000000000000 00000000000000000000000000000이다. 정수형과 같은 비교 연산자를 가진다. 그리고 주소 형식만의 메 서드가 있다[16]. transfer와 send는 모두 Ether를 송금하는 메서드지만 실패했을 때의 동작에 차이가 있 다. transfer는 실패 시 예외가 발생해 모든 처리를 없었던 것으로 돌려놓지만 send는 처리가 계속된다. send를 사용할 경우 반드시 되돌려 줄 값을 체크해놔야 한다. 실패의 원인이 될 수 있는 것으로는 송금 처의 주소가 계약이고, 그 계약에는 Ether를 받을 때 수수료가 높은 처리를 실행하는 코드가 포함된 경우 를 생각해 볼 수 있다. 가스를 지정해 송금하기 위해서는 call.value().gas()()를 사용한다. 그리고 Ether를 주고받을 때는 상대에게 보내는 것이 아니라, 상대가 인출하게 하는 방법도 검토하는 것이 좋다.

연산자, 메서드 등	설명
비교(book 값으로 평가)	〈=, 〈, ==, !=, 〉=, 〉
〈address〉.balance	주소가 가진 Ether를 wei 단위로 반환한다. 반환값은 uint256이다.
〈address〉.transfer(uint256 amount)	주소에 Ether를 amount만큼 송금한다. 단위는 wei. 실패 시 예외가 발생한다.
〈address〉.send(uint256 amount) returns (bool)	주소에 Ether를 amount만큼 송금한다. 단위는 wei. 실패 시 false를 반환한다.
〈address〉.call.value(uint256 amount). gas(uint256 val)() returns (bool)	주소에 Ether를 amount만큼 송금한다. 단위는 wei. send, transfer와 비교해 더 낮 은 수준으로 평가한다. gas 값을 지정할 수 있다. 실패 시 false를 반환한다.

---

16 집필 시점(2017년 4월)에 Browser-Solidity는 계약으로부터의 송금 메서드 중 gas는 지원하지 않았다. 이를 사용하려면 콘솔을 사용해야 했다.

```solidity
pragma solidity ^0.4.8;

contract AddressSample {
    // 이름 없는 함수(송금되면 실행된다) payable을 지정해 Ether를 받는 것이 가능
    function () payable {}
    function getBalance(address _target) constant returns (uint) {
        if (_target == address(0)) {          // _target이 0인 경우 계약 자신의 주소를 할당
            _target = this,
        }
        return _target.balance;               // 잔고 반환
    }
    // 이후, 송금 메서드를 실행하기 전 이 계약에 대해 송금해둬야 한다
    // 인수로 지정된 주소에 transfer를 사용해 송금
    function send(address _to, uint _amount) {
        if (!_to.send(_amount)) {             // send를 사용할 경우 반환값을 체크해야 한다
            throw;
        }
    }
    // 인수로 지정된 주소에 call을 사용해 송금
    function call(address _to, uint _amount) {
        if (!_to.call.value(_amount).gas(1000000)()) {     // call도 반환값을 체크해야 한다
            throw;      // 다음 팁 참고
        }
    }
    // 인출 패턴(transfer)
    function withdraw() {
        address to = msg.sender;              // 메서드 실행자를 받는 사람으로 한다
        to.transfer(this.balance);            // 전액 송금한다
    }
    // 인출 패턴(call)
    function withdraw2() {
        address to = msg.sender;              // 메서드 실행자를 받는 사람으로 한다
        if (!to.call.value(this.balance).gas(1000000)()) {     // 전액 송금한다
            throw;
        }
    }
}
```

참고

번역 시점(2017.09)의 Browser-Solidity(0.4.13 버전)부터 throw를 더 이상 사용하지 않기 때문에 revert(), require(), assert()를 사용하라는 경고가 발생한다. 각 특징은 다음과 같다.

require()

- 사용자 입력 검증
- 외부 계약으로부터의 응답 검증(require(external.send(amount))
- 상태 변경 작업을 수행하기 전 상태를 확인
- 일반적으로 함수의 시작 부분에 사용

assert()

- 오버플로우(overflow)/언더플로우(underflow) 확인
- 불변성 검사
- 변경 후 계약 상태 검증
- 부정한 조건 검사
- 일반적으로 함수의 끝부분에 사용

revert()

- 실행을 취소하고 상태를 원래대로 되돌린다.

아직은 앞으로 사용하지 않는다는 경고만 노출되고 있지만 버전이 올라감에 따라 제거될 예정이다. throw 대신 revert()로 변경해도 큰 문제는 없다. 자세한 내용은 기술 문서[17]를 참조하기 바란다. Browser-Solidity의 Settings 탭에서 컴파일러 버전을 0.4.8+commit 버전으로 변경하면 책과 동일한 버전의 컴파일러를 사용하므로 컴파일 경고 메시지가 나오지 않는다.

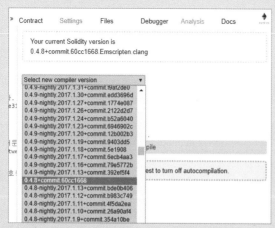

배열(고정 길이, 가변 길이)

배열 종류에 상관 없이 처리할 수 있다. 배열은 임의 형식을 지정할 수 있다. 사이즈 k, 형식 T인 고정 길이 배열은 T[k]와 같이 선언하고, 가변 길이 배열은 T[]와 같이 선언한다. 배열 인덱스는 0부터 시작한다.

속성, 메서드 등	설명
⟨array⟩.length	배열의 길이 속성. 가변 길이 배열에서는 이 값을 조작해 배열의 길이를 변경할 수 있다. 현재의 길이보다 큰 요소에 접근해도 배열의 길이는 변하지 않는다.
⟨array⟩.push(x)	가변 길이 배열의 가장 뒤에 요소를 추가하는 메서드다. 반환값은 새로운 배열 길이다.

```solidity
pragma solidity ^0.4.8;

contract ArraySample {
    uint[5] public fArray = [uint(10), 20, 30, 40, 50];    // 고정 길이 배열의 선언 및 초기화
    uint[] public dArray;              // 가변 길이 배열 선언
    function getFixedArray() constant returns (uint[5]) {
        uint[5] storage a = fArray;  // 길이가 5인 고정 배열을 선언
        // 메서드 안에서는 이 형식으로 초기화할 수 없다.
        // uint[5] b = [uint(1), 2, 3, 4, 5]
        for (uint i = 0; i < a.length; i++) {    // 초기화
            a[i] = i + 1;
        }
        return a;                // [1, 2, 3, 4, 5]를 반환
    }
    function getFixedArray2() constant returns (uint[5]) {
        uint[5] storage b = fArray;  // 상태 변수로 초기화
        return b;                // [10, 20, 30, 40, 50] 을 반환
    }
    function pushFixedArray(uint x) constant returns (uint) {
        // 다음은 컴파일 오류가 발생한다
        // fArray.push(x);
        return fArray.length;
    }
    function pushDArray(uint x) returns (uint) {
        return dArray.push(x);      // 인수로 받은 요소를 추가하고 변경 후의 배열 길이를 반환
    }
    function getDArrayLength() returns (uint) {
        return dArray.length;       // 가변 길이 배열의 현재 크기를 반환
    }
```

```solidity
    function initDArray(uint len) {
        dArray.length = len;        // 가변 길이 배열의 크기를 변경
        for (uint i = 0; i < len; i++) {    //초기화
            dArray[i] = i + 1;
        }
    }
    function getDArray() constant returns (uint[]) {
        return dArray;              // 가변 길이 배열도 반환
    }
    function delDArray() returns  (uint) {
        delete dArray;              // 가변 길이 배열 삭제
        return dArray.length;       // 0을 반환
    }
    function delFArray() returns (uint) {
        delete fArray;              // 고정 길이 배열 삭제. 각 요소는 0이 된다
        return fArray.length;       // 길이는 변하지 않기 때문에 5를 반환
    }
}
```

구조체

구조체를 정의할 수도 있다. 구조체를 정의할 때는 C 언어와 마찬가지로 struct 키워드를 사용한다. 자세한 내용은 아래 예제를 살펴보자. 구조체는 배열 데이터 형식으로 만들 수도 있다.

```solidity
pragma solidity ^0.4.8;

contract StructSample {
    struct User {            // 구조체 선언 (C 언어와 동일)
        address addr;
        string name;
    }
    User[] public userList; // 구조체의 배열도 선언할 수 있다
    function addUser(string _name) returns (uint) {   // 사용자 추가
        uint id = userList.push(User({                // 배열의 가장 마지막에 추가한다
            addr: msg.sender,
            name: _name
        }));
        return (id - 1);
    }
```

```
function addUser2(string _name) returns (uint) {  // 사용자 추가
    userList.length += 1;                 // 배열의 길이를 1만큼 증가시킨다
    uint id = userList.length - 1;
    userList[id].addr = msg.sender;
    userList[id].name = _name;
    return id;
}
function editUser(uint _id, string _name) {
    if (userList.length <= _id ||         // id가 배열의 길이 이상
        userList[_id].addr != msg.sender)  // 주소가 등록된 것과 다르다
    {
        throw;          // 예외 처리
    }
    userList[_id].name = _name;
}

// 구조체는 직접 반환하지 않기 때문에 다음 메서드는 컴파일 오류가 발생한다
// function getUser(uint _id) constant returns (User) {
//     return userList[_id];
// }
// 아래 메서드는 문제 없음
function getUser(uint _id) constant returns (address, string) {
    return (userList[_id].addr, userList[_id].name);
}
}
```

매핑

매핑 형식이란 연상 배열이다. 키와 값을 매핑시킬 수 있다. mapping(_KeyType => _ValueType)과 같이 선언한다. 매핑은 논리적으로 모든 키가 존재하는 것처럼 초기화되고, 값은 각 데이터 형식으로 초깃값을 갖는다. 직접 값을 지정하는 것도 가능하다.

```
pragma solidity ^0.4.8;

contract MappingSample {
    struct User {
        string name;
        uint age;
    }
```

```
    mapping(address=>User) public userList;          // value를 구조체(User)로 설정
        function setUser(string _name, uint _age) {
        userList[msg.sender].name = _name;            // key를 지정해 접근한다
        userList[msg.sender].age = _age;
    }
    function getUser() returns (string, uint) {
        User storage u = userList[msg.sender];
        return (u.name, u.age);
    }
}
```

Ether 단위

데이터 형식과는 다르지만 Solidity에서는 상수 값의 뒤에 Ether 단위를 나타내는 문자열을 붙일 수 있다. 단위를 나타내는 문자열을 붙여 수치를 변환할 수 있다.

Ether Units	Wei Value	Wei
wei	1 wei	1
szabo	10^{12} wei	1,000,000,000,000
finney	10^{15} wei	1,000,000,000,000,000
ether	10^{18} wei	1,000,000,000,000,000,000

```
pragma solidity ^0.4.8;

contract EtherUnitSample {
    function () payable {}          // Ether를 받는 메서드
    // getEther 실행 전에 이 계약에 1 ether를 송금해야 한다
    function getEther() constant returns (uint _wei, uint _szabo, uint _finney, uint _ether) {
        uint amount = this.balance;   // 1000000000000000000
        _wei = amount / 1 wei;        // 1000000000000000000
        _szabo = _wei / 1 szabo;      // 1000000
        _finney = _wei / 1 finney;    // 1000
        _ether = _wei / 1 ether;      // 1
    }
}
```

시간 단위

Ether 단위와 마찬가지로 상수 값의 뒤에 시간 단위를 나타내는 문자열을 붙여준다. 최소 단위는 '초'이며 단위 변환이 가능하다.[18]

시간 단위	초	단위
seconds	1	1
minutes	60	60초
hours	3600	60분
days	86400	24시간
weeks	604800	7일
years	31536000	365일

```
pragma solidity ^0.4.8;

contract TimeUnitSample {
    uint public startTime; // 시작 시간
    // 시작
    function start() {
        startTime = now;    // now는 block.timestamp의 별칭(Alias)
    }
    // 시작 시간으로부터 지정한 '분'만큼 경과했는지 확인(bool 형태로 반환)
    function minutesAfter(uint min) constant returns (bool) {
        if (startTime == 0) return false; // 시작 전에는 false를 반환
        return ((now - startTime) / 1 minutes >= min);
    }
    // 경과한 '초'를 반환
    function getSeconds() constant returns (uint) {
        if (startTime == 0) return 0; // 시작 전에는 0을 반환
        return (now - startTime);
    }
}
```

---

18 (옮긴이) 아래 예제를 실행하면 3개의 경고가 발생하는데, 이는 now를 사용했기 때문에 발생하는 경고다. now가 반드시 현재 시간을 의미하는 것이 아니라는 경고이기에 무시해도 무방하다.

블록 속성 등

기타 블록 번호나 타임스탬프 등은 전역 변수로 취급된다. 여기서는 대표적인 것만 표에 정리한다.

전역 변수	데이터 형식	설명
block.blockhash(uint blockNumber)	bytes32	지정한 블록의 해시 값
block.coinbase	address	해당 블록의 채굴자 주소
block.number	uint	해당 블록의 번호
block.timestamp	uint	해당 블록의 타임스탬프
msg.sender	address	송금자 주소(현재의 호출처)
msg.value	uint	송금액
now	uint	block.timestamp의 별칭

3.4.2 계약 상속

계약은 상속을 지원한다. 다음 예제는 계약 A와 그 하위 계약 B를 정의하고, 계약 C에서는 계약 A 형태의 가변 길이 배열에 new를 사용해 A와 B를 저장하고 재정의(Override)한 같은 이름의 메서드를 호출한다. 여기서 계약을 new로 생성했는데, new는 Gas의 사용량이 많으니 주의해야 한다. Browser-Solidity에서는 gas를 지정할 수 없기 때문에 동작 확인을 할 때는 Geth의 콘솔 또는 Browser-Solidity의 자바스크립트 VM 모드에서 수행하는 것이 좋다.

```solidity
pragma solidity ^0.4.8;

contract A {
    uint public a;
    function setA(uint _a) {
        a = _a;
    }
    function getData() constant returns (uint) {
        return a;        // a를 그대로 반환
    }
}

contract B is A { // B는 A의 하위 계약
    function getData() constant returns (uint) {
```

```
        return a * 10;  // a * 10을 반환
    }
}

contract C {
    A[] internal c;       // 데이터 형식을 계약 A 형식의 가변 길이 배열로 설정해 c로 선언
    function makeContract() returns(uint, uint) {
        c.length - 2;    // c의 길이를 2로 설정
        A a = new A();  // 계약 A를 a로 생성
        a.setA(1);       // 1을 할당
        c[0] = a;        // 배열의 첫 번째 요소에 a를 대입
        B b = new B();  // 계약 B를 b로 생성
        b.setA(1);       // 마찬가지로 1을 할당
        c[1] = b;        // 배열의 두 번째 요소에 b를 대입
        return (c[0].getData(), c[1].getData());  // 계약 A와 B의 반환값을 출력
    }
}
```

3.4.3 다른 계약의 메서드 실행

상속으로도 실행할 수 있지만 메서드 실행 대상의 계약 주소와 형태가 만들어졌다면 다른 계약의 메서드를 실행할 수 있다. 아래 예제에서는 계약 A와 계약 B를 따로 배포한다. 그리고 계약 B에 계약 A의 주소를 설정해 계약 B에서 계약 A의 메서드를 실행한다.

```
pragma solidity ^0.4.8;

contract A {
    uint public num = 10;  // 10으로 고정한다(public이기 때문에 외부에서 참조 가능).
    function getNum() constant returns (uint) {
        return num;
    }
}

contract B {
    A a = new A();
    address public addr;
    function setA(A _a) { // 별도로 생성한 A의 주소를 설정한다.
        addr = _a;    // 주소에 저장
```

```
    }
    // 상태 변수num의 값을 직접 취득
    function aNum() constant returns (uint) {
        return a.num(); // 10;
    }
    // 메서드로부터 num의 값을 취득
    function aGetNum() constant returns (uint) {
        return a.getNum(); // 10
    }
}
```

3.4.4 계약 파기

필요 없어진 계약은 파기할 수 있다. 파기할 때 해당 계약이 보유하고 있는 Ether는 지정한 주소로 송금된다. 파기 명령은 selfdestruct(address) 또는 suicide(address)다. 두 명령은 동일한 동작을 하지만 suicide(자살)라는 단어의 어감이 좋지 않아 selfdestruct를 사용할 것을 제안하고 있다[19].

```
pragma solidity ^0.4.8;

contract SelfDestructSample {
    address public owner = msg.sender;    // 계약을 배포한 주소를 소유자로 한다
    //송금을 받는다(close() 뒤에 호출하면 송금도 할 수 없게 된다)
    function () payable { }
    // 계약을 파기하는 메서드
    function close() {
        if (owner != msg.sender) throw;   // 보내는 사람이 소유자가 아닌 경우는 예외 처리
        selfdestruct(owner);              // 계약을 파기한다
    }
    // 계약 잔고를 반환하는 메서드
    function Balance() constant returns (uint) {  // close() 뒤에 호출하면 오류 발생
        return this.balance;
    }
}
```

---

19 EIP6 Renaming SUICIDE opcode
https://github.com/ethereum/EIPs/blob/master/EIP/eip-6.md

PART
실전편
02

4장

가상 화폐 계약

기본적인 가상 화폐 계약

이번 장에서는 블록체인의 기반이 되는 기본적인 가상 화폐 계약을 만들어본다. 여기서 생성하는 가상 화폐 계약은 최소한의 기능만 가지고 있으나, 통상적인 가상 화폐와 같이 사용할 수 있다. 블록체인에서 동작하는 스마트 계약의 본질이 여기에 집약돼 있다. 직접 다뤄보며 스마트 계약에 대한 이해도를 높이자.

4.1.1 계약 개요

블록체인에서는 '토큰(token)'이라는 용어가 자주 사용된다. 토큰이란 증거, 기념품, 대용 화폐, 상품권 등의 의미를 가지고 있는 영단어다. 블록체인에서의 토큰은 비트코인이나 Ether와 마찬가지로 계정에 연결돼 관리되며 임의의 양을 임의의 계정에 전달할 수 있는 것으로 화폐보다 추상적인 개념이다[1]. 이 토큰은 이더리움 공식 사이트를 포함해 여러 관련 사이트에 다양한 코드가 공개돼 있다. 이 자료들을 살펴보면 토큰의 이름, 단위, 소수점 이하의 자릿수, 총량이 정해져 있으며 주소별 잔고를 관리하고, 임의의 상대에게 송금할 수 있는 기능을 가지고 있다는 사실을 알 수 있다[2].

---

1 관련 사이트에서는 API 표준화와 관련된 논의가 이뤄지고 있다. 관심이 있다면 방문해 보기 바란다. https://github.com/ethereum/wiki/wiki/Standardized_Con-tract_APIs

2 ERC20 형식 토큰이라고도 한다.

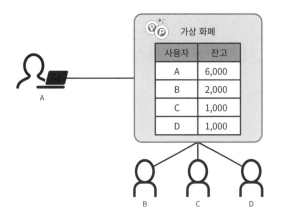

4.1.2 계약 생성

가상화폐 계약을 생성하려면 Geth와 Browser-Solidity가 필요하다. 만약 Browser-Solidity를 아직 내려받지 않았다면 3.3절 '계약 개발 환경'을 참조해 환경 설정을 해두자. Geth 환경(데이터 디렉터리, 패스워드 등)은 앞의 실습 내용(2.2 Geth 설치)과 동일하다. 동작 확인을 위한 계정에는 Ether가 필요하므로 채굴 작업을 하거나 다른 계정에서 sendTransaction 명령을 사용해 적당히 송금해둬야 한다.

```
$ nohup geth --networkid 4649 --nodiscover --maxpeers 0 --datadir /home/wikibooks/data_testnet
--mine --minerthreads 1 --rpc --rpcaddr "0.0.0.0" --rpcport 8545 --rpccorsdomain "*" --rpcapi
"admin,db,eth,debug,miner,net,shh,txpool,personal,web3" --unlock 0,1 --password /home/
wikibooks/data_testnet/passwd --verbosity 6 2>> /home/wikibooks/data_testnet/geth.log &
```

Browser-Solidity 화면 왼쪽의 에디터 영역에 아래 코드를 작성한다. 계약의 이름은 OreOreCoin으로 한다.

가상 화폐 계약(OreOreCoin)

```solidity
pragma solidity ^0.4.8;

contract OreOreCoin {
    // (1) 상태 변수 선언
    string public name; // 토큰 이름
    string public symbol; // 토큰 단위
    uint8 public decimals; // 소수점 이하 자릿수
    uint256 public totalSupply; // 토큰 총량
```

```
    mapping (address => uint256) public balanceOf; // 각 주소의 잔고

    // (2) 이벤트 알림
    event Transfer(address indexed from, address indexed to, uint256 value);

    // (3) 생성자
    function OreOreCoin(uint256 _supply, string _name, string _symbol, uint8 _decimals) {
        balanceOf[msg.sender] = _supply;
        name = _name;
        symbol = _symbol;
        decimals = _decimals;
        totalSupply = _supply;
    }

    // (4) 송금
    function transfer(address _to, uint256 _value) {
        // (5) 부정 송금 확인
        if (balanceOf[msg.sender] < _value) throw;
        if (balanceOf[_to] + _value < balanceOf[_to]) throw;
        // (6) 송금하는 주소와 송금받는 주소의 잔고 갱신
        balanceOf[msg.sender] -= _value;
        balanceOf[_to] += _value;
        // (7) 이벤트 알림
        Transfer(msg.sender, _to, _value);
    }
}
```

프로그램 설명

(1) 상태 변수 선언

```
    string public name; // 토큰 이름
    string public symbol; // 토큰 단위
    uint8 public decimals; // 소수점 이하 자릿수
    uint256 public totalSupply; // 토큰 총량
    mapping (address => uint256) public balanceOf; // 각 주소의 잔고
```

이름, 단위, 소수점 이하 자릿수는 생성자로부터 받은 값을 보존한다. 여기서 중요한 상태 변수는 mapping 형식인 balanceOf다. address가 키(key)이고 값(value)은 잔고다(uint256 형식).

(2) 이벤트 선언

```
event Transfer(address indexed from, address indexed to, uint256 value);
```

이벤트는 트랜잭션의 로그를 출력하는 기능이다. event 뒤에 이벤트 이름을 선언한다. Ethereum Wallet 과 같은 클라이언트가 계약 중 발생한 처리를 추적할 수 있게 한다.

(3) 생성자

```
function OreOreCoin(uint256 _supply, string _name, string _symbol, uint8 _decimals) {
    balanceOf[msg.sender] = _supply;
    name = _name;
    symbol = _symbol;
    decimals = _decimals;
    totalSupply = _supply;
}
```

OreOreCoin의 생성자는 인수로 받은 _name(토큰 이름), _symbol(토큰 단위), _decimals(소수점 이하 자릿수)를 그대로 상태 변수로 설정한다. _supply(발행량)는 메서드 실행 주소(msg.sender)의 잔고 (balanceOf)로 설정했다. 즉, 계약을 생성할 때는 계약 생성자가 모든 코인을 가지고 있는 것이 된다.

(4) 송금 메서드 선언

```
function transfer(address _to, uint256 _value) {
    // (5) 부정 송금 확인
    if (balanceOf[msg.sender] < _value) throw;
    if (balanceOf[_to] + _value < balanceOf[_to]) throw;

    // (6) 송금하는 주소와 송금받는 주소의 잔고 갱신
    balanceOf[msg.sender] -= _value;
    balanceOf[_to] += _value;

    // (7) 이벤트 알림
    Transfer(msg.sender, _to, _value);
}
```

메서드는 function으로 선언한다. transfer는 가상 통화를 송금하기 위한 메서드다. 송금처 주소(_to)와 금액(_value)을 인수로 사용해 송금 처리를 수행한다. 여기서 송금자의 주소를 지정하지 않는 것은 메서드 호출을 할 때 실행 주소를 msg.sender에서 받아올 수 있기 때문이다.

(5) 부정 송금 확인

메서드 실행 주소(msg.sender)의 잔고(balanceOf)를 확인해 송금한 금액(_value)보다 적은 경우에는 예외 처리를 한다. 예외가 발생하면 그때까지 진행된 처리를 모두 되돌린다(Rollback).

두 번째의 if 구문은 송금으로 인한 오버플로우가 없는지 확인하는 것이다. 원래의 잔고와 송금된 금액을 더했을 때 합계 금액이 원래의 잔고보다 적은 경우 오버플로우로 판단하고 예외 처리를 한다.

이 예제에서는 금액을 uint256 형식의 변수로 선언한다. uint256 형식은 부호 없는 256비트 정수를 의미한다. uint256의 최댓값은 $1.15792E + 77(2256)$이다.

(6) 잔고 갱신

송금자 주소와 송금처 주소의 잔고를 갱신한다.

(7) 이벤트 알림

처리가 종료되면 이벤트를 호출(로그 출력을 통해 클라이언트에게 알림)한다.

복잡할 것 같았지만 의외로 간단한 코드다. 하지만 가상 화폐의 기본 기능은 제대로 갖추고 있다. 코드 작성이 끝났다면 실제 계약을 실행해본다.

4.1.3 계약 실행

작성한 계약을 Browser-Solidity를 사용해 실행해보자. 이 책에서는 Browser-Solidity를 이더리움 노드에 연결해서 동작을 확인하지만 Browser-Solidity의 자바스크립트 VM만 사용해도 동작을 확인할 수 있다[3]. 환경에 따라 적절한 방법을 선택하면 된다. 배포 후에는 에디터 영역을 변경하면 자동으로 재배포가 이뤄지므로 주의해야 한다.

---

3 Browser-Solidity만 사용하는 경우 채굴이 완료될 때까지 기다릴 필요 없이 즉시 동작을 확인할 수 있다. 그 밖의 특별한 차이는 없다.

전제:

■ 사용하는 주소는 다음 표의 2개 계정이다.

이번 절에서 사용하는 사용자 주소 정보는 아래와 같다. 앞서도 언급했지만 환경마다 주소 등의 정보는 모두 달라지므로 각자의 정보에 맞게 변경해야 한다.

No	사용자	주소	비고
1	A	"0x37dca7e66c1610e2afdb9517dfdc8bdb13015852"	accounts[0]
2	B	"0x0a622c810cbcc72c5809c02d4e950ce55a97813e"	accounts[1]

■ 생성할 토큰 정보는 다음과 같다.

발행량: 10,000

이름: "OreOreCoin"

단위: "oc"

소수점 이하 자릿수: 0

절차:

① 사용자 A가 토큰(OreOreCoin)을 만든다. 지정한 금액은 모두 사용자 A에게 할당된다.

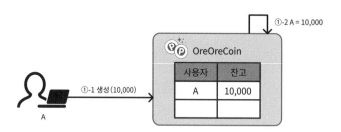

② 사용자 A가 사용자 B에게 송금(2,000)한다.

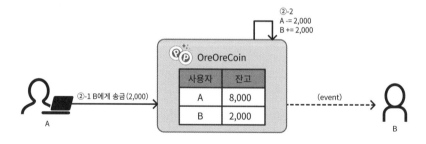

③ 사용자 A의 잔고(8,000)보다 큰 금액(10,000)을 사용자 B에게 송금한다. 하지만 잔고가 부족하기 때문에 예외가 발생하고, 잔고는 변경되지 않는다.

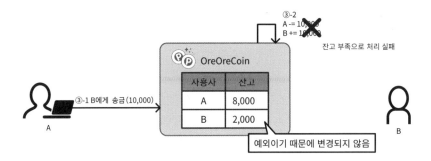

이어서 Browser-Solidity를 사용해 실제 동작을 확인해본다.

01. 사용자 A가 토큰(OreOreCoin)을 만든다. Create 옆의 입력란에 '10000, "OreOreCoin", "oc", 0'을 입력하고 'Create' 버튼을 클릭한다. 환경에 따라 처리 시간은 달라질 수 있지만 보통 1분 가량 걸린다. 처리가 완료되면 계약 주소와 메서드가 표시된다.

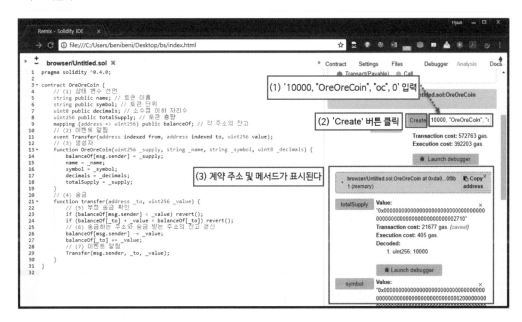

생성할 때 지정한 전체 발행량(10,000)이 사용자 A의 잔고로 설정됐는지 확인해보자. 'balanceOf' 버튼 옆의 입력 상자에 사용자 A의 주소(큰따옴표로 감싸야 한다)를 입력하고 'balanceOf' 버튼을 클릭한다. 생성할 때 지정한 전체 발행량을 확인할 수 있다.

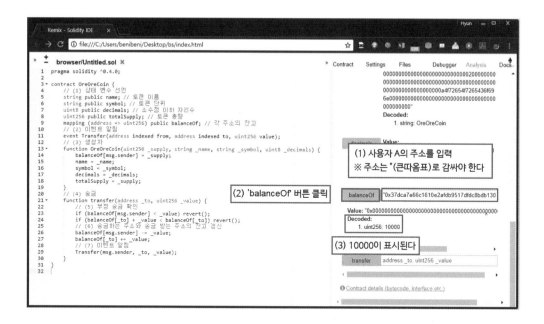

02. 이어서 사용자 A에서 사용자 B로 송금(2,000)해보자. 'transfer' 버튼 옆의 입력 상자에 '"사용자 B 주소", 2000'을 입력한 뒤 'transfer' 버튼을 클릭한다. 이때 사용자 B의 주소는 앞서 잔고 확인을 했을 때와 마찬가지로 큰따옴표로 감싸서 입력하고 송금액을 쉼표로 구분해 입력한다("0x0a622c810cbcc72c5809c02d4e950ce55a97813e", 2000).

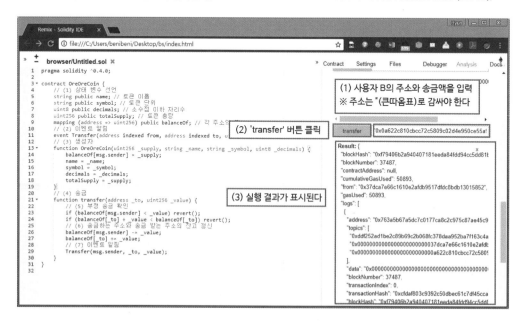

Browser-Solidity의 우측 부분을 스크롤해 내려가면 이벤트 알림(Transfer)을 확인할 수 있다.

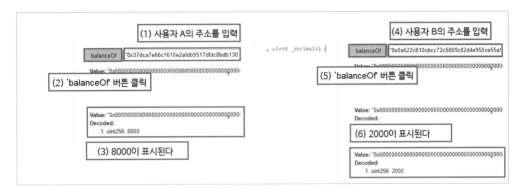

송금 후 사용자 A와 B의 잔고가 변경된 것(A:8,000, B:2,000)을 확인할 수 있다. 제대로 반영됐는지 확인하기 위해 가 계정 주소를 입력하고 'balanceOf' 버튼을 클릭해보자.

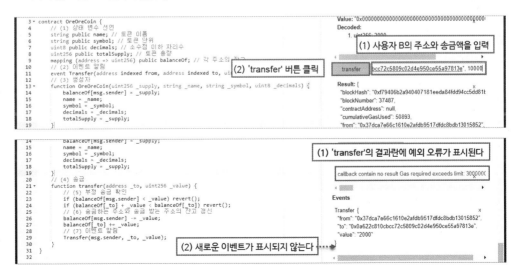

03. 이번에는 사용자 A의 잔고(8,000)보다 큰 금액(10,000)을 사용자 B에게 송금 시도를 해보고 송금이 되지 않는 것(잔 고가 변하지 않음)을 확인해본다. '"사용자 B 주소", 10000'을 입력한 뒤 'transfer' 버튼을 클릭한다. 몇 초 후 앞서 확 인한 이벤트 알림 아래 빨간색 오류 메시지가 표시된다. 내부적으로 예외 처리가 돼 있지 않기 때문에 새로운 이벤트도 표시되지 않고 잔고도 변하지 않는다.

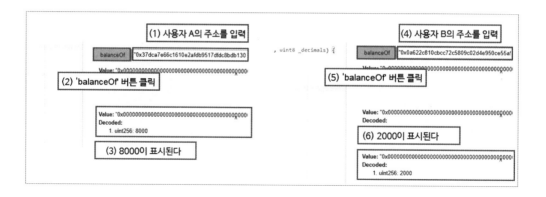

추가 기능 1: '블랙리스트'

4.1절에서 만든 가상 화폐 계약은 누구나 자유롭게 참가해 가상 통화를 주고받을 수 있다. 이번 절에서는 그 계약을 바탕으로 누구나 자유롭게 참가할 수 있지만 '부정 사용자'는 거래를 할 수 없게끔 하는 기능을 가진 가상 화폐 계약을 만들어본다. 한마디로 '블랙리스트' 기능을 추가한다.

4.2.1 계약 개요

계약의 개요는 다음과 같다. 여기서 계약을 배포한 사용자(소유자라고 한다)만 블랙리스트를 관리할 수 있게 한다[4].

- 블랙리스트에 기록된 주소는 입출금 불가

- 소유자만 블랙리스트에 추가 및 삭제 가능

- 소유자 여부는 주소로 식별하며, 계약을 생성할 때의 주소를 소유자로 설정

4　4.1절의 가상 화폐 계약은 관리자가 별도로 없었지만 블랙 리스트를 구현하기 위해서는 관리자를 추가해야 한다.

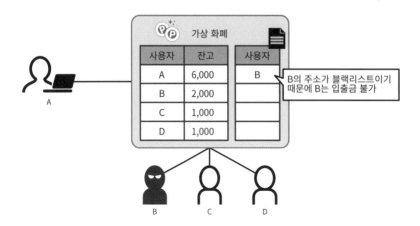

4.2.2 계약 작성

블랙리스트 기능을 추가한 가상 화폐 계약은 다음과 같다.

가상 화폐 계약(OreOreCoin)

```solidity
pragma solidity ^0.4.8;

// 블랙리스트 기능을 추가한 가상 화폐
contract OreOreCoin {
    // (1) 상태 변수 선언
    string public name; // 토큰 이름
    string public symbol; // 토큰 단위
    uint8 public decimals; // 소수점 이하 자릿수
    uint256 public totalSupply; // 토큰 총량
    mapping (address => uint256) public balanceOf; // 각 주소의 잔고
    mapping (address => int8) public blackList; // 블랙리스트
    address public owner; // 소유자 주소

    // (2) 수식자
    modifier onlyOwner() { if (msg.sender != owner) throw; _; }

    // (3) 이벤트 알림
    event Transfer(address indexed from, address indexed to, uint256 value);
    event Blacklisted(address indexed target);
    event DeleteFromBlacklist(address indexed target);
    event RejectedPaymentToBlacklistedAddr(address indexed from, address indexed to, uint256 value);
```

```
event RejectedPaymentFromBlacklistedAddr(address indexed from, address indexed to, uint256 value);

// (4) 생성자
function OreOreCoin(uint256 _supply, string _name, string _symbol, uint8 _decimals) {
    balanceOf[msg.sender] = _supply;
    name = _name;
    symbol = _symbol;
    decimals = _decimals,
    totalSupply = _supply;
    owner = msg.sender; // 소유자 주소 설정
}

// (5) 주소를 블랙리스트에 등록
function blacklisting(address _addr) onlyOwner {
    blackList[_addr] = 1;
    Blacklisted(_addr);
}

// (6) 주소를 블랙리스트에서 제거
function deleteFromBlacklist(address _addr) onlyOwner {
    blackList[_addr] = -1;
    DeleteFromBlacklist(_addr);
}

// (7) 송금
function transfer(address _to, uint256 _value) {
    // 부정 송금 확인
    if (balanceOf[msg.sender] < _value) throw;
    if (balanceOf[_to] + _value < balanceOf[_to]) throw;

    // 블랙리스트에 존재하는 주소는 입출금 불가
    if (blackList[msg.sender] > 0) {
        RejectedPaymentFromBlacklistedAddr(msg.sender, _to, _value);
    } else if (blackList[_to] > 0) {
        RejectedPaymentToBlacklistedAddr(msg.sender, _to, _value);
    } else {
        balanceOf[msg.sender] -= _value;
        balanceOf[_to] += _value;
```

```
            Transfer(msg.sender, _to, _value);
        }
    }
}
```

프로그램 설명

(1) 상태 변수 추가

```
mapping (address => int8) public blackList; // 블랙리스트
address public owner; // 소유자 주소
```

블랙리스트 관리용 변수와 블랙리스트에 추가/삭제 권한을 가진 소유자 주소용 변수를 추가한다. 블랙리스트는 잔고 관리용 변수와 마찬가지로 mapping 형식이다. key는 address 형식이고, value는 int8 형식으로 설정했다. 0 이하면 블랙리스트 대상이 아니고 1 이상이면 블랙리스트 대상이 된다.

(2) 수식자 선언

```
modifier onlyOwner() { if (msg.sender != owner) throw; _; }
```

solidity에는 수식자라는 것이 있어서 메서드를 실행하기 전에 동작 조건을 확인하고 메서드의 실행을 제어하는 것이 가능하다. 여기서는 소유자 주소만 실행 가능한 메서드를 구현하기 위해 실행 주소가 소유자 주소인지 검사하고 다른 경우에는 예외 처리를 하게끔 수식자를 선언했다.

(3) 이벤트 추가

```
event Blacklisted(address indexed target);
event DeleteFromBlacklist(address indexed target);
event RejectedPaymentToBlacklistedAddr(address indexed from, address indexed to, uint256 value);
event RejectedPaymentFromBlacklistedAddr(address indexed from, address indexed to, uint256 value);
```

블랙리스트에 추가하고 삭제하는 이벤트, 블랙리스트에 추가된 주소에는 입출금이 불가능하게 하는 이벤트를 추가한다.

(4) 생성자 수정

```
owner = msg.sender; // 소유자 주소 설정
```

상태 변수 owner에 소유자 주소를 설정한다.

(5) 블랙리스트에 추가하는 메서드

```
function blacklisting(address _addr) onlyOwner {
    blackList[_addr] = 1;
    Blacklisted(_addr);
}
```

소유자 주소만 실행할 수 있어야 하기 때문에 앞서 선언한 onlyOwner 수식자를 사용한다. 이 메서드는
지정한 주소의 value를 1로 변경하고 이벤트 알림을 발생시킨다.

(6) 블랙리스트에서 제거하는 메서드

```
function deleteFromBlacklist(address _addr) onlyOwner {
    blackList[_addr] = -1;
    DeleteFromBlacklist(_addr);
}
```

이 메서드 역시 소유자 주소만 실행할 수 있어야 하기 때문에 마찬가지로 onlyOwner 수식자를 이용한
다. 이 메서드는 지정한 주소의 value를 −1로 만들고 이벤트 알림을 발생시킨다.

(7) 블랙리스트 주소의 입출금 제한

```
if (blackList[msg.sender] > 0) {
    RejectedPaymentFromBlacklistedAddr(msg.sender, _to, _value);
} else if (blackList[_to] > 0) {
    RejectedPaymentToBlacklistedAddr(msg.sender, _to, _value);
} else {
    balanceOf[msg.sender] -= _value;
    balanceOf[_to] += _value;

    Transfer(msg.sender, _to, _value);
}
```

잔고를 변경하기 전에 블랙리스트를 검사한다. 보내는 주소 또는 받는 주소가 블랙리스트에 등록된 경우 이벤트만을 알리고 잔고는 변경하지 않는다. 블랙리스트에 없다면 잔고를 변경하고 이벤트 알림을 수행한다. 여기서 블랙리스트 처리를 할 때 예외만 발생시키는 방법도 있지만 발생했다는 것을 기록으로 남기기 위해 이벤트 알림을 수행하도록 만들었다.

4.2.3 계약 실행

작성한 계약을 Browser-Solidity를 사용해 동작시켜보자. 전제와 절차는 다음과 같다.

전제: (이전 예제와 동일하다)

■ 사용하는 주소는 아래 표의 2개 계정이다.

이번 절에서 사용하는 사용자 주소 정보는 아래와 같다. 앞에서도 언급했지만 환경마다 주소 등의 정보는 모두 달라지므로 각자의 정보에 맞게 변경해야 한다.

No	사용자	주소	비고
1	A	"0x37dca7e66c1610e2afdb9517dfdc8bdb13015852"	accounts[0]
2	B	"0x0a622c810cbcc72c5809c02d4e950ce55a97813e"	accounts[1]

■ 생성할 토큰 정보는 다음과 같다.

발행량: 10,000

이름: "OreOreCoin"

단위: "oc"

소수점 이하 자릿수: 0

절차:

① 사용자 A가 토큰(OreOreCoin)을 만든다.

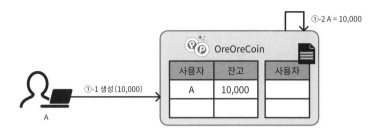

② 사용자 A가 사용자 B에게 송금(2,000)한다. 여기까지는 앞의 예제와 동일하다.

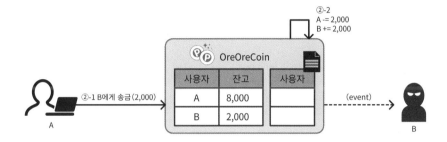

③ 사용자 B를 블랙리스트에 등록.

④ 사용자 A가 사용자 B에게 송금(2,000)한다. 하지만 사용자 B의 주소는 블랙리스트에 등록됐기 때문에 잔고는 변경되지 않는다.

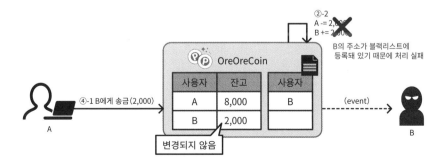

⑤ 사용자 B로부터 사용자 A에게 송금(2,000)을 시도해도 사용자 B의 주소가 블랙리스트에 등록돼 있기

때문에 잔고는 변경되지 않는다.

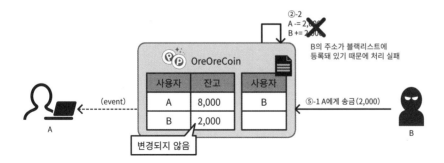

⑥ 사용자 B를 블랙리스트에서 삭제한다.

⑦ 사용자 A로부터 사용자 B에게 송금(2,000)한다. 사용자 B의 주소는 블랙리스트에서 삭제됐기 때문에 별다른 문제 없이 잔고가 변경된다.

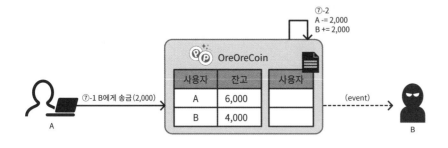

계속해서 Browser—Solidity를 사용해 실제로 동작을 확인해보자.

01. 사용자 A가 토큰(OreOreCoin)을 만든다. 여기서는 4.1.3절과 마찬가지로 '10000, "OreOreCoin", "oc", 0'을 입력하고 'Create' 버튼을 누른다. 잔고 확인은 'balanceOf' 버튼 옆의 입력 상자에 사용자 A의 주소를 입력하고 'balanceOf' 버튼을 누른다. 토큰을 만들 때 지정한 전체 발행량(10,000)이 사용자 A의 잔고가 된 것을 확인한다.

02. 사용자 A에서 사용자 B로 송금(2,000)한다. "'사용자 B 주소", 2000'이라고 입력하고 'transfer' 버튼을 클릭한다. 송금이 완료되면 이벤트 알림이 나타난다. 화면 오른쪽을 스크롤해 정상적으로 송금이 됐는지 확인한다.

03. 사용자 B를 블랙리스트에 등록한다. "'사용자 B 주소"'를 'blacklisting' 버튼 옆의 입력 상자에 입력하고 'blacklisting' 버튼을 누른다.

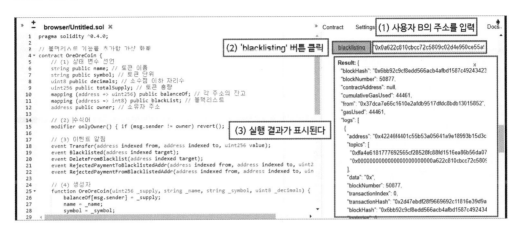

화면을 스크롤해 이벤트 알림(Blacklisted)에 사용자 B의 주소가 표시됐는지 확인한다.

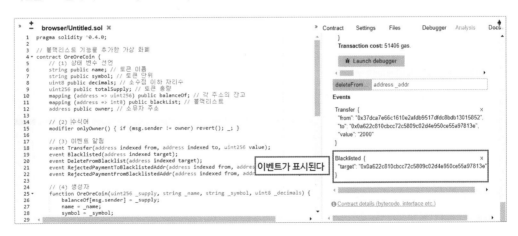

04. 블랙리스트에 추가된 사용자 B에게 송금해서 송금 처리가 실패하는지 확인한다. 사용자 A에서 사용자 B로 송금(2,000)한다. "'사용자 B의 주소", 2000'을 입력하고 'transfer'를 클릭한다(처음에 입력한 내용이 그대로 남아있으니 다시 한 번 transfer 버튼을 눌러도 상관 없다).

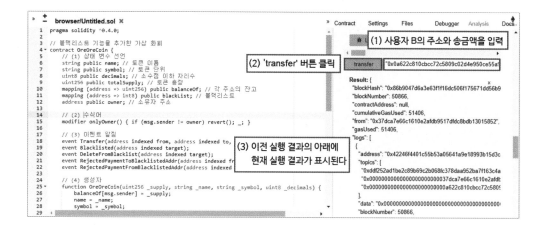

이벤트 알림(RejectedPaymentToBlacklistedAddr)이 표시된다. from과 to, value에 각각 사용자 A의 주소와 사용자 B의 주소, 송금액이 표시된다.

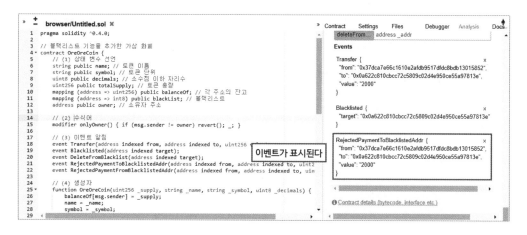

balanceOf를 통해 사용자 A와 B의 잔고가 그대로인 것을 확인한다(A:8,000, B:2,000).

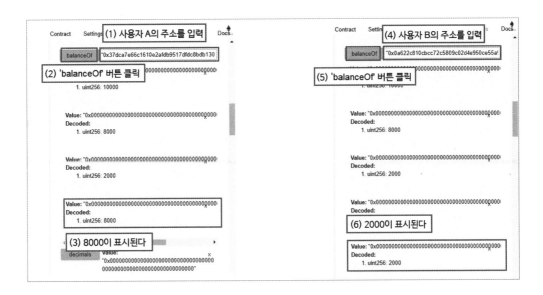

05. 이번에는 반대로 사용자 B에서 사용자 A로 송금(2,000)한다. 우선 사용자를 전환해야 한다. 우측 메뉴 상단의 Account 항목에서 사용자 B로 사용할 계정을 선택한다[5].

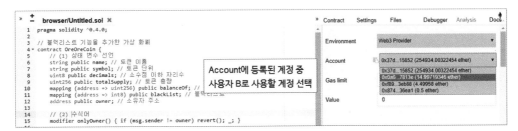

사용자 A에게 송금할 것이므로 '"사용자 A의 주소", 2000'을 입력하고 'transfer' 버튼을 클릭한다.

```
1  pragma solidity ^0.4.0;
2
3  // 블랙리스트 기능을 추가한 가상 화폐
4 ▾ contract OreOreCoin {
5      // (1) 상태 변수 선언
6      string public name; // 토큰 이름
7      string public symbol; // 토큰 단위
8      uint8 public decimals; // 소수점 이하 자리수
9      uint256 public totalSupply; // 토큰 총량
10     mapping (address => uint256) public balanceOf; // 각 주소의 잔고
11     mapping (address => int8) public blackList; // 블랙리스트
12     address public owner; // 소유자 주소
13
14     // (2) 수식어
15     modifier onlyOwner() { if (msg.sender != owner) revert()
16
17     // (3) 이벤트 알림
18     event Transfer(address indexed from, address indexed to,
19     event Blacklisted(address indexed target);
20     event DeleteFromBlacklist(address indexed target);
21     event RejectedPaymentToBlacklistedAddr(address indexed from, address indexed to, uint2
22     event RejectedPaymentFromBlacklistedAddr(address indexed from, address indexed to, uin
23
```

(2) 'transfer' 버튼 클릭

(1) 사용자 A의 주소와 송금액 입력

(3) 이전 실행 결과 아래에 현재 실행 결과가 표시된다

Transaction cost: 44461 gas.

transfer "0x37dca7e66c1610e2afdb9517dfdc8bdb130

Result:
```
"blockHash": "0x86b9047d6a3e63f1f16dc506f175671dd56b9
"blockNumber": 50866,
"contractAddress": null,
"cumulativeGasUsed": 51406,
"from": "0x37dca7e66c1610e2afdb9517dfdc8bdb13015852",
"gasUsed": 51406,
"logs": [

    "address": "0x42246f4401c55b53a05641a9e18993b15d3c
    "topics": [

        "0xddf252ad1be2c89b69c2b068fc378daa952ba7f163c4a
```

사용자 A에서 사용자 B로 송금했을 때와 마찬가지로 이벤트 알림에서 처리 내용을 확인할 수 있다. 이번에는 블랙리스트로 등록된 사용자가 송금을 시도한 것이므로 이벤트 이름은 'RejectedPaymentFromBlacklistedAddr'이 된다.

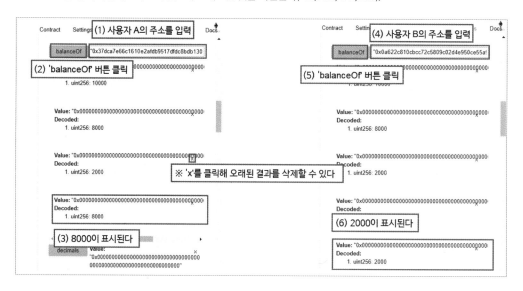

balanceOf를 통해 사용자 A와 B의 잔고가 그대로인 것을 확인한다(A:8,000, B:2,000).

06. 블랙리스트에 등록된 주소에 송금을 하거나, 해당 주소에서 다른 주소로 송금하면 모두 실패하는 것을 확인했으면 사용자 B를 블랙리스트에서 제거한다. 먼저 조작하는 사용자를 사용자 A로 되돌린다.

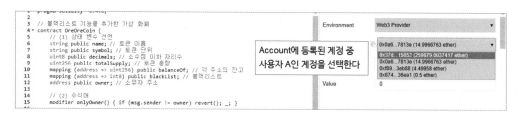

계속해서 사용자 B의 주소를 입력하고 'deleteFromBlacklist'를 클릭한다.

이벤트 알림(DeleteFromBlacklist)에서 사용자 B의 주소를 확인한다.

07. 블랙리스트에서 삭제된 것을 확인했다면 송금이 가능해졌는지 확인해본다. 사용자 A에서 사용자 B에게 송금(2,000)을 시도해보자. "'사용자 B의 주소', 2000'을 입력하고 'transfer'를 클릭한다.

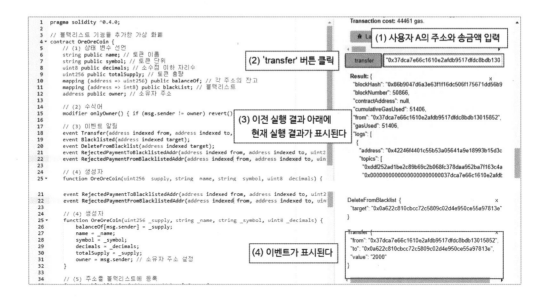

사용자 A, B의 잔고가 변경된 것을 확인한다(A:6,000, B:4,000).

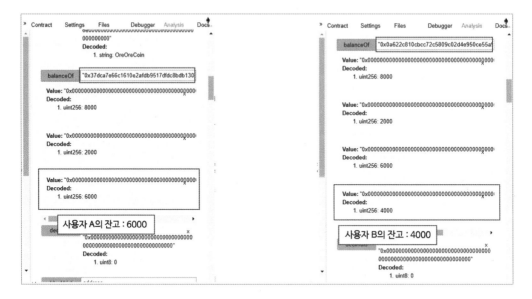

추가 기능 2: 캐시백

4.2절의 블랙리스트에 이어서 추가할 기능은 '캐시백'이다. OreOreCoin에 참가하는 점포(의 주소)에 송금하면 점포가 미리 설정해 둔 캐시백의 비율만큼 가상 화폐가 돌아오는 기능이다. 캐시백의 비율은 주소 단위로 설정할 수 있게 하고, 해당 주소의 소유자만 해당 비율을 변경할 수 있다. 소유자라 하더라도 타인의 비율은 변경할 수 없다.

4.3.1 계약 개요

계약의 개요는 다음과 같다. 4.2절에서 만든 블랙리스트 기능이 추가된 가상 화폐 계약에 캐시백 기능을 다시 추가한다. 각 주소는 자신의 캐시백 비율만 설정할 수 있다. 설정할 때 소유자에게 허가를 받을 필요는 없다. 그리고 설정 가능한 캐시백 비율은 0~100%로 한다. 0%는 캐시백이 없는 것이며, 100%는 모든 금액을 캐시백으로 하는 것이다.

- 각 주소는 캐시백 비율을 0~100 범위로 설정할 수 있음

- 캐시백 비율이 설정된 주소에 송금하면 설정된 캐시백 비율에 따라 캐시백을 받음

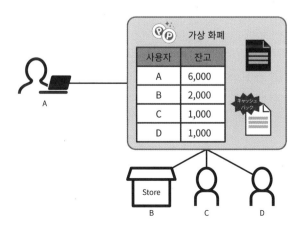

4.3.2 계약 작성

캐시백 기능이 추가된 가상 화폐 계약은 다음과 같다.

가상 화폐 계약(OreOreCoin)

```solidity
pragma solidity ^0.4.8;

// 캐시백 기능이 추가된 가상 화폐
contract OreOreCoin {
    // (1) 상태 변수 선언
    string public name; // 토큰 이름
    string public symbol; // 토큰 단위
    uint8 public decimals; // 소수점 이하 자릿수
    uint256 public totalSupply; // 토큰 총량
    mapping (address => uint256) public balanceOf; // 각 주소의 잔고
    mapping (address => int8) public blackList; // 블랙리스트
    mapping (address => int8) public cashbackRate; // 각 주소의 캐시백 비율
    address public owner; // 소유자 주소

    // 수식자
    modifier onlyOwner() { if (msg.sender != owner) throw; _; }

    // (2) 이벤트 알림
    event Transfer(address indexed from, address indexed to, uint256 value);
    event Blacklisted(address indexed target);
    event DeleteFromBlacklist(address indexed target);
    event RejectedPaymentToBlacklistedAddr(address indexed from, address indexed to, uint256 value);
    event RejectedPaymentFromBlacklistedAddr(address indexed from, address indexed to, uint256 value);
    event SetCashback(address indexed addr, int8 rate);
    event Cashback(address indexed from, address indexed to, uint256 value);

    // 생성자
    function OreOreCoin(uint256 _supply, string _name, string _symbol, uint8 _decimals) {
        balanceOf[msg.sender] = _supply;
        name = _name;
        symbol = _symbol;
        decimals = _decimals;
        totalSupply = _supply;
        owner = msg.sender;
    }
```

```
// 주소를 블랙리스트에 등록
function blacklisting(address _addr) onlyOwner {
    blackList[_addr] = 1;
    Blacklisted(_addr);
}

// 주소를 블랙리스트에서 제거
function deleteFromBlacklist(address _addr) onlyOwner {
    blackList[_addr] = -1;
    DeleteFromBlacklist(_addr);
}

// (3) 캐시백 비율 설정
function setCashbackRate(int8 _rate) {
    if (_rate < 1) {
        _rate = -1;
    } else if (_rate > 100) {
        _rate = 100;
    }
    cashbackRate[msg.sender] = _rate;
    if (_rate < 1) {
        _rate = 0;
    }
    SetCashback(msg.sender, _rate);
}

// 송금
function transfer(address _to, uint256 _value) {
    // 부정 송금 확인
    if (balanceOf[msg.sender] < _value) throw;
    if (balanceOf[_to] + _value < balanceOf[_to]) throw;

    // 블랙리스트에 존재하는 주소는 입출금 불가
    if (blackList[msg.sender] > 0) {
        RejectedPaymentFromBlacklistedAddr(msg.sender, _to, _value);
    } else if (blackList[_to] > 0) {
        RejectedPaymentToBlacklistedAddr(msg.sender, _to, _value);
    } else {
        // (4) 캐시백 금액 계산(각 대상의 캐시백 비율을 사용)
        uint256 cashback = 0;
```

```
            if(cashbackRate[_to] > 0) cashback = _value / 100 * uint256(cashbackRate[_to]);

            balanceOf[msg.sender] -= (_value - cashback);
            balanceOf[_to] += (_value - cashback);

            Transfer(msg.sender, _to, _value);
            Cashback(_to, msg.sender, cashback);
        }
    }
}
```

프로그램 설명

(1) 상태 변수 추가

```
mapping (address => int8) public cashbackRate; // 각 주소의 캐시백 비율
```

캐시백 비율 관리용 변수를 추가한다. 캐시백 비율은 잔고, 블랙리스트와 마찬가지로 주소별로 설정할 수 있게 mapping 형식으로 만든다. key는 address 형식, value는 int8 형식이 된다.

(2) 이벤트 추가

```
event SetCashback(address indexed addr, int8 rate);
event Cashback(address indexed from, address indexed to, uint256 value);
```

캐시백을 알려주기 위한 이벤트를 추가한다. 캐시백도 송금으로 간주할 수 있으므로 지금까지 사용한 Transfer를 그대로 사용해도 상관없지만 캐시백임을 명시하기 위해 새로운 이벤트를 추가한다.

(3) 캐시백 비율 설정

```
function setCashbackRate(int8 _rate) {
    if (_rate < 1) {
        _rate = -1;
    } else if (_rate > 100) {
        _rate = 100;
    }
```

```
        cashbackRate[msg.sender] = _rate;
        if (_rate < 1) {
            _rate = 0;
        }
        SetCashback(msg.sender, _rate);
    }
```

메서드의 실행 주소인 msg.sender의 캐시백 비율을 설정한다. OreOreCoin의 소유자라도 타인의 주소에 설정된 캐시백 비율을 변경할 수 없다. 여기서 1 미만은 −1로 설정한다. 0으로 하지 않는 이유는 Browser−Solidity를 통해 Geth를 사용하게 되면 Gas가 사용되기 때문이다. Browser−Solidity를 통하지 않고 콘솔에서 바로 실행한다면 가스는 소모되지 않는다. Browser−Solidity는 멋진 개발 도구지만 이런 문제도 발생할 수 있기 때문에 개발할 때 주의해야 한다. 여기서는 Browser−Solidity를 통해 개발하고 있으므로 0이 아니라 −1로 하는 코드로 진행한다.

(4) 캐시백 금액 계산(대상별 비율을 사용)

```
uint256 cashback = 0;
if(cashbackRate[_to] > 0) cashback = _value / 100 * uint256(cashbackRate[_to]);

balanceOf[msg.sender] -= (_value - cashback);
balanceOf[_to] += (_value - cashback);

Transfer(msg.sender, _to, _value);
Cashback(_to, msg.sender, cashback);
```

대상 주소에 캐시백 비율이 설정된 경우 캐시백 금액을 계산한다. 그리고 실제로 돌려주지 않고 지정된 송금액에서 캐시백 금액을 뺀 금액으로 잔고를 변경하고 'Transfer'와 'cashback' 이벤트를 알려준다.

4.3.3 계약의 실행

작성한 계약을 Browser−Solidity를 사용해 동작시켜보자. 전제와 절차는 다음과 같다. 그리고 블랙리스트 기능에 대해서는 특별히 변경한 사항이 없으므로 여기서는 해당 기능에 대한 동작 확인은 하지 않는다.

전제: (이전 예제와 동일하다)

■ 사용하는 주소는 아래 표의 2개 계정이다.

이번 절에서 사용하는 사용자 주소 정보는 아래와 같다. 앞서도 언급했지만 환경마다 주소 등의 정보는 모두 달라지므로 각자의 환경에 맞게 변경해야 한다.

No	사용자	주소	비고
1	A	"0x37dca7e66c1610e2afdb9517dfdc8bdb13015852"	accounts[0]
2	B	"0x0a622c810cbcc72c5809c02d4e950ce55a97813e"	accounts[1]

■ 생성할 토큰 정보는 다음과 같다.

　　발행량: 10,000

　　이름: "OreOreCoin"

　　단위: "oc"

　　소수점 이하 자릿수: 0

절차:

① 사용자 A가 토큰(OreOreCoin)을 만든다.

② 사용자 A가 사용자 B에게 송금(2,000)한다.

③ 사용자 B의 캐시백 비율(10%)을 설정한다.

④ 사용자 A에서 사용자 B로 송금(2,000)한다.

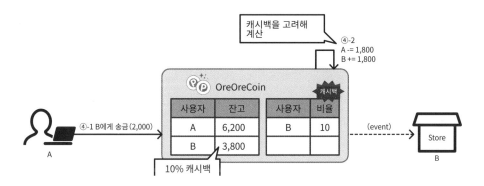

계속해서 Browser-Solidity를 사용해 실제로 동작을 확인해보자.

01. 사용자 A가 토큰(OreOreCoin)을 만든다. 여기서는 4.1.3절과 마찬가지로 '10000, "OreOreCoin", "oc", 0'을 입력하고 'Create' 버튼을 누른다.

02. 사용자 A에서 사용자 B로 송금(2,000)한다. '"사용자 B 주소", 2000'이라고 입력하고 'transfer' 버튼을 클릭한다. 실행 후 Transfer 외 Cashback도 이벤트에 표시되는지 확인한다. 단, 캐시백 비율은 설정하지 않았기 때문에 value는 0으로 표시된다.

```
17      event Transfer(address indexed from, address indexed to, uint256 value);
18      event Blacklisted(address indexed target);
19      event DeleteFromBlacklist(address indexed target);
20      event RejectedPaymentToBlacklistedAddr(address indexed from, address indexed to, uint2
21      event RejectedPaymentFromBlacklistedAddr(address indexed from, address indexed to, uin
22      event SetCashback(address indexed addr, int8 rate);
23      event Cashback(address indexed from, address indexed to, uint256 value);
24
25      // 생성자
26 ▼    function OreOreCoin(uint256 _supply, string _name, string _symbol, uint8 _decimals) {
27          balanceOf[msg.sender] = _supply;
28          name = _name;
29          symbol = _symbol;                    비율이 없기 때문에 0으로 표시
30          decimals = _decimals;
31          totalSupply = _supply;
32          owner = msg.sender;
33      }
34
35      // 주소를 블랙리스트에 등록
36 ▼    function blacklisting(address _addr) onlyOwner {
```

Events

Transfer {
  "from": "0x37dca7e66c1610e2afdb9517dfdc8bdb13015852",
  "to": "0x0a622c810cbcc72c5809c02d4e950ce55a97813e",
  "value": "2000"
}

Cashback {
  "from": "0x0a622c810cbcc72c5809c02d4e950ce55a97813e",
  "to": "0x37dca7e66c1610e2afdb9517dfdc8bdb13015852",
  "value": "0"
}

ⓘ Contract details (bytecode, interface etc.)

03. 사용자 B의 캐시백 비율(10%)을 설정한다. 우선 사용자를 변경한다.

캐시백 비율을 입력하고 'setCashbackRate'를 클릭한다. 실행 후 이벤트 알림(SetCashback)이 표시되는 것을 확인할 수 있다.

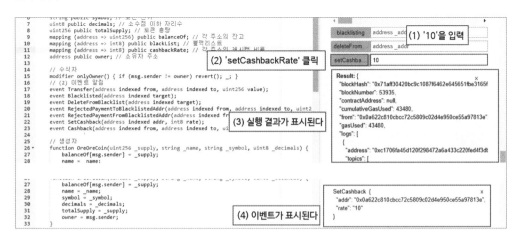

상태변수 cashbackRate도 확인해둔다. 사용자 B 주소를 입력하고 'cashbackRate'를 클릭하면 방금 설정한 캐시백 비율이 표시되는 것을 확인할 수 있다.

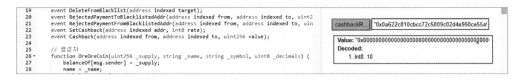

04. 사용자 A에서 사용자 B로 송금(2,000)해서 캐시백이 되는지 확인해보자. 우선 작업할 사용자를 사용자 A로 다시 되돌린다.

사용자 B의 주소와 송금액(2000)을 입력하고 'transfer' 버튼을 클릭한다. 실행 뒤 이벤트 Cashback의 value를 확인한다. 이번에 송금한 금액은 2,000이고, 캐시백 비율이 10%이므로 캐시백으로 돌아오는 것은 200이 된다.

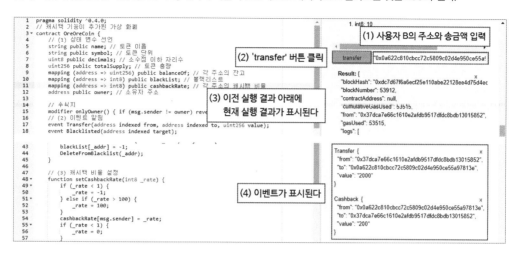

사용자 A, B의 잔고도 확인해보자. 사용자 A의 잔고는 10,000 − 2,000 −2,000 + 200이니 6,200, 사용자 B의 잔고는 2,000 + 2,000 − 200으로 3,800이 된다.

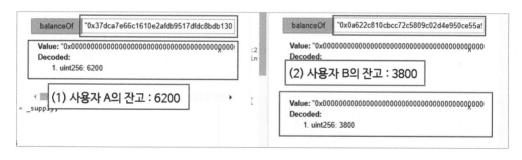

4-4

추가 기능 3: 회원 관리

4.3절에서 추가한 '캐시백'은 송금하는 사용자가 누구라도 동일한 캐시백 비율을 적용해 돌려준다. 처음 가입한 사용자도, 매일 사용하는 사용자도 동일하다. 여기서는 사용자별로 이용 금액과 이용 횟수를 기록해 그것에 따라 캐시백 비율을 변경하는 '회원 관리' 기능을 추가해본다.

4.4.1 계약 개요

계약의 개요는 다음과 같다.

- 각 주소는 회원 관리 기능을 가지고 있는 것으로 한다
- 회원 식별은 주소로 한다
- 회원 관리 기능은 회원별 거래 횟수, 금액을 기록한다
- 거래 횟수, 금액 등에 따라 캐시백 비율을 설정할 수 있게 한다. 이용 횟수와 금액을 충족하면 캐시백 비율을 올린다

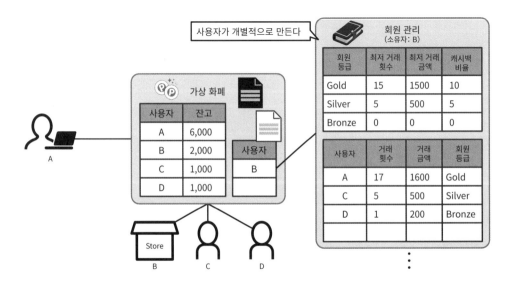

4.4.2 계약 작성

회원 관리 기능을 추가한 가상 화폐 계약은 다음과 같다. 지금까지는 가상 화폐 계약 소스 코드를 조금씩 변경했지만 이번에는 소유자 관리용 계약과 회원 관리용 계약을 추가한다. 소유자 관리용 계약은 소유자 주소의 관리에 특화된 계약으로 소유자 주소의 상태 변수, 소유자 권한 이전 메서드와 수식자를 선언하고 있다. solidity의 계약은 객체 지향 언어의 '상속'을 사용할 수 있으므로 소유자 관리 기능을 간결하게 작성해 이를 이용하는 방식을 사용했다. 회원 관리용 계약은 회원별로 거래 내역과 회원 등급을 관리하기 위한 계약이다.

가상 화폐 계약(OreOreCoin)

```solidity
pragma solidity ^0.4.8;

// 소유자 관리용 계약
contract Owned {
    // 상태 변수
    address public owner; // 소유자 주소

    // 소유자 변경 시 이벤트
    event TransferOwnership(address oldaddr, address newaddr);

    // 소유자 한정 메서드용 수식자
    modifier onlyOwner() { if (msg.sender != owner) throw; _; }

    // 생성자
    function Owned() {
        owner = msg.sender; // 처음에 계약을 생성한 주소를 소유자로 한다
    }

    // (1) 소유자 변경
    function transferOwnership(address _new) onlyOwner {
        address oldaddr = owner;
        owner = _new;
        TransferOwnership(oldaddr, owner);
    }
}
```

```solidity
// (2) 회원 관리용 계약
contract Members is Owned {
    // (3) 상태 변수 선언
    address public coin; // 토큰(가상 화폐) 주소
    MemberStatus[] public status; // 회원 등급 배열
    mapping(address => History) public tradingHistory; // 회원별 거래 이력

    // (4) 회원 등급용 구조체
    struct MemberStatus {
        string name; // 등급명
        uint256 times; // 최저 거래 횟수
        uint256 sum; // 최저 거래 금액
        int8 rate; // 캐시백 비율
    }
    // 거래 이력용 구조체
    struct History {
        uint256 times; // 거래 횟수
        uint256 sum; // 거래 금액
        uint256 statusIndex; // 등급 인덱스
    }

    // (5) 토큰 한정 메서드용 수식자
    modifier onlyCoin() { if (msg.sender == coin) _; }

    // (6) 토큰 주소 설정
    function setCoin(address _addr) onlyOwner {
        coin = _addr;
    }

    // (7) 회원 등급 추가
    function pushStatus(string _name, uint256 _times, uint256 _sum, int8 _rate) onlyOwner {
        status.push(MemberStatus({
            name: _name,
            times: _times,
            sum: _sum,
            rate: _rate
        }));
    }
```

```solidity
    // (8) 회원 등급 내용 변경
    function editStatus(uint256 _index, string _name, uint256 _times, uint256 _sum, int8 _rate)
onlyOwner {
        if (_index < status.length) {
            status[_index].name = _name;
            status[_index].times = _times;
            status[_index].sum = _sum;
            status[_index].rate = _rate;
        }
    }


    // (9) 거래 내역 갱신
    function updateHistory(address _member, uint256 _value) onlyCoin {
        tradingHistory[_member].times += 1;
        tradingHistory[_member].sum += _value;
        // 새로운 회원 등급 결정(거래마다 실행)
        uint256 index;
        int8 tmprate;
        for (uint i = 0; i < status.length; i++) {
            // 최저 거래 횟수, 최저 거래 금액 충족 시 가장 캐시백 비율이 좋은 등급으로 설정
            if (tradingHistory[_member].times >= status[i].times &&
                tradingHistory[_member].sum >= status[i].sum &&
                tmprate < status[i].rate) {
                index = i;
            }
        }
        tradingHistory[_member].statusIndex = index;
    }


    // (10) 캐시백 비율 획득(회원의 등급에 해당하는 비율 확인)
    function getCashbackRate(address _member) constant returns (int8 rate) {
        rate = status[tradingHistory[_member].statusIndex].rate;
    }
}


// (11) 회원 관리 기능이 구현된 가상 화폐
contract OreOreCoin is Owned{
    // 상태 변수 선언
    string public name; // 토큰 이름
    string public symbol; // 토큰 단위
    uint8 public decimals; // 소수점 이하 자릿수
```

```solidity
uint256 public totalSupply; // 토큰 총량
mapping (address => uint256) public balanceOf; // 각 주소의 잔고
mapping (address => int8) public blackList; // 블랙리스트
mapping (address => Members) public members; // 각 주소의 회원 정보

// 이벤트 알림
event Transfer(address indexed from, address indexed to, uint256 value);
event Blacklisted(address indexed target);
event DeleteFromBlacklist(address indexed target);
event RejectedPaymentToBlacklistedAddr(address indexed from, address indexed to, uint256 value);
event RejectedPaymentFromBlacklistedAddr(address indexed from, address indexed to, uint256 value);
event Cashback(address indexed from, address indexed to, uint256 value);

// 생성자
function OreOreCoin(uint256 _supply, string _name, string _symbol, uint8 _decimals) {
    balanceOf[msg.sender] = _supply;
    name = _name;
    symbol = _symbol;
    decimals = _decimals;
    totalSupply = _supply;
}

// 주소를 블랙리스트에 등록
function blacklisting(address _addr) onlyOwner {
    blackList[_addr] = 1;
    Blacklisted(_addr);
}

// 주소를 블랙리스트에서 해제
function deleteFromBlacklist(address _addr) onlyOwner {
    blackList[_addr] = -1;
    DeleteFromBlacklist(_addr);
}

// 회원 관리 계약 설정
function setMembers(Members _members) {
    members[msg.sender] = Members(_members);
}
```

```
// 송금
function transfer(address _to, uint256 _value) {
    // 부정 송금 확인
    if (balanceOf[msg.sender] < _value) throw;
    if (balanceOf[_to] + _value < balanceOf[_to]) throw;

    // 블랙리스트에 존재하는 계정은 입출금 불가
    if (blackList[msg.sender] > 0) {
        RejectedPaymentFromBlacklistedAddr(msg.sender, _to, _value);
    } else if (blackList[_to] > 0) {
        RejectedPaymentToBlacklistedAddr(msg.sender, _to, _value);
    } else {
        // (12) 캐시백 금액을 계산(각 대상의 비율을 사용)
        uint256 cashback = 0;
        if(members[_to] > address(0)) {
            cashback = _value / 100 * uint256(members[_to].getCashbackRate(msg.sender));
            members[_to].updateHistory(msg.sender, _value);
        }

        balanceOf[msg.sender] -= (_value - cashback);
        balanceOf[_to] += (_value - cashback);

        Transfer(msg.sender, _to, _value);
        Cashback(_to, msg.sender, cashback);
    }
}
```

프로그램 설명

(1) 소유자 변경

```
function transferOwnership(address _new) onlyOwner {
    address oldaddr = owner;
    owner = _new;
    TransferOwnership(oldaddr, owner);
}
```

소유자 주소를 변경하기 위한 메서드다. onlyOwner에 의해 현재 소유자의 주소만 실행할 수 있도록 제한돼 있다. 이벤트 알림에 새로운 주소와 기존 주소를 표시해준다.

(2) 회원 관리용 계약 선언

```
contract Members is Owned {
```

관리자 관리 기능을 사용하기 위해 Owned을 상위 계약자로 하는 하위 계약자로 선언한다.

(3) 상태 변수 선언

```
address public coin; // 토큰(가상 화폐) 주소
MemberStatus[] public status; // 회원 등급 배열
mapping(address => History) public tradingHistory; // 회원별 거래 이력
```

소유자와 마찬가지로 특정 주소에서만 허용하는 메서드를 작성하기 위해 토큰(가상 화폐) 주소용 변수로 coin을 선언한다. 회원 등급은 구조체 배열로 관리한다. 사용자가 자유롭게 설정할 수 있도록 가변 길이 배열로 한다. 회원별 거래 이력은 잔고 등과 마찬가지로 key를 address 형식으로 하는 mapping 형식 변수로 설정한다. value의 History는 거래 내역용 구조체다.

(4) 구조체

```
// (4) 회원 등급용 구조체
struct MemberStatus {
    string name; // 등급명
    uint256 times; // 최저 거래 횟수
    uint256 sum; // 최저 거래 금액
    int8 rate; // 캐시백 비율
}
```

회원 등급용 MemberStatus 구조체와 거래 이력용 구조체 History를 선언한다. MemberStatus의 요소는 등급 이름, 최저 거래 횟수, 최저 거래 금액, 캐시백 비율이다. 최저 거래 횟수와 최저 거래 금액 모두를 충족시키면 캐시백 비율이 적용된다. History 구조체의 요소는 거래 횟수, 거래 금액, 현재의 회원 등급을 나타내는 인덱스다. 즉, 어떤 회원의 캐시백 비율을 구하기 위해서는 먼저 tradingHistory에서 회

원의 주소에 해당하는 History 구조체의 statusIndex를 받은 뒤, 그것을 회원 등급 구조체의 배열에 있는 status 인덱스에서 해당 캐시백 비율을 찾는다.

(5) 토큰 한정 메서드용 수식자

```
modifier onlyCoin() { if (msg.sender == coin) _; }
```

onlyOwner와 마찬가지로 미리 주소를 등록한 토큰에서만 실행할 수 있는 메서드로 이용하기 위해 onlyCoin 수식자를 선언한다. 여기서 onlyOwner는 주소가 다르면 예외를 발생시키지만 onlyCoin에서는 예외를 발생시키지 않고 같은 주소라면 실행한다.

(6) 토큰 주소 설정

```
function setCoin(address _addr) onlyOwner {
    coin = _addr;
}
```

토큰 주소 설정용 메서드다. 소유자만 실행 가능하도록 설정돼 있다.

(7) 회원 등급 추가

```
function pushStatus(string _name, uint256 _times, uint256 _sum, int8 _rate) onlyOwner {
    status.push(MemberStatus({
        name: _name,
        times: _times,
        sum: _sum,
        rate: _rate
    }));
}
```

동적 배열인 status의 마지막 부분에 새로운 회원 등급 구조체를 추가한다. 이것도 소유자 전용 메서드다.

(8) 회원 등급 내용 변경

```
function editStatus(uint256 _index, string _name, uint256 _times, uint256 _sum, int8 _rate)
onlyOwner {
    if (_index < status.length) {
        status[_index].name = _name;
        status[_index].times = _times;
        status[_index].sum = _sum;
        status[_index].rate = _rate;
    }
}
```

등록한 회원 등급의 편집용 메서드다. 이것 역시 소유자 전용 메서드다.

(9) 거래 내역 갱신

```
function updateHistory(address _member, uint256 _value) onlyCoin {
    tradingHistory[_member].times += 1;
    tradingHistory[_member].sum += _value;
    // 새로운 회원 등급 결정(거래마다 실행)
    uint256 index;
    int8 tmprate;
    for (uint i = 0; i < status.length; i++) {
        // 최저 거래 횟수, 최저 거래 금액 충족 시 가장 캐시백 비율이 좋은 등급으로 설정
        if (tradingHistory[_member].times >= status[i].times &&
            tradingHistory[_member].sum >= status[i].sum &&
            tmprate < status[i].rate) {
            index = i;
        }
    }
    tradingHistory[_member].statusIndex = index;
}
```

미리 주소를 설정한 토큰에서만 실행 가능한 거래 내역 갱신용 메서드다. 거래 횟수와 거래 금액을 갱신
해 새로운 회원 등급을 결정한다. 새로운 회원 등급은 등록된 회원 등급의 배열(길이 status.length)에서
최저 거래 횟수, 거래 금액을 만족하는 가장 캐시백 비율이 큰 것으로 한다.

(10) 캐시백 비율 획득(회원 등급에 해당하는 비율)

```
function getCashbackRate(address _member) constant returns (int8 rate) {
    rate = status[tradingHistory[_member].statusIndex].rate;
}
```

인수로 지정된 주소의 캐시백 비율을 가져오기 위한 메서드다. 해당 주소가 거래한 이력을 확인해 회원 등급 표에 있는 캐시백 비율을 반환한다. 여기서 값을 돌려줄 때 메서드의 선언에 returns를 지정해 반환 데이터의 형식을 지정한다. 반환 방법은 두 가지가 있다. 이 예에서와 마찬가지로 받을 값의 변수에 값을 넣는 방법이 있고, return 뒤에 받을 값을 지정하는 방법이 있다. return 뒤에 받을 값을 지정하는 방법은 다음과 같이 사용한다.

```
function getCashbackRate(address _member) constant returns (int8) {
    return status[tradingHistory[_member].statusIndex].rate;
}
```

참고로 여러 값을 반환할 수도 있다. 3개의 uint를 반환한다면 다음과 같이 사용할 수 있다.

```
function getValues() constant returns (uint, uint, uint) {
    return (1, 2, 3);
}
```

그리고 또 하나 'constant' 키워드에 대해 설명해두겠다. 상태 변수를 변경하지 않는 경우라면 constant를 지정해야 한다. 이를 지정하면 메서드의 반응을 바로 알 수 있다. 이런 경우 메서드를 실행하는 명령이 sendTransaction 대신 call이 된다. Browser—Solidity에서 constant 메서드는 버튼 색상이 바뀐다.

(11) 토큰(가상 화폐) 계약

```
contract OreOreCoin is Owned{
```

회원 관리 계약과 마찬가지로 토큰 계약도 Owned 계약의 하위 계약이다. 이에 따라 지금까지 상태 변수로 가지고 있던 owner와 onlyOwner 수식자는 Owned 계약자 측에서 선언하고 있으므로 삭제한다.

(12) 캐시백 금액을 계산(각 대상의 비율을 사용)

```
uint256 cashback = 0;
if(members[_to] > address(0)) {
    cashback = _value / 100 * uint256(members[_to].getCashbackRate(msg.sender));
    members[_to].updateHistory(msg.sender, _value);
}
```

캐시백 비율을 회원 관리 계약의 getCashbackRate 메서드에서 가져와 캐시백 금액을 결정한다. 그 후 updateHistory 메서드를 실행해 거래 이력을 갱신한다.

4.4.3 계약 실행

작성한 계약을 Browser-Solidity에서 동작시켜보자. 전제와 절차는 다음과 같다. 여기서 회원 등급은 'Bronze', 'Silver', 'Gold'의 3개로 한다. 처음은 Bronze이며 거래가 이뤄짐에 따라 Sliver, Gold로 등급이 올라가는 것으로 한다.

전제: (이전 예제와 동일하다)

■ 사용하는 주소는 아래 표의 2개 계정이다.

이번 절에서 사용하는 사용자 주소 정보는 아래와 같다. 앞서도 언급했지만 환경마다 주소 등의 정보는 모두 달라지므로 각자의 정보에 맞게 변경해야 한다.

No	사용자	주소	비고
1	A	"0x37dca7e66c1610e2afdb9517dfdc8bdb13015852"	accounts[0]
2	B	"0x0a622c810cbcc72c5809c02d4e950ce55a97813e"	accounts[1]

■ 생성할 토큰 정보는 다음과 같다.

발행량: 10,000

이름: "OreOreCoin"

단위: "oc"

소수점 이하 자릿수: 0

회원 등급은 다음과 같다.

No.	등급명	최저 거래 횟수	최저 거래 금액	캐시백 비율
1	Bronze	0	0	0%
2	Silver	5	500	5%
3	Gold	15	1500	10%

절차:

① 사용자 A가 회원 관리 계약(Members)을 생성한다.

② 회원 등급을 등록한다.

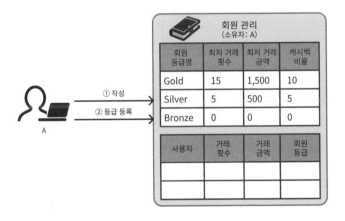

③ 회원 관리 계약의 소유자를 사용자 B로 변경한다.

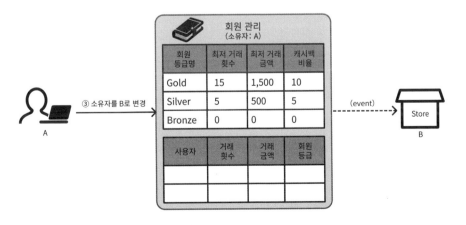

④ 사용자 A가 토큰(OreOreCoin)을 만든다.

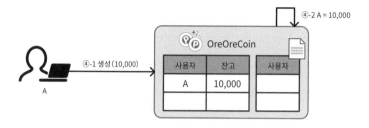

⑤ 사용자 B가 토큰에 회원 관리 계약을 설정한다.

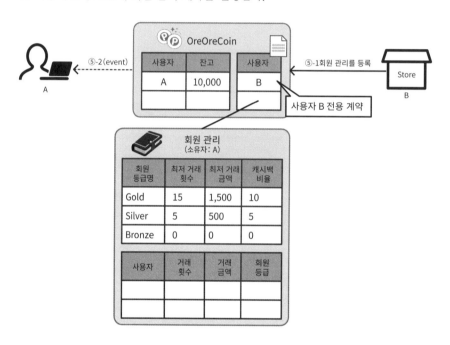

⑥ 사용자 A에서 사용자 B로 송금(2,000)한다.

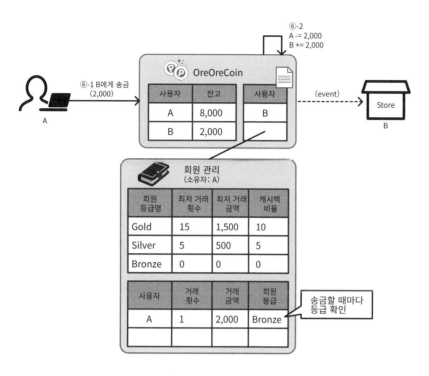

⑦ 사용자 A에서 사용자 B로 송금(100)을 4회 반복한다.

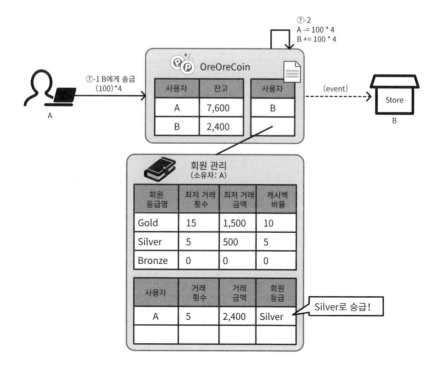

⑧ 사용자 A에서 사용자 B로 송금(1,000)한다.

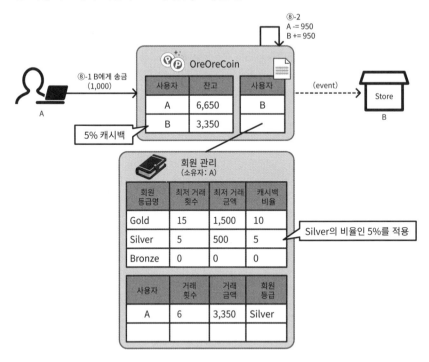

계속해서 Browser-Solidity를 사용해 실제로 동작을 확인해보자.

01. 사용자 A가 회원 관리 계약(Members)을 생성한다. 여기서 Browser-Solidity는 에디터 영역에 작성된 계약 숫자만큼 Create 버튼이 생긴다. Members 계약을 찾아 'Create' 버튼을 클릭한다. Members 계약의 주소는 5단계에서 사용하므로 지금 메모장 등에 주소를 기입해 둬야 한다.

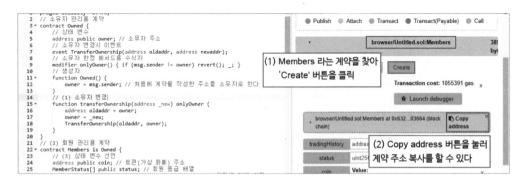

Members 계약의 소유자 주소가 사용자 A라는 것을 확인한다. 상태변수 owner의 값이 사용자 A의 주소와 동일한지 확인한다.

```
15 ▾   function transferOwnership(address _new) onlyOwner {
16         address oldaddr = owner;
17         owner = _new;
18         TransferOwnership(oldaddr, owner);
19     }
20  }
21  // (2) 회원 관리용 계약
22 ▾ contract Members is Owned {
23     // (3) 상태 변수 선언
24     address public coin; // 토큰(가상 화폐) 주소
25     MemberStatus[] public status; // 회원 등급 배열
26     mapping(address => History) public tradingHistory; // 회원별 거래 이력
27
28     // (4) 회원 등급용 구조체
29     struct MemberStatus {
```

사용자 A의 주소인 것을 확인

getCashback	address _member

owner — Value:
"0x000000000000000000000000037dca7e66c1610e2af db9517dfdc8bdb13015852"
Decoded:
1. address:
0x37dca7e66c1610e2afdb9517dfdc8bdb130158 52

pushStatus	string _name, uint256 _times, uint256 _sum, int8 _rate

02. 회원 등급을 생성한다. 다음 값을 입력하고 'pushStatus'를 클릭한다. 각 등급당 한 번씩 pushStatus를 입력하면 된다 (아래 화면 참조).

'"Bronze",0,0,0'

'"Silver",5,500,5'

'"Gold",15,1500,10'

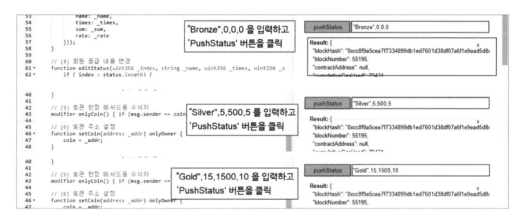

03. Members 계약의 소유자를 사용자 A에서 사용자 B로 변경한다. 사용자 B의 주소를 입력하고 'transferOwnership'을 클릭한다. 실행 후 이벤트(TransferOwnership)에 알림이 나타나는 것을 확인한다.

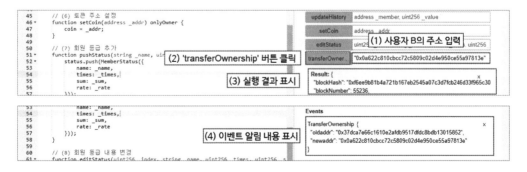

상태변수 'owner'를 클릭하고 표시되는 주소가 사용자 B의 주소인지 확인한다.

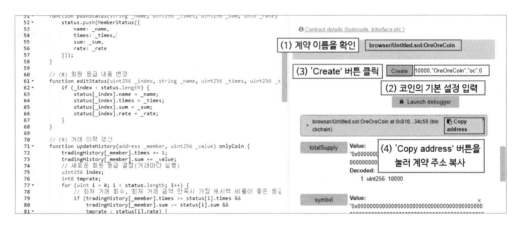

04. 사용자 A가 토큰(OreOreCoin)을 만든다. OreOreCoin 계약에 지금까지와 같이 '10000',"OreOreCoin","oc",0'을 입력하고 'Create' 버튼을 누른다. OreOreCoin 계약 주소도 5에서 사용하므로 메모장 등에 별도로 기입해둔다.

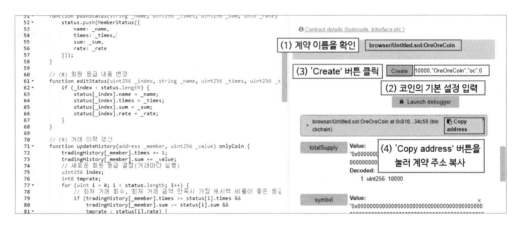

05. 사용자 B가 OreOreCoin 계약에 Members 계약을 설정한다. 조작 계정을 사용자 B로 변경한 뒤 Members 계약의 주소(1단계에서 획득한 주소)를 입력하고 'setMembers'를 클릭한다.

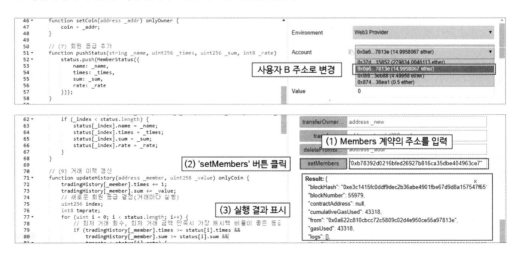

Members 계약에 OreOreCoin 계약의 주소(4단계에서 획득)를 설정한다. OreOreCoin 계약의 주소를 입력하고 'setCoin'을 클릭한다.

06. 사용자 B의 Members 계약 준비가 됐으니 사용자 A에서 사용자 B로 송금을 해보자. 먼저 조작할 사용자를 사용자 A로 변경한다.

사용자 B의 주소와 송금액(2,000)을 입력하고 'transfer'를 클릭한다. 실행 후 이벤트 알림에서 처리 내용을 확인한다.

Members 계약에서 사용자 A의 거래 이력이 변경된 것을 확인한다. 사용자 A의 주소를 입력하고 'tradingHistory'를 클릭한다.

07. 사용자 A의 회원 등급을 'Silver'로 승급시켜보자. Silver는 최소 거래 횟수 '5', 최소 거래 금액 '500'이다. 거래 금액은 만족했으므로 거래 횟수를 증가시켜야 한다. 사용자 A에서 사용자 B에게 송금(100)을 4회 더 수행한다.

Members 계약에서 사용자 A의 등급 인덱스가 갱신됐는지 확인한다. 사용자 A의 주소를 입력하고 'tradingHistory'를 클릭한다. statusindex가 1이 된 것을 확인할 수 있다.

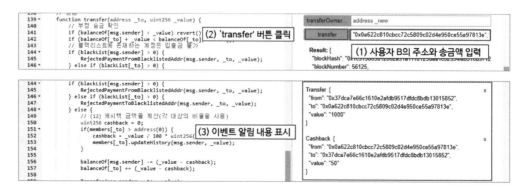

08. 그러면 사용자 A에서 사용자 B로 송금해 캐시백이 제대로 적용되는지 확인해보자. 사용자 B의 주소와 송금액(1,000)을 입력해 'transfer'를 클릭한다. 실행 후 이벤트(Cashback)에서 송금액 1,000의 5%인 50만큼 캐시백이 발생한 것을 확인할 수 있다.

사용자 A, B의 잔고를 확인해보자. 사용자 A의 잔고는 10,000 − 2,000 − (100 x 4) − 1,000 + 50으로 6,650이고 사용자 B의 잔고는 2,000 + (100 x 4) + 1,000 −50으로 3,350이다.

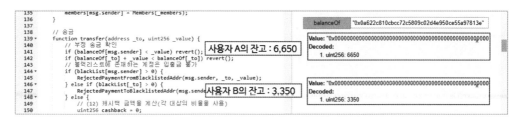

4-5

토큰 크라우드 세일

크라우드 세일(crowd sale)이란 독자적인 토큰을 비트코인이나 이더리움 등의 가상 화폐를 지불 수단으로 해서 판매하는 자금 조달 수단이다. 주식의 IPO(Initial Public Offering)에서 따와서 ICO(Initial Coin Offering)라고도 한다.

지금까지 만든 토큰은 생성 직후 소유자가 총액을 보유하고 있었다. 그리고 소유자가 다른 사용자에게 송금해 토큰의 사용자가 증가하는 것이었다. '토큰=돈'이라고 생각하면 무상으로는 배포하지 않을 것이기에 소유자는 블록체인 밖의 세계에서 토큰을 판매하는 구조(예를 들면, 현금과 전자 화폐, 신용카드 등에 의한 입금 확인 등)를 만들고 매매할 것이다. 이 구조를 스마트 계약으로 구현해보자. 이 책에서는 Ether를 입금받으면 토큰을 배포하는 계약을 만들어본다.

4.5.1 계약 개요

계약의 개요는 다음과 같다.

- 토큰(OreOreCoin)을 기간과 목표 금액을 설정하고 크라우드 펀딩 형식(크라우드 세일)으로 판매한다. 기간 내 목표 금액을 달성하면 자금 제공자는 토큰을, 크라우드 세일 실시자는 Ether를 손에 넣을 수 있다.

- 크라우드 세일 개시 직후에 Ether를 입금한 사람에게는 특전으로 더 많은 토큰을 배포한다.

- 제공 가능한 토큰을 설정해두고 그 총량까지만 판매 가능하게 한다.

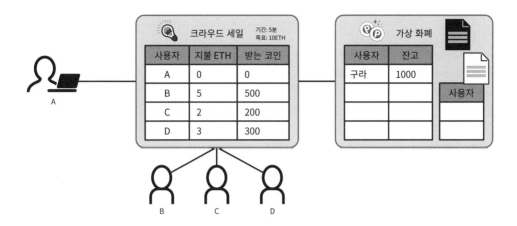

4.5.2 계약 생성

크라우드 세일 계약은 다음과 같다. 여기에는 지면 관계상 크라우드 세일과 관련된 계약만 게재했다. 동작 확인을 위해서는 판매 대상 토큰의 계약이 필요하다. 아래 코드에서 /* 생략 */ 부분에 4.4.2절의 계약을 넣으면 동작을 확인할 수 있다.

크라우드 세일 계약(Crowdsale)

```solidity
pragma solidity ^0.4.8;

/* 생략 */

// (1) 크라우드 세일
contract Crowdsale is Owned {
    // (2) 상태 변수
    uint256 public fundingGoal; // 목표 금액
    uint256 public deadline; // 기한
    uint256 public price; // 토큰 기본 가격
    uint256 public transferableToken; // 전송 가능 토큰
    uint256 public soldToken; // 판매된 토큰
    uint256 public startTime; // 개시 시간
    OreOreCoin public tokenReward; // 지불에 사용할 토큰
    bool public fundingGoalReached; // 목표 도달 플래그
    bool public isOpened; // 크라우드 세일 개시 플래그
    mapping (address => Property) public fundersProperty; // 자금 제공자의 자산 정보
```

```solidity
// (3) 자산정보 구조체
struct Property {
    uint256 paymentEther; // 지불한 Ether
    uint256 reservedToken; // 받은 토큰
    bool withdrawed; // 인출 플래그
}

// (4) 이벤트 알림
event CrowdsaleStart(uint fundingGoal, uint deadline, uint transferableToken, address beneficiary);
event ReservedToken(address backer, uint amount, uint token);
event CheckGoalReached(address beneficiary, uint fundingGoal, uint amountRaised, bool reached, uint raisedToken);
event WithdrawalToken(address addr, uint amount, bool result);
event WithdrawalEther(address addr, uint amount, bool result);

// (5) 수식자
modifier afterDeadline() { if (now >= deadline) _; }

// (6) 생성자
function Crowdsale (
    uint _fundingGoalInEthers,
    uint _transferableToken,
    uint _amountOfTokenPerEther,
    OreOreCoin _addressOfTokenUsedAsReward
) {
    fundingGoal = _fundingGoalInEthers * 1 ether;
    price = 1 ether / _amountOfTokenPerEther;
    transferableToken = _transferableToken;
    tokenReward = OreOreCoin(_addressOfTokenUsedAsReward);
}

// (7) 이름 없는 함수(Ether 받기)
function () payable {
    // 개시 전 또는 기간이 지난 경우 예외 처리
    if (!isOpened || now >= deadline) throw;

    // 받은 Ether와 판매 예정 토큰
    uint amount = msg.value;
    uint token = amount / price * (100 + currentSwapRate()) / 100;
```

```
        // 판매 예정 토큰의 확인(예정 수를 초과하는 경우는 예외 처리)
        if (token == 0 || soldToken + token > transferableToken) throw;
        // 자산 제공자의 자산 정보 변경
        fundersProperty[msg.sender].paymentEther += amount;
        fundersProperty[msg.sender].reservedToken += token;
        soldToken += token;
        ReservedToken(msg.sender, amount, token);
    }


// (8) 개시(토큰이 예정한 수 이상 있다면 개시)
function start(uint _durationInMinutes) onlyOwner {
    if (fundingGoal == 0 || price == 0 || transferableToken == 0 ||
        tokenReward == address(0) || _durationInMinutes == 0 || startTime != 0)
    {
        throw;
    }
    if (tokenReward.balanceOf(this) >= transferableToken) {
        startTime = now;
        deadline = now + _durationInMinutes * 1 minutes;
        isOpened = true;
        CrowdsaleStart(fundingGoal, deadline, transferableToken, owner);
    }
}


// (9) 교환 비율(개시 시작부터 시간이 적게 경과할수록 더 많은 보상)
function currentSwapRate() constant returns(uint) {
    if (startTime + 3 minutes > now) {
        return 100;
    } else if (startTime + 5 minutes > now) {
        return 50;
    } else if (startTime + 10 minutes > now) {
        return 20;
    } else {
        return 0;
    }
}


// (10) 남은 시간(분 단위)과 목표와의 차이(eth 단위), 토큰 확인용 메서드
function getRemainingTimeEthToken() constant returns(uint min, uint shortage, uint remainToken) {
    if (now < deadline) {
```

```solidity
        min = (deadline - now) / (1 minutes);
    }
    shortage = (fundingGoal - this.balance) / (1 ether);
    remainToken = transferableToken - soldToken;
}


// (11) 목표 도달 확인(기한 후 실시 가능)
function checkGoalReached() afterDeadline {
    if (isOpened) {
        // 모인 Ether와 목표 Ether 비교
        if (this.balance >= fundingGoal) {
            fundingGoalReached = true;
        }
        isOpened = false;
        CheckGoalReached(owner, fundingGoal, this.balance, fundingGoalReached, soldToken);
    }
}


// (12) 소유자용 인출 메서드(판매 종료 후 실시 가능)
function withdrawalOwner() onlyOwner {
    if (isOpened) throw;

    // 목표 달성: Ether와 남은 토큰. 목표 미달: 토큰
    if (fundingGoalReached) {
    // Ether
        uint amount = this.balance;
        if (amount > 0) {
            bool ok = msg.sender.call.value(amount)();
            WithdrawalEther(msg.sender, amount, ok);
        }
        // 남은 토큰
        uint val = transferableToken - soldToken;
        if (val > 0) {
            tokenReward.transfer(msg.sender, transferableToken - soldToken);
            WithdrawalToken(msg.sender, val, true);
        }
    } else {
        // 토큰
        uint val2 = tokenReward.balanceOf(this);
```

```
            tokenReward.transfer(msg.sender, val2);
            WithdrawalToken(msg.sender, val2, true);
        }
    }

    // (13) 자금 제공자용 인출 메서드(세일 종료 후 실시 가능)
    function withdrawal() {
        if (isOpened) return;
        // 이미 인출된 경우 예외 처리
        if (fundersProperty[msg.sender].withdrawed) throw;
        // 목표 달성: 토큰, 목표 미달 : Ether
        if (fundingGoalReached) {
            if (fundersProperty[msg.sender].reservedToken > 0) {
                tokenReward.transfer(msg.sender, fundersProperty[msg.sender].reservedToken);
                fundersProperty[msg.sender].withdrawed = true;
                WithdrawalToken(
                    msg.sender,
                    fundersProperty[msg.sender].reservedToken,
                    fundersProperty[msg.sender].withdrawed
                );
            }
        } else {
            if (fundersProperty[msg.sender].paymentEther > 0) {
                if (msg.sender.call.value(fundersProperty[msg.sender].paymentEther)()) {
                    fundersProperty[msg.sender].withdrawed = true;
                }
                WithdrawalEther(
                    msg.sender,
                    fundersProperty[msg.sender].paymentEther,
                    fundersProperty[msg.sender].withdrawed
                );
            }
        }
    }
}
```

프로그램 설명

(1) 크라우드 세일 계약 선언

```
contract Crowdsale is Owned {
```

소유자 주소를 크라우드 세일이 성공했을 때 받는 주소로 하므로 Owned 계약의 하위 계약으로 한다.

(2) 상태 변수

```
uint256 public fundingGoal; // 목표 금액
uint256 public deadline; // 기한
uint256 public price; // 토큰 기본 가격
uint256 public transferableToken; // 전송 가능 토큰
uint256 public soldToken; // 판매된 토큰
uint256 public startTime; // 개시 시간
OreOreCoin public tokenReward; // 지불에 사용할 토큰
bool public fundingGoalReached; // 목표 도달 플래그
bool public isOpened; // 크라우드 세일 개시 플래그
mapping (address => Property) public fundersProperty; // 자금 제공자의 자산 정보
```

크라우드 세일의 목표 금액, 기한, 토큰의 기준 가격 등 크라우드 세일에 필요한 변수 외에 목표 달성 플래그 등의 변수도 선언한다. 자금 제공자가 지불한 Ether나 그에 따라 배포하는 토큰 등 자산 정보 관리용 변수는 address를 key로 하는 mapping 형식으로 한다. 그리고 solidity에서는 날짜용 데이터 형식은 없다. uint 형식 변수에 유닉스 시간(1970년 1월 1일 0시 0분 0초를 시작으로 초 단위로 카운트)을 넣어 스스로 필요한 처리를 수행한다. 자주 사용되는 방법은 어느 기준이 되는 값을 넣어두고 필요할 때마다 그 값과 now(현재 블록의 타임 스탬프)를 비교하는 것이다.

(3) 자산정보 구조체

```
struct Property {
    uint256 paymentEther; // 지불한 Ether
    uint256 reservedToken; // 받은 토큰
    bool withdrawed; // 인출 플래그
}
```

자금 제공자가 지불한 Ether와 그 대가로 받는 토큰, 판매 종료 후에 Ether 또는 토큰을 인출했는지 등을 확인하기 위한 관리용 구조체다.

(4) 이벤트 알림

```
event CrowdsaleStart(uint fundingGoal, uint deadline, uint transferableToken, address beneficiary);
event ReservedToken(address backer, uint amount, uint token);
event CheckGoalReached(address beneficiary, uint fundingGoal, uint amountRaised, bool reached,
uint raisedToken);
event WithdrawalToken(address addr, uint amount, bool result);
event WithdrawalEther(address addr, uint amount, bool result);
```

크라우드 세일의 시작, 지불한 Ether와 받을 토큰의 양, 크라우드 세일 종료 후의 목표 달성 결과, 토큰 또는 Ether의 인출과 관련된 이벤트를 알려준다.

(5) 수식자

```
modifier afterDeadline() { if (now >= deadline) _; }
```

크라우드 세일 종료 후 실행 가능한 메서드를 선언하기 위한 수식자다. 현재 시간을 나타내는 now(=블록의 타임스탬프)와 데드라인을 비교해 now가 데드라인보다 큰 경우 메서드를 실행 가능한 상태로 만든다.

(6) 생성자

```
function Crowdsale (
    uint _fundingGoalInEthers,
    uint _transferableToken,
    uint _amountOfTokenPerEther,
    OreOreCoin _addressOfTokenUsedAsReward
) {
    fundingGoal = _fundingGoalInEthers * 1 ether;
    price = 1 ether / _amountOfTokenPerEther;
    transferableToken = _transferableToken;
    tokenReward = OreOreCoin(_addressOfTokenUsedAsReward);
}
```

목표 금액, 준비한 토큰의 양, 토큰 가격, 토큰 주소를 인수로 한다. 여기서 토큰의 가격은 1ether당 토큰 량으로 지정한다. 즉, 이더리움과 oc를 1:10이라는 비율로 설정한다면 10을 지정하고 1:100이라는 비율을 설정한다면 100을 지정한다. 생성자의 인수로 토큰의 주소를 사용하기 때문에 토큰 계약을 먼저 배포해야 한다.

(7) 이름 없는 함수(Ether 받기)

```
function () payable {
    // 개시 전 또는 기간이 지난 경우 예외 처리
    if (!isOpened || now >= deadline) throw;

    // 받은 Ether와 판매 예정 토큰
    uint amount = msg.value;
    uint token = amount / price * (100 + currentSwapRate()) / 100;
    // 판매 예정 토큰의 확인 (예정 수를 초과하는 경우는 예외 처리)
    if (token == 0 || soldToken + token > transferableToken) throw;
    // 자산 제공자의 자산 정보 변경
    fundersProperty[msg.sender].paymentEther += amount;
    fundersProperty[msg.sender].reservedToken += token;
    soldToken += token;
    ReservedToken(msg.sender, amount, token);
}
```

이름 없는 함수는 fallback 함수라고도 한다. 이 계약 주소에 Ether가 송금되면 호출된다. payable을 붙여 Ether를 받을 수 있다. 이 메서드는 크라우드 세일 중에 송금을 받으며 보내는 주소인 msg.sender의 자산 정보에 Ether 금액, 교환 가능한 토큰 양을 가산한다. 교환 가능한 토큰의 양은 currentSwapRate()의 결과를 고려해 결정한다. 그리고 토큰의 재고를 확인해 판매 수량을 넘는 경우 예외 처리를 하고, 초과하지 않는 경우 이벤트(ReservedToken)를 알려준다.

(8) 크라우드 세일 개시 메서드

```
function start(uint _durationInMinutes) onlyOwner {
    if (fundingGoal == 0 || price == 0 || transferableToken == 0 ||
        tokenReward == address(0) || _durationInMinutes == 0 || startTime != 0)
    {
        throw;
    }
```

```
        if (tokenReward.balanceOf(this) >= transferableToken) {
            startTime = now;
            deadline = now + _durationInMinutes * 1 minutes;
            isOpened = true;
            CrowdsaleStart(fundingGoal, deadline, transferableToken, owner);
        }
    }
```

크라우드 세일을 개시하기 위한 메서드다. 인수는 크라우드 세일 기간(분 단위)이다. 생성자에서 지정된 토큰(tokenReward)의 잔고(balanceOf(this))가 판매 가능 토큰(transferableToken)보다 많은 것이 확인되면 크라우드 세일을 개시한다. 이때 목표한 자금이 모였다면 반드시 자금 제공자에게 약속한 토큰을 전달하도록 만들어져 있다. 이번에는 사전 판매 가능한 토큰을 준비했지만 토큰을 배포할 때 생성하는 방법도 있다. startTime에는 now를 설정하고 deadline에는 now에 기간을 가산한 수치를 설정한다. 그리고 개시 플래그를 설정해 크라우드 세일 개시 이벤트를 알린다.

(9) 교환 비율(개시 시작부터 시간이 적게 경과할수록 더 많은 보상)

```
function currentSwapRate() constant returns(uint) {
    if (startTime + 3 minutes > now) {
        return 100;
    } else if (startTime + 5 minutes > now) {
        return 50;
    } else if (startTime + 10 minutes > now) {
        return 20;
    } else {
        return 0;
    }
}
```

교환 가능한 토큰의 양을 결정하기 위한 계수를 반환하는 메서드다. 모금을 촉진하기 위해 개시 시점을 기준으로 빠른 시간 내에 자금을 제공한 사람에게 추가 토큰을 주는 구조다. 시작 후 3분 이내에는 100% 추가, 5분까지는 50%, 10분까지는 20%, 그 이후는 추가 토큰을 주지 않는다. 이 예제에서는 동작을 확인할 때 값의 변화를 확인하기 위해 시간을 짧게 설정했지만, 실제 크라우드 세일을 한다면 기획에 따라 minutes가 아니라 hours 또는 days로 변경할 수도 있다. 이 메서드는 상태 변수를 변경하지 않기 때문에 constant로 설정했다.

(10) 남은 시간(분 단위)과 목표와의 차이(eth 단위), 토큰 확인용 메서드

```
function getRemainingTimeEthToken()
        constant returns(uint min, uint shortage, uint remainToken) {
    if(now < deadline) {
        min = (deadline - now) / (1 minutes);
    }
    shortage = (fundingGoal - this.balance) / (1 ether);
    remainToken = transferableToken - soldToken;
}
```

크라우드 세일의 남은 시간을 확인하기 위한 메서드다. 남은 시간(분 단위), 목표 금액과 모금된 금액의
차이(ether 단위), 재고 토큰의 양으로 세 가지를 반환한다. 이 메서드 역시 상태 변수를 변경하지 않기
때문에 constant로 설정한다.

(11) 목표 도달 확인(기한 후 실시 가능)

```
function checkGoalReached() afterDeadline {
    if (isOpened) {
        // 모인 Ether와 목표 Ether 비교
        if (this.balance >= fundingGoal) {
            fundingGoalReached = true;
        }
        isOpened = false;
        CheckGoalReached(owner, fundingGoal, this.balance, fundingGoalReached, soldToken);
    }
}
```

기한 경과 후 목표 금액을 달성했는지 여부를 확인할 수 있는 메서드로, 한 번만 확인할 수 있다. 달성한
경우 fundingGoalReached를 true로 바꾼다. 이 메서드가 실행되면 isOpened가 false로 변경된다. 결
과는 이벤트 알림으로 확인할 수 있다.

(12) 소유자용 인출 메서드(판매 종료 후 실시 가능)

```
function withdrawalOwner() onlyOwner {
    if (isOpened) throw;
```

```
    // 목표 달성: Ether와 남은 토큰. 목표 미달: 토큰
    if (fundingGoalReached) {
    // Ether
        uint amount = this.balance;
        if (amount > 0) {
            bool ok = msg.sender.call.value(amount)();
            WithdrawalEther(msg.sender, amount, ok);
        }
        // 남은 토큰
        uint val = transferableToken - soldToken;
        if (val > 0) {
            tokenReward.transfer(msg.sender, transferableToken - soldToken);
            WithdrawalToken(msg.sender, val, true);
        }
    } else {
        // 토큰
        uint val2 = tokenReward.balanceOf(this);
        tokenReward.transfer(msg.sender, val2);
        WithdrawalToken(msg.sender, val2, true);
    }
}
```

크라우드 세일이 종료된 후 소유자의 출금을 위한 메서드다. 크라우드 세일의 결과에 따라 남은 토큰이나 모금된 Ether를 자신에게 송금한다. 여기서 Ether의 송금은 address.send()가 아니라 address.call.value(amount)()를 사용한다. address.send()는 최소한의 Gas만 설정돼 있기 때문에 수신 상대방이 계약인 경우 등이라면 Gas 부족으로 송금에 실패할 수 있기 때문이다. 또한 msg.sender 외의 다른 곳에 송금하는 경우 보안에 충분히 주의해야 한다[6].

(13) 자금 제공자용 인출 메서드(세일 종료 후 실행 가능)

```
function withdrawal() {
    if (isOpened) return;

    // 이미 인출된 경우 예외 처리
    if (fundersProperty[msg.sender].withdrawed) throw;
```

---

6 https://solidity.readthedocs.io/en/latest/security-considerations.html

```
// 목표 달성: 토큰, 목표 미달: Ether
if (fundingGoalReached) {
    if (fundersProperty[msg.sender].reservedToken > 0) {
        tokenReward.transfer(msg.sender, fundersProperty[msg.sender].reservedToken);
        fundersProperty[msg.sender].withdrawed = true;
        WithdrawalToken(
            msg.sender,
            fundersProperty[msg.sender].reservedToken,
            fundersProperty[msg.sender].withdrawed
        );
    }
} else {
    if (fundersProperty[msg.sender].paymentEther > 0) {
        if (msg.sender.call.value(fundersProperty[msg.sender].paymentEther)()) {
            fundersProperty[msg.sender].withdrawed = true;
        }
        WithdrawalEther(
            msg.sender,
            fundersProperty[msg.sender].paymentEther,
            fundersProperty[msg.sender].withdrawed
        );
    }
}
}
```

크라우드 세일 후 자산 제공자가 실행하는 메서드다. 목표를 달성한 경우 토큰을, 목표를 달성하지 못한 경우에는 Ether를 인출한다. 어떤 경우라도 인출되는 내용은 이벤트 알림으로 표시된다. 인출할 때 withdrawed를 true로 변경하기 때문에 자산 제공자는 1번만 메서드를 실행할 수 있다.

4.5.3 계약 실행

작성한 계약을 Browser-Solidity를 사용해 실행해보자. 전제와 절차는 다음과 같다. 크라우드 세일에서 판매하는 가상 화폐 계약은 지금까지 생성한 것과 동일한 계약으로 한다. 크라우드 세일 달성 목표는 10ether로 하고 1ether = 100oc, 최대 5,000oc를 발행한다. 판매 기간은 동작 확인을 위해 15분간으로 한다. 그리고 크라우드 세일의 개시 직후는 더욱 많은 토큰을 지급할 수 있는 구조로 구현한다. 송금의 타이밍을 변경해 실행해보고 환전 가능한 토큰의 수량이 변화하는 것을 확인해본다. 구입한 토큰은 크라우드 종료 후에 목표 달성한 경우에만 출금 가능하며, 목표가 미달일 때는 투자한 Ether를 돌려준다.

전제:

■ 사용하는 주소는 아래 표의 3개 계정이다.

이번 절에서 사용할 각 계정의 주소는 다음과 같다. 이전까지의 예와 마찬가지로 자신의 환경에 따라 주소를 변경해서 대입해야 한다.

No.	사용자	주소	비고
1	A	"0x37dca7e66c1610e2afdb9517dfdc8bdb13015852"	accounts[0]
2	B	"0x0a622c810cbcc72c5809c02d4e950ce55a97813e"	accounts[1]
3	C	"0xf898fc6cea2524faba179868b9988ca836e3eb88"	accounts[2]

■ 생성할 토큰 정보는 아래와 같다.

발행량: 10,000

이름: "OreOreCoin"

단위: "oc"

소수점 이하 자릿수: 0

■ 크라우드 세일 정보는 아래와 같다.

목표 금액: 10ether

기한: 15분

토큰 가격: 1 / 100ether ※ 1ether당 100oc

준비할 토큰: 5,000oc

조기 구매 특전

- 개시에서 3분 미만: 100% 추가 지급(일반 지급량의 2배)

- 개시에서 5분 미만: 50% 추가 지급(일반 지급량의 1.5배)

- 개시에서 10분 미만: 20% 추가 지급(일반 지급량의 1.2배)

※ 10분 경과 후에는 추가 지급 없음(0%)

절차:

① 사용자 A가 토큰(OreOreCoin)을 생성한다.

② 사용자 A가 크라우드 세일(crowdsale)을 생성한다.

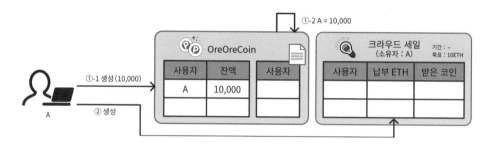

③ 사용자 A가 크라우드 세일 주소에 송금(5,000)한다.

④ 사용자 A가 크라우드 세일의 기간을 설정한다.

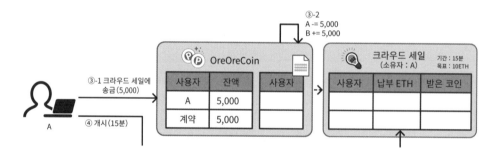

⑤ 사용자 B가 크라우드 세일 주소에 송금(5ether)한다.

⑥ 사용자 C가 크라우드 세일 주소에 송금(5ether)한다.

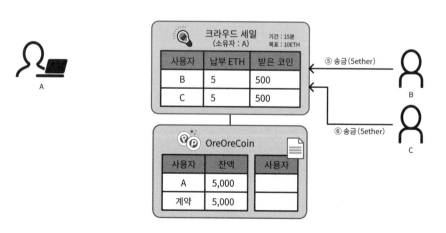

⑦ 기한 후 목표 달성 여부를 확인한다.

⑧ 사용자 A가 투자받은 자금을 인출한다. 그때 Ether(10ether)와 남은 토큰이 사용자 A에게 송금된다.

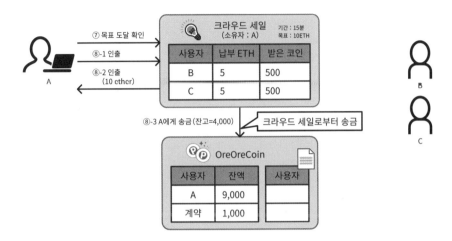

⑨ 사용자 B, C가 구입한 토큰을 인출한다.

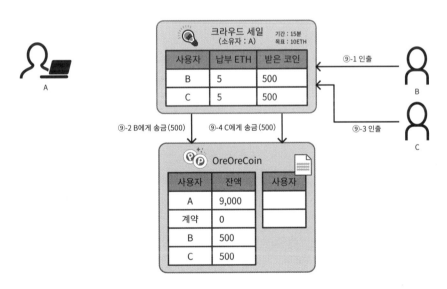

이상이 정상적인 확인 절차다. 마찬가지로 기간 내에 목표액을 달성하지 못한 경우도 확인한다. 다음은 사용자 C가 투자하지 않은 경우의 절차다.

　① 목표를 달성하는 경우의 절차 ①~④를 실행한다.

　② 사용자 B가 크라우드 세일 주소에 송금(5ether)한다.

　③ 기한 후 목표 달성 여부를 확인한다.

　④ 사용자 A가 토큰을 인출한다. 사용자 A의 토큰 잔고가 토큰을 생성할 때 지정한 발행량으로 돌아온다.

　⑤ 사용자 B가 투자한 자금(5ether)을 인출한다.

Browser-Solidity를 사용해 실제 동작 확인을 해보자.

01. 사용자 A가 토큰(OreOreCoin)을 생성한다. OreOreCoin 계약에 지금까지와 마찬가지로 '10000, "OreOreCoin", "oc", 0'이라고 입력하고 'Create' 버튼을 클릭한다 ②에서 OreOreCoin 계약의 주소를 사용하므로 메모장 등에 이 계약의 주소를 복사해둔다.

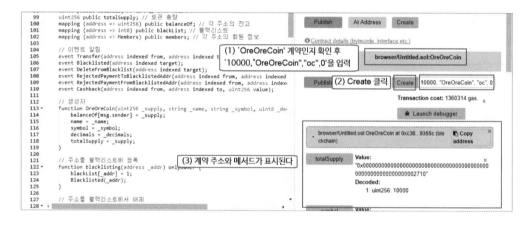

02. 이어서 사용자 A가 크라우드 세일(Crowdsale)을 생성한다. 이때 앞에서 생성한 OreOreCoin 계약 주소를 사용한다. '10, 5000, 100, "OreOreCoin의 계약 주소"'를 입력하고 'Create' 버튼을 클릭한다.

03. 사용자 A가 토큰을 크라우드 세일 주소에 송금한다. 송금액은 크라우드 세일을 생성할 때 지정한 2번째 인수의 값 (5,000)이다. '"Crowdsale 계약 주소", 5000'을 입력하고 'transfer'를 클릭한다. 무사히 송금이 성공하면 이벤트 알림 에 표시된다.

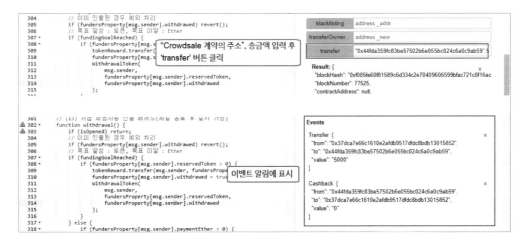

04. 사용자 A가 크라우드 세일의 기간을 지정해 크라우드 세일을 개시한다. 지정하는 시간은 분 단위다. '15'를 입력하고 'start' 버튼을 클릭한다. start 메서드 안에서는 토큰의 잔고가 Create 버튼을 클릭할 때 지정한 값 이상인지를 확인해 지정 값 이상인 경우 CrowdsaleStart 이벤트를 표시한다.

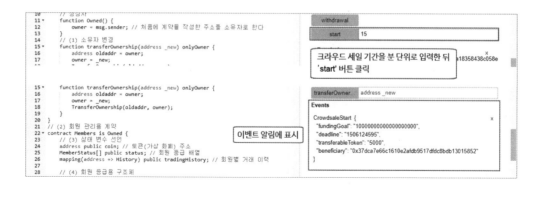

05. 사용자 B가 크라우드 세일 주소에 송금(5ether)한다. 만약 사용자 B의 잔고가 부족하다면 따로 송금을 통해 실습에 사용할 분량의 Ether를 송금한다. 사용자 B의 계정이 잠겨 있는지 여부도 확인해 잠겨 있다면 이 역시 해제해 둬야 한다. 이 부분은 Geth에서 작업한다.

사용자 B(accounts[1]) 계정 잠금 해제

```
> personal.unlockAccount(eth.accounts[1], "패스워드", 0)
```

사용자 B의 잔고 확인

```
> web3.fromWei(eth.getBalance(eth.accounts[1]), "ether")
```

잔고가 송금액보다 적은 경우 accounts[0]에서 송금해둔다.

```
> eth.sendTransaction({from: eth.accounts[0], to: eth.accounts[1], value: web3.toWei(20, "ether")})
```

트랜잭션 실행 후 송금이 제대로 됐는지 확인한다.

```
> web3.fromWei(eth.getBalance(eth.accounts[1]), "ether")
```

계정 잠금을 해제한 후, Browser-Solidity로 돌아와 작업을 진행할 사용자를 B로 변경하고, Value 입력 상자에 '5 ether'를 입력하고 '(fallback)' 버튼을 클릭한다. 트랜잭션 처리 후 이벤트(ReservedToken) 알림 영역에서 송금액과 토큰량을 확인한다.

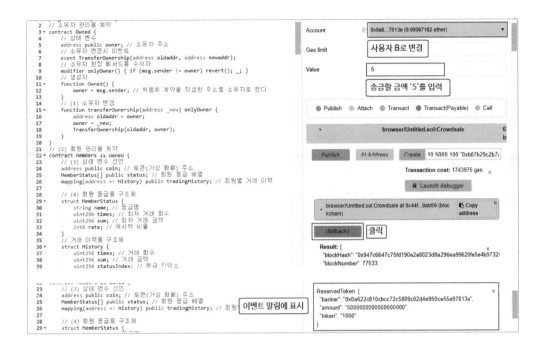

06. 다음은 사용자 C가 크라우드 세일 주소에 송금(5ether)한다. 잔고가 부족한 경우 절차 ⑤를 참고해 Ether를 송금한다. Browser-Solidity에서 사용자를 C로 변경하고 Crowdsale 계약에 송금(Value에 송금액을 입력하고 '(fallback)' 버튼 클릭)한다.

ReservedToken 이벤트의 'token'을 확인해본다. 경과한 시간에 따라 받은 토큰 수량이 달라지기 때문에 사용자 B와 C의 토큰에 차이가 발생했을 것이다. 관련 코드는 4.5.2절의 (9) 부분이다.

07. 크라우드 세일이 종료된 후 목표 달성 여부를 확인해보자. 먼저 Browser-Solidity에서 사용자를 A로 변경하고 오른쪽 메뉴 상단 부분에 있는 Value가 0인지 확인한다. Value가 0이 아닌 경우 예외 오류가 발생하므로 주의한다. 그 후 'checkGoalReached'를 클릭한다. checkGoalReached 메서드에는 afterDeadline 수식자가 선언됐으므로 ④에서 지정한 크라우드 세일이 종료된 후에만 실행 가능하다. 이 메서드가 실행되면 이벤트(CheckGoalReached) 알림이 표시되고 목표 달성 여부를 확인할 수 있다. 위의 절차대로 진행했다면 달성("reached":true)한 것을 확인할 수 있다.

08. 달성했는지 확인한 후 사용자 A로 투자된 금액을 인출해보자. 투자된 자금은 CheckGoalReached 이벤트의 amountRaised에서 확인할 수 있다. 앞에서 사용자당 5ether씩 송금했으므로 10ether를 인출할 수 있다. 인출할 때 남은 토큰도 사용자 A에게 송금된다. 지불 예정 토큰은 raisedToken에서 확인할 수 있다. 필자는 사용자 B가 1000oc, 사용자 C가 600oc를 받았으므로 합계 1,600의 토큰이 소요됐고, 토큰은 5,000 − 1,600 = 3,400oc가 남은 상태다. 인출용 메서드인 'withdrawalOwner'를 클릭한다.

현재 Browser-Solidity에서는 해당 메서드를 제대로 지원하지 못하기 때문에 아무런 이벤트 알림이 나타나지 않는다. 따라서 이 부분은 Geth 콘솔에서 명령을 수행 후 Browser-Solidity에서 이벤트를 확인하는 방법으로 진행해야 한다. Geth 콘솔에서 다음과 같은 명령어[7]로 Browser-Solidity에서 생성한 객체에 접근할 수 있다.

```
var cnt = eth.contract(ABI_DEF).at(ADDRESS);
```

ABI_DEF는 Browser-Solidity의 인터페이스를 뜻하며, ADDRESS는 계약의 주소(여기서는 Crowdsale의 주소)를 뜻한다. 우선 Crowdsale 계약의 아래 부분에 있는 'Contract details (bytecode, interface etc.)'를 클릭한다. 접혀있던 Bytecode와 Interface, Web3 deploy 등 다양한 내용이 표시되는데, 여기서 Interface 내의 문자열을 전부 복사한다.

---

7   이것은 문법이며, 실행하는 것이 아니다.

그리고 ABI_DEF를 복사한 문자열로 대치한다. ADDRESS 역시 Crowdsale 주소로 대치한다.

```
> var cnt = eth.contract([{"constant":false,"inputs":[],"name":"checkGoalReached","outputs
":[],"payable":false,"stateMutability":"nonpayable","type":"function"},{"constant":false,"
inputs":[],"name":"withdrawalOwner","outputs":[],"payable":false,
(중략)
"name":"TransferOwnership","type":"event"}]).at("0x44fda359fc83be57502b6e055bc024c6a0c9
ab59");
```

이어서 withdrawalOwner 메서드를 실행한다.

```
cnt.withdrawalOwner.sendTransaction({from:eth.accounts[0]})
```

시간 경과 후(채굴이 이뤄진 후) Browser-Solidity의 Crowdsale 이벤트 알림 영역에 WithdrawalEther, WithdrawalToken 이벤트가 표시된다. OreOreCoin 이벤트 알림 영역에도 Transfer와 Cashback 이벤트가 표시된다.

사용자 A의 토큰 잔고가 남은 토큰량(3,400)만큼 증가한 것을 확인한다. 방금 예제에서 5,000을 송금했으므로 10,000 − 5,000 + 3,400 = 8,400이 된다.

09. 사용자 B가 구입한 토큰을 인출한다. 이 기능 역시 Browser-Solidity에서는 동작하지 않으므로 Geth 콘솔에서 withdrawal 메서드를 실행한다.

```
cnt.withdrawal.sendTransaction({from:eth.accounts[1]})
```

소유자가 인출했을 때와 마찬가지로 시간 경과 후 Browser-Solidity의 Crowdsale 이벤트 알림에 WithdrawalToken 이벤트가, OreOreCoin 이벤트 알림에 Transfer, Cashback 이벤트가 표시된다.

토큰 잔고를 확인해보자. 사용자 B의 주소를 입력하고 'balanceOf'를 클릭한다.

사용자 c도 같은 방법으로 인출 메서드를 실행해 이벤트 알림에 표시되는지 확인한다.

```
cnt.withdrawal.sendTransaction({from:eth.accounts[2]})
```

다음은 기간 내 목표액을 달성하지 못한 경우도 확인해본다. 사용자 B만 투자하고 사용자 C는 투자하지 않은 것으로 해서 동작을 확인한다.

01. 우선 Browser-Solidity를 초기화한다. 에디터 영역의 코드를 지우고 다시 동일한 코드를 작성하면 이전 내용이 모두 사라지며 초기화된다. 앞의 예제에서의 절차 ①~④까지를 동일하게 진행한다.

02. 사용자 B가 5ether를 송금한다. 3분 이내에 송금했기 때문에 2배인 1,000oc를 받는다.

03. 크라우드 세일이 종료한 뒤 목표 도달 여부를 확인한다. 먼저 사용자를 A로 변경하고 Value가 0인 것을 확인한다. 그 후 'chectGoalReached'를 클릭해 이벤트(CheckGoalReached)를 확인한다. 목표에 도달하지 못했기 때문에 'false'를 반환한다.

04. 사용자 A가 토큰을 인출한다. 여기서는 앞에서 설명한 것과 같이 Geth 콘솔로 실행해야 한다[8]. 실행 후 이벤트 (withdrawalToken, Transfer, Cashback) 알림을 확인한다.

```
271        CheckGoalReached(owner, fundingGoal, this.balance, fundingGoalReached
272    }
273  }
274
275  // (12) 소유자용 인출 메서드(판매 종료 후                       Crowdsale 계약의 이벤트 알림
276  function withdrawalOwner() onlyOwner {
277      if (isOpened) revert();
278
279      // 모프 달성. ether이 나오 토크. 모프 미다 . 토크
```

WithdrawalToken {
  "addr": "0x37dca7e66c1610e2afdb9517dfdc8bdb13015852",
  "amount": "5000",
  "result": true
}

```
259        shortage = (fundingGoal - this.balance) / (1 ether);
260        remainToken = transferableToken - soldToken;
261    }
262
263    // (11) 목표 도달 확인(기한 후 실시 가능)
264    function checkGoalReached() afterDeadline {
265        if (isOpened) {
266            // 모인 Ether와 목표 Ether 비교
267            if (this.balance >= fundingGoal) {
268                fundingGoalReached = true;
269            }
270            isOpened = false;
271            CheckGoalReached(owner, fundingG        OreOreCoin 계약의 이벤트 알림
272        }
273    }
```

Transfer {
  "from": "0x5e1d8edc3a2722c23a72b446be14ab762b84e3e8",
  "to": "0x37dca7e66c1610e2afdb9517dfdc8bdb13015852",
  "value": "5000"
}

Cashback {
  "from": "0x37dca7e66c1610e2afdb9517dfdc8bdb13015852",
  "to": "0x5e1d8edc3a2722c23a72b446be14ab762b84e3e8",
  "value": "0"
}

05. 사용자 B도 마찬가지로 투자한 자금을 인출한다. Geth 콘솔에서 명령을 실행한다. 이벤트(withdrawalEther) 알림을 확인한다.

```
272    }
273  }
274
275  // (12) 소유자용 인출 메서드(판매 종료 후                       Crowdsale 계약의 이벤트 알림
276  function withdrawalOwner() onlyOwner {
277      if (isOpened) revert();
278
279      // 목표 달성 : Ether와 남은 토큰, 목표 미달 : 토큰
```

WithdrawalEther {
  "addr": "0x0a622c810cbcc72c5809c02d4e950ce55a97813e",
  "amount": "5000000000000000000",
  "result": true
}

---

8 앞의 절차 ⑧과 같다.

토큰과 Ether 에스크로

이어서 에스크로(Escrow)에 대해 알아본다. 에스크로를 사전에서 찾아보면 다음과 같은 설명이 나와 있다.

> 에스크로(escrow)는 상거래 시에 판매자와 구매자의 사이에 신뢰할 수 있는 중립적인 제삼자가 중개하여 금전 또는 물품을 거래를 하도록 하는 것, 또는 그러한 서비스를 말한다. 거래의 안전성을 확보하기 위해 이용된다. (출처: 위키백과)

이 '중립적인 제삼자'를 계약으로 구현할 수 있다. 여기서는 토큰과 Ether를 교환하는 계약으로 이 내용에 대해 알아본다.

4.6.1 계약 개요

계약의 개요는 다음과 같다.

- 기간과 금액을 설정하고 설정된 금액 이상의 자금(Ether)을 가장 빨리 제공하는 사용자에게 소정의 토큰을 송금한다.

- 기간 내 설정 금액 이상의 금액이 제공되지 않는 경우 거래 실패로 간주해 토큰은 원래 주인에게 돌아간다.

- 기본적으로 크라우드 세일과 같다. 여기서는 토큰과 Ether를 교환하지만 일부 변경을 통해 토큰과 토큰의 교환도 구현할 수 있다.

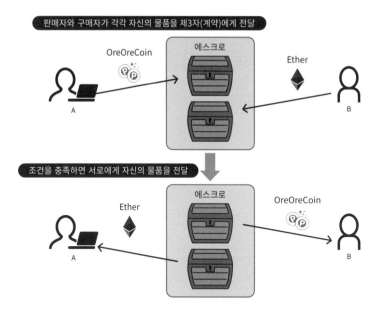

4.6.2 계약 생성

에스크로 계약은 다음과 같다. 여기에는 에스크로 계약만 기재해두지만 동작 확인을 위해서는 에스크로에 사용할 토큰 계약이 필요하다. 4.4.2절의 계약을 생략 부분에 삽입해야 한다.

에스크로 계약(Escrow)

```solidity
pragma solidity ^0.4.8;

(생략)

// (1) 에스크로
contract Escrow is Owned {
    // (2) 상태 변수
    OreOreCoin public token; // 토큰
    uint256 public salesVolume; // 판매량
    uint256 public sellingPrice; // 판매 가격
    uint256 public deadline; // 기한
    bool public isOpened; // 에스크로 개시 플래그

    // (3) 이벤트 알림
    event EscrowStart(uint salesVolume, uint sellingPrice, uint deadline, address beneficiary);
    event ConfirmedPayment(address addr, uint amount);
```

```
// (4) 생성자
function Escrow (OreOreCoin _token, uint256 _salesVolume, uint256 _priceInEther) {
    token = OreOreCoin(_token);
    salesVolume = _salesVolume;
    sellingPrice = _priceInEther * 1 ether;
}


// (5) 이름 없는 함수(Ether 수령)
function () payable {
    // 개시 전 또는 기한이 끝난 경우에는 예외 처리
    if (!isOpened || now >= deadline) throw;

    // 판매 가격 미만인 경우 예외 처리
    uint amount = msg.value;
    if (amount < sellingPrice) throw;

    // 보내는 사람에게 토큰을 전달하고 에스크로 개시 플래그를 false로 설정
    token.transfer(msg.sender, salesVolume);
    isOpened = false;
    ConfirmedPayment(msg.sender, amount);
}


// (6) 개시(토큰이 예정 수 이상이라면 개시)
function start(uint256 _durationInMinutes) onlyOwner {
    if (token == address(0) || salesVolume == 0 || sellingPrice == 0 || deadline != 0) throw;
    if (token.balanceOf(this) >= salesVolume){
        deadline = now + _durationInMinutes * 1 minutes;
        isOpened = true;
        EscrowStart(salesVolume, sellingPrice, deadline, owner);
    }
}


// (7) 남은 시간 확인용 메서드(분 단위)
function getRemainingTime() constant returns(uint min) {
    if(now < deadline) {
        min = (deadline - now) / (1 minutes);
    }
}
```

```
    // (8) 종료
    function close() onlyOwner {
        // 토큰을 소유자에게 전송
        token.transfer(owner, token.balanceOf(this));
        // 계약을 파기(해당 계약이 보유하고 있는 Ether는 소유자에게 전송
        selfdestruct(owner);
    }
}
```

프로그램 설명

(1) 계약 선언

```
contract Escrow is Owned{
```

토큰을 판매하는 측의 주소를 소유자 주소로 하기 때문에 Owned 계약의 하위 계약으로 선언한다.

(2) 상태 변수

```
OreOreCoin public token; // 토큰
uint256 public salesVolume; // 판매량
uint256 public sellingPrice; // 판매 가격
uint256 public deadline; // 기한
bool public isOpened; // 에스크로 개시 플래그
```

토큰의 판매량, 가격, 기한과 에스크로 개시 플래그를 선언한다. deadline은 크라우드 세일과 마찬가지로 start 메서드로 초기화한 뒤, now를 사용해 경과한 시간을 비교한다.

(3) 이벤트 알림

```
event EscrowStart(uint salesVolume, uint sellingPrice, uint deadline, address beneficiary);
event ConfirmedPayment(address addr, uint amount);
```

에스크로 개시와 지불 관련 이벤트를 알려준다.

(4) 생성자

```
function Escrow (OreOreCoin _token, uint256 _salesVolume, uint256 _priceInEther) {
    token = OreOreCoin(_token);
    salesVolume = _salesVolume;
    sellingPrice = _priceInEther * 1 ether;
}
```

판매할 토큰의 주소, 토큰 량, 가격을 인수로 한다. 토큰의 주소가 인수로 필요하기 때문에 에스크로 계약을 배포하기 전에 토큰 계약을 먼저 배포해야 한다.

(5) 이름 없는 함수(Ether 수령)

```
function () payable {
    // 개시 전 또는 기한이 끝난 경우에는 예외 처리
    if (!isOpened || now >= deadline) throw;

    // 판매 가격 미만인 경우 예외 처리
    uint amount = msg.value;
    if (amount < sellingPrice) throw;

    // 보내는 사람에게 토큰을 전달하고 에스크로 개시 플래그를 false로 설정
    token.transfer(msg.sender, salesVolume);
    isOpened = false;
    ConfirmedPayment(msg.sender, amount);
}
```

fallback 함수다. 크라우드 세일에서도 사용한 함수이며, 받은 ether가 판매 가격에 도달하지 못하는 경우 Ether를 받지 않도록 예외 처리를 한다. 받은 금액이 상품 가격 이상인 경우 msg.sender에 토큰을 전송해 개시 플래그를 false로 설정하고 받은 이벤트를 알린다.

(6) 개시(토큰이 예정 수 이상이라면 개시)

```
function start(uint256 _durationInMinutes) onlyOwner {
    if (token == address(0) || salesVolume == 0 || sellingPrice == 0 || deadline != 0) throw;
    if (token.balanceOf(this) >= salesVolume){
        deadline = now + _durationInMinutes * 1 minutes;
```

```
        isOpened = true;
        EscrowStart(salesVolume, sellingPrice, deadline, owner);
    }
}
```

기본적으로 크라우드 세일과 동일하다. 판매할 토큰을 이 계약 주소가 가지고 있음을 확인한 뒤 에스크로를 개시한다.

(7) 남은 시간 확인용 메서드(분 단위)

```
function getRemainingTime() constant returns(uint min) {
    if(now < deadline) {
        min = (deadline - now) / (1 minutes);
    }
}
```

에스크로의 남은 시간을 얻기 위한 메서드다. deadline과 현재 시각의 차이를 분 단위로 반환한다.

(8) 종료

```
function close() onlyOwner {
    // 토큰을 소유자에게 전송
    token.transfer(owner, token.balanceOf(this));
    // 계약을 파기(해당 계약이 보유하고 있는 Ether는 소유자에게 전송
    selfdestruct(owner);
}
```

소유자가 계약을 종료시키기 위한 메서드다. 이 계약이 가지고 있는 토큰과 Ether를 소유자에게 전송한다. 토큰을 전송한 뒤 selfdestruct로 소유자에게 Ether를 송금하고 해당 계약을 파기한다.

4.6.3 계약 실행

작성한 계약을 Browser-Solidity를 사용해 동작시켜보자. 에스크로를 통해 Ether와 교환할 가상 화폐 계약은 지금까지 사용한 OreOreCoin을 사용한다. 이번에는 2,000oc를 10ether로 교환하는 에스크로로 설정한다. 기간은 동작 확인을 위해 15분으로 한다. 10ether를 받으면 즉시 2,000oc를 송금한다. 거

래 성립 또는 시간 초과인 경우 소유자는 에스크로를 종료시키고 Ether 또는 OreOreCoin을 인출한다. 그리고 10ether 미만의 송금은 예외 처리를 한다.

전제:

■ 사용하는 주소는 A, B, C로 3개다.

이번 절에서 사용할 각 사용자의 주소 정보는 아래와 같다. 지금까지와 마찬가지로 각 환경에 맞게 변경해서 동작을 확인해야 한다.

No.	사용자	주소	비고
1	A	"0x37dca7e66c1610e2afdb9517dfdc8bdb13015852"	accounts[0]
2	B	"0x0a622c810cbcc72c5809c02d4e950ce55a97813e"	accounts[1]
3	C	"0xf898fc6cea2524faba179868b9988ca836e3eb88"	accounts[2]

■ 생성할 토큰 정보는 아래와 같다.

발행량: 10,000

이름: "OreOreCoin"

단위: "oc"

소수점 이하 자릿수: 0

에스크로 정보는 아래와 같다.

목표 금액: 10ether

기한: 15분

준비할 토큰: 2,000oc

절차:

① 사용자 A가 토큰(OreOreCoin)을 생성한다.

② 사용자 A가 에스크로(Escrow)를 생성한다.

③ 사용자 A가 에스크로 주소에 송금(2,000)한다.

④ 사용자 A가 에스크로 기간을 설정한다.

⑤ 사용자 B가 에스크로에 송금(5ether)한다. 하지만 설정 금액 미만이기 때문에 예외 처리된다.

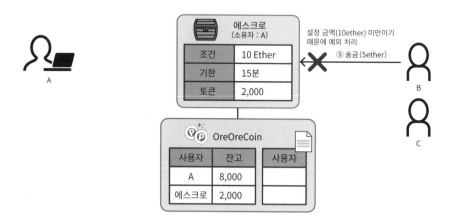

⑥ 사용자 C가 에스크로에 송금(10ether)한다. 이번에는 설정 금액 이상이기 때문에 문제 없이 처리되고 토큰(2,000)이 C에게 송금된다.

⑦ 사용자 A가 사용자 C로부터 송금받은 Ether를 인출한다.

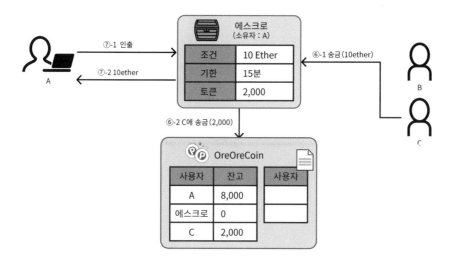

에스크로 거래가 성립하기 전에 소유자가 에스크로를 종료한 경우도 확인한다.

① 거래가 성립된 경우의 절차 ①~④를 실행한다.

② 사용자 A가 에스크로를 종료한다. 사용자 A의 토큰 잔고가 토큰 생성을 했을 때 지정한 양으로 돌아온다.

종료 처리에 따라 계약이 파기되므로 종료 처리 후에는 모든 메서드를 실행할 수 없다. 이제 Browser-Solidity에서 실제로 계약을 실행해보자.

01. 사용자 A가 토큰(OreOreCoin)을 생성한다. 지금까지와 마찬가지로 '10000, "OreOreCoin", "oc", 0'을 입력한 뒤 'Create' 버튼을 클릭한다. 에스크로 계약을 배포할 때 OreOreCoin의 주소가 필요하므로 메모장 등에 해당 주소를 복사해둔다.

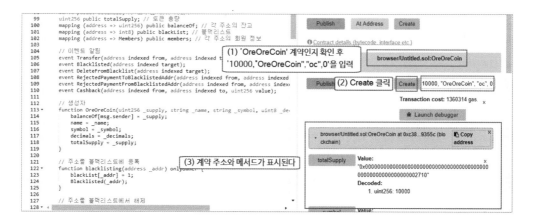

02. 사용자 A가 에스크로를 생성한다. 이때 앞에서 생성한 토큰의 주소를 사용한다. '"OreOreCoin 계약 주소", 2000, 10' 이라고 입력한 뒤 'Create' 버튼을 클릭한다.

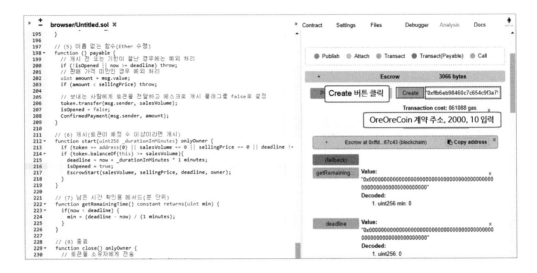

03. 사용자 A가 토큰을 에스크로 주소로 송금한다. 송금액은 에스크로를 생성할 때 지정한 두 번째 인수 값(2000)이다. 앞서 생성한 에스크로 계약 주소와 송금액을 입력하고 'transfer' 버튼을 클릭한다. 송금이 완료되면 이벤트 알림에 해당 내용이 표시된다.

04. 사용자 A가 에스크로 기간을 지정해 에스크로를 개시한다. 단위는 분 단위다. 15를 입력한 후 'start' 버튼을 클릭한다. start 메서드 내에서는 토큰의 잔고가 Create했을 때 지정된 값 이상인지 확인해 지정한 값 이상인 경우 EscrowStart 이벤트를 표시한다.

05. 사용자 B가 에스크로에 송금(5ether)한다. 송금 전에 사용자 B의 계정 잠금 및 Ether 잔고를 확인해 필요한 경우 잠금 해제 또는 Ether를 송금해야 한다. Browser-Solidity에서 사용자를 B로 변경한 뒤 Value에 5를 입력하고 '(fallback)' 버튼을 클릭한다. 지정된 값 미만이기 때문에 수행되지 않는다.

06. 사용자 C가 에스크로에 송금한다. 송금액은 10ether로 한다. 사용자 B와 마찬가지로 계정 잠금 여부 및 Ether 잔고를 확인한 후 진행한다. Browser-Solidity에서 사용자를 C로 변경한 뒤 Value에 10을 입력하고 '(fallback)' 버튼을 클릭한다. 이번에는 지정된 값을 만족했기 때문에 이벤트에 ConfirmedPayment, Transfer 알림이 표시된다.[9]

07. 사용자 A로 변경한 뒤 사용자 C가 지불한 10ether를 인출해본다. 이 부분 역시 Browser-Solidity에서는 수행할 수 없기 때문에 Geth 콘솔에서 작업한다(4.5.3절의 ⑧ 참고)[10].

```
> cnt.close.sendTransaction({from:eth.accounts[0]})
```

잠시 기다리면 Browser-Solidity의 이벤트 알림에 Transfer 이벤트가 표시된다.

---

9 (옮긴이) Browser-Solidity 버전에 따라 송금이 제대로 이뤄지지 않는 경우가 발생할 수 있다. 이 경우 Geth 콘솔에서 직접 Ether를 송금해서 확인할 수 있다. 아래와 같이 실행한다.

eth.sendTransaction({from:eth.accounts[2] to: "에스크로 계약 주소", value:web3.toWei(10, "ether")})

콘솔에서 실행하더라도 Browser-Solidity의 이벤트 영역에 알림이 표시된다.

10 ABI와 ADDRESS를 사용해 cnt 객체를 만들어야 한다.

Geth 콘솔에서 사용자 A가 보유한 Ether가 증가한 것을 확인해보자. 명령은 다음과 같다. 단, 사용자 A가 accounts[0]인 경우 채굴 보상 Ether가 계속 추가되니 이를 감안해야 한다.

```
> web3.fromWei(eth.getBalance(eth.accounts[0]), "ether")
```

이번에는 에스크로 성립 전(스타트 이후, 거래 없음)에 소유자가 에스크로를 종료하는 경우를 확인한다.

01. 계약을 초기화하고 앞 예제의 1~4까지의 단계를 수행한다.

02. 거래를 하지 않고 사용자 A인 상태에서 Close 버튼을 클릭해 에스크로를 종료한다. 만약 오류가 발생한다면 4.5.3절의 ⑧을 참고해서 cnt 변수를 만든 뒤 Geth 콘솔에서 close를 실행한다.

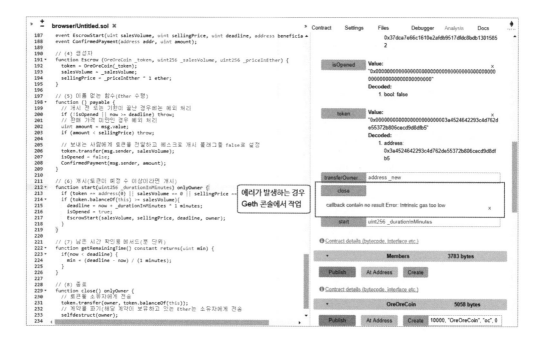

```
> cnt.close.sendTransaction({from:eth.accounts[0]})
```

트랜잭션이 처리되길 잠시 기다리면 Browser-Solidity 이벤트(Transfer)를 확인할 수 있다. 사용자 A가 에스크로에 송금한 금액(2000oc)이 되돌아온 것을 알 수 있다.

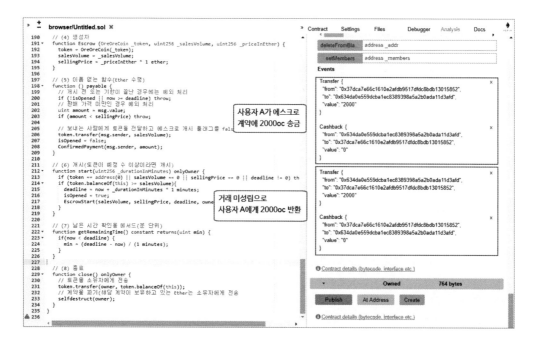

정리

이번 장에서는 '가상 화폐'를 소재로 계약을 만들어 봤다. 처음에는 간단한 가상 화폐로 시작해서 블랙리스트, 캐시백, 회원 관리 등 점차 기능을 추가해 크라우드 판매와 에스크로와 같이 Ether와 토큰 교환을 구현하는 스마트 계약을 만들었다.

블랙리스트에서는 목록에 등재된 주소는 거래할 수 없도록 구현했지만 반대로 목록에 있는 사용자만 거래를 가능하게끔 하는 화이트리스트 방식을 만들 수도 있다. 지지체에 등록된 상점만 가상 화폐를 사용할 수 있도록 허가하는 경우라면 화이트리스트 방식이 유용하다. 조금 더 고민해본다면 특정 기간까지 지정된 금액 이상 판매고를 올리면 격려금으로 Ether를 송금하게끔 계약을 만들어 판매를 촉진할 수도 있다. 이처럼 다양한 아이디어를 스마트 계약을 통해 구현할 수 있다.

5장

존재 증명 계약

존재 증명이란?

5.1.1 존재 증명 개요

블록체인과 존재 증명은 별 상관이 없어 보일 수 있지만 존재 증명에 블록체인을 사용하는 것은 매우 좋은 선택이다. 존재 증명은 단어의 뜻과 같이 존재를 증명하는 것이다. 그렇다면 존재 증명은 왜 필요한 것일까?

예를 들어, 특정인을 증명하기 위해서는 운전면허증, 주민등록증, 여권, 의료보험 등 본인임을 증명할 수 있는 신분증이 필요하다. 신분증이 없으면 본인이 누구인지 증명할 수 없으며, 각종 서비스를 받을 때도 제약이 생긴다. 한국에서는 다음과 같은 경우 신분 증명을 해야 한다.

- 특정 서비스의 회원 등록 또는 갱신을 할 때
- 병원에서 치료를 받을 때
- 금융 기관에서 계좌 개설을 할 때
- 공적 서류 발급, 전입 · 전출 신고를 할 때
- 해외 여행 시 출입국 관리소에 출국 · 입국 신고를 할 때
- 등기 우편물을 받을 때
- 창업을 할 때
- 주점, 담배 구입 등 성인임을 입증해야 할 때

법인이라면 등기부 초본, 인감 증명서가 이에 해당한다. 일반 개인이나 법인 공통으로 사용될 수 있는 존재 증명은 계약서가 있다.

현 시대를 살아가는 사람이라면 존재 증명을 하는 것이 필수라는 것을 알 수 있다. 이 밖에도 아래와 같은 존재 증명이 존재한다.

- 부동산 등기부
- 차량 소유권 증명서, 차량 등록 증명서
- 골동품, 미술품, 보석, 명품 감정서
- 개 또는 고양이, 말 등의 혈통서
- DNA 감정서
- 정신 감정서
- SSL 증명서
- 토지 증명서
- 총기소지 허가서
- 졸업 증명서
- 성적 증명서

존재 증명서를 만들 때는 시간이 걸리지만 한 번 만들면 여러모로 활용할 수 있다. 만약 블록체인 네트워크에 어떤 존재 증명을 만든다면 세계 어디서나 즉시 사용할 수 있는 국제 신용카드처럼 전 세계의 모든 서비스에 이용할 수 있는 가능성이 있다. 전 세계의 비즈니스와 연결된다면 테러나 경력 사칭 등과 같은 문제에 대한 대책이 될 수 있다.

존재 증명에서 중요한 것은 어떤 종류냐에 대한 것이 아니라 '누가' 발행했냐는 것이다. 모르는 사람이 '이 사람은 신용할 수 있는 사람입니다'라고 보증한다면 믿을 사람은 없다. 하지만 최근 공유 사업이 유행하고 있으며, 존재 증명의 방향도 조금 바뀌고 있다. 예를 들어, 모르는 사람이라도 100명이 '이 사람은 이런 기술을 가지고 있음을 증명함'이라고 한다면 그 내용은 존재 증거로 사용할 수 있는 가치가 있다. 자신은 잘 모르는 것이라도 다수의 사람이 증명하는 것이기 때문이다. 온라인 쇼핑몰이나 영화 사이트의 평점을 떠올린다면 쉽게 이해될 것이다.

블록체인 소프트웨어에 따라 차이가 있겠지만 기술적 관점에서도 살펴보자.

블록체인에 데이터를 등록하려면 네트워크에 연결한 후 채굴이 되기를 기다려야 하지만 한 번 등록되면 (갱신, 삭제는 어렵지만) 참조하는 것은 빠르다는 특성이 있다. 운전면허증이나 여권 등과 같이 만드는 데 시간이 걸리지만 발급 후에는 제시하는 것만으로 서비스를 받을 수 있는 것과 비슷하다.

어떤 사업자가 만든 존재 증명서가 있다고 가정해보자. 그 사업자가 없어지면 해당 존재 증명서를 보증하는 기관이 사라지고, 서버도 정지되고, 데이터도 없어진다. 블록체인 네트워크에 해당 존재 증명 데이터를 저장해 두면 블록체인에 큰 버그가 없는 한, 또는 전 세계에서 블록체인을 운영하는 사람이 0이 되지 않는 한 반영구적으로 보관할 수 있다.

5장에서는 비교적 단순한 프로그램이지만 최종적으로 '이 사람은 어느 학교를 졸업해 어느 회사를 재직했다. 이것은 학교 및 기업이 보증함'이라는 서비스 코어를 만드는 사례를 설명한다.

5.1.2 존재 증명에 블록체인을 사용하는 의의

신뢰 정보를 공유해서 얻을 수 있는 이점은 '비즈니스 가속화'다. 아래 그림과 같이 룸 셰어(Room Share) 서비스에서 임차인을 평가하는 구조를 보자. 이 룸 셰어 서비스의 평가를 카 셰어 비즈니스의 임대인이 볼 수 있다면 어떨까? 이제까지는 각 서비스마다 별도의 평가를 받아야 했지만 하나의 신뢰 정보를 이렇게 공유한다면 더 많은 기회가 발생할 수 있다.

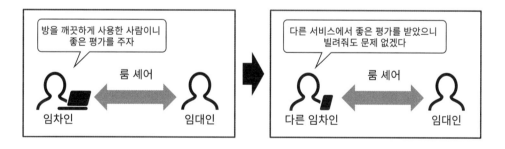

이 구조는 블록체인일 필요는 없다고 생각할 수 있다. 물론 반드시 블록체인일 필요는 없다. 블록체인 구조의 장점은 일반적인 클라이언트—서버 시스템의 '데이터베이스 서버(데이터 저장 기능의 일부)'와 '외부 연결 서버(의 외부 통신 기능)', '백업 서버(백업 기능)'를 블록체인 네트워크에서 담당하기 때문에 외부 사업과의 제휴를 더 유연하게 할 수 있어 사업을 더욱 성장시킬 수 있다. 예를 들어, 아래와 같이 4개의 서비스를 연계한다면 기존 클라이언트—서버 시스템에서는 각 사의 API 사양에 맞춰 개발을 진행해야 한다. 룸 셰어 서비스 사업자는 카 셰어 서비스, 명품 셰어 서비스, 지식·기술 셰어 서비스에 정보를 제공하기 위해서 각 서비스에 맞춰 개발을 진행해야 한다. 이 정도라면 아직 숫자가 적으니 문제는 없지만 서비스가 증가하면 유지보수에도 많은 노력이 필요하며 새로운 사업자가 진입하는 데도 장벽이 높아질 수 있다. 한편 블록체인을 이용한다면 초기에 공통으로 사용할 계약을 설계하고 개발해 블록체인에 등록하면 새로운 사업자는 여기에 참가하기 위해 블록체인 네트워크에 참여해 블록체인 소프트웨어를 시작하기만 하면 된다.

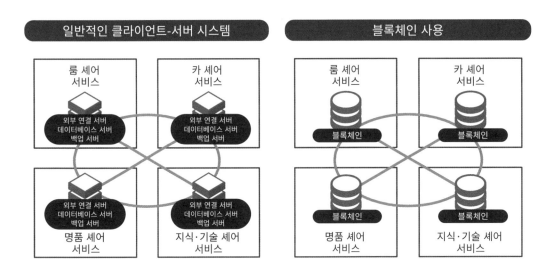

신뢰 정보를 다양한 곳에서 사용함으로써 관련 사업이 더 확장될 수 있는 가능성이 있다. 그 밖에도 기업이나 개인의 재무 상태를 공유해 최근 문제가 되고 있는 문서 변조 등에 대해서도 대응할 수 있을 것이다.

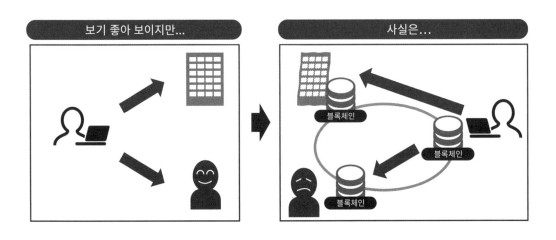

거래처의 '신용 조사'에도 응용할 수 있다. 위의 그림에서 왼쪽과 같이 그럴듯한 신용을 가진 것으로 보인 기업이나 사람이 사실은 오른쪽 그림과 같이 빚 투성이거나 재무에 문제가 많은 것을 금방 알아낼 수도 있다.

이미 기업 간, 그룹 간에서는 '신용 정보'를 공유해 부정 거래가 이뤄지지 않도록 억제하고 있는 경우가 많다. 이 분야에서도 블록체인을 사용해 이를 쉽게 확인할 수 있게끔 하는 것도 가능하다.

이런 신용 정보를 조사하는 데도 비용이 빌생하기 내문에 회사 정보를 포함한 신뢰 정보를 블록체인에 저장해 여러 기업에서 공유한다면 각종 비용 절감을 기대할 수 있다.

이를 더 확대해 전 세계를 대상으로 한다면 타국 회사의 신용 정보도 저비용으로 해결할 수 있을 것이다.

5-2

문자열 저장 계약

5.2.1 데이터 저장소

존재 증명 데이터를 블록체인에 실제로 저장할 때 중요한 점이 있다. 블록체인에 저장하는 데이터는 '중요하고 데이터 용량이 작게 만든다'라는 것이다. 만약 큰 데이터(1 트랜잭션당 수백 KB~1MB 이상)를 공용 블록체인에 저장하면 각 노드(PC 또는 서버)의 디스크 용량에도 부담을 줄뿐더러 많은 비용이 들게 된다. 블록체인에 저장할 존재 증명 데이터는 최소화하고 외부에 노출되더라도 상관없는 데이터는 별도로 관리하는 것이 좋다. 예를 들어, 존재 증명을 수행하는 기관이라면 존재 증명 기관을 특정하는 ID(이더리움 주소 등)는 블록체인에서 관리하고, 존재 증명 기관의 이름과 주소, 전화번호 등은 데이터베이스나 파일에서 관리하는 것이다. 그리고 존재 증명을 할 데이터 자체의 용량 중 크기가 큰 것(지문 데이터나 음성 데이터 등)은 외부 데이터베이스 또는 저장 장소를 사용한다. MySQL이나 PostgreSQL 등의 데이터베이스, IPFS(The InterPlanetary File System) 같은 P2P 저장소가 여기에 해당한다. 이때 타인이 데이터를 변경하지 않았다는 것을 증명하기 위해 블록체인에 해시 값을 저장해 관리한다. 만약 텍스트 파일이라면 텍스트 파일의 문자열을 직렬화(한 줄로 만듦)해서 해당 문자열에 대한 해시 값을 블록체인에 저장하는 것이다.

5.2.2 데이터 저장 방법

스마트 계약에서 데이터를 저장할 때는 일반적인 데이터베이스 형식과 같은 표 형식으로 저장되지 않는
다. 블록체인은 원래부터 탈중앙화를 목표로 만들어졌기 때문에 일반적인 클라이언트−서버 시스템과 같
은 관리자 기능(사용자 정보 열람을 비롯한 데이터 열람)은 제대로 갖추지 않고 있다. 예를 들어, 관리자
가 사용자를 검색할 때 전체 검색 같은 기능은 없으며, 이름이나 주소를 일부만 검색하는 경우 RDBMS
의 Like 검색 같은 기능은 기본적으로 갖추고 있지 않기 때문에 별도로 빼놓거나 새로 제작해야 한다.

Solidity에서 표 형태로 데이터를 저장하려면 Mapping 함수를 이용하거나 배열을 이용해야 한다.
Mapping 함수는 다른 프로그래밍 언어에서 말하는 연관 배열과 같은 것으로, 여러 개의 키에서 특정 값
을 취할 수 있게 하는 것이다. 배열은 배열의 길이를 구하는 함수(length)가 준비돼 있어 다루기 편하지
만 수천 ~ 수만 개의 데이터를 저장하는 데는 적합하지 않다.

대량의 데이터를 저장할 때는 Mapping 함수를 이용하고, 마스터 데이터(구분: 001, 002, 003 등)는 배
열을 사용하는 식으로 구분하는 것이 좋다.

5.2.3 문자열 저장 계약 설명

이제부터 기본적인 기능을 가진 문자열 저장 계약을 만들어본다. 문자열을 저장하기 위한 키(Key)를 설
정하고 그 키에 값 1(Value1)과 값 2(Value2)를 저장해보자. 각 상태 변수와 값은 다음과 같은 형식으로
저장된다.

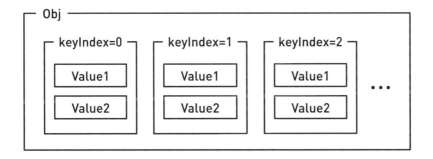

문자열 저장 계약 소스코드는 다음과 같다.

문자열 저장 계약(KeyValueStore.sol)

```solidity
pragma solidity ^0.4.8;

// 문자열 저장 계약
contract KeyValueStore {
    // 키 상태 변수 정의
    uint256 keyIndex;
    // 값 상태 변수 정의
    struct values {
        string value1;
        string value2;
    }
    // (1) 키와 값의 Mapping 정의
    mapping (uint256 => values) Obj;
    // (2) 키에 대한 값 1과 2를 등록하는 함수¹
    function setValue(string _value1, string _value2) constant returns (uint256) {
        Obj[keyIndex].value1 = _value1;
        Obj[keyIndex].value2 = _value2;
        keyIndex++;
        return keyIndex;
    }
    // (3) 키에 대한 값 1을 가져오는 함수
    function getValue1(uint _key) constant returns (string) {
        return Obj[_key].value1;
    }
    // (4) 키에 대한 값 2를 가져오는 함수
    function getValue2(uint _key) constant returns (string) {
        return Obj[_key].value2;
    }
}
```

---

1 참고: 2017년 10월 현재, 컴파일러의 버전이 상향 조정되어 public이 없으면 경고가 발생한다. 필요에 따라서 public이나 private 등의 접근 수식자를 붙이도록 한다.

프로그램 설명

(1) 상태 변수 선언

keyIndex는 문자열을 저장할 때의 키가 된다. 순차적인 상태 변수에서 데이터를 저장하는 장소를 나타내는 키다. 따라서 데이터가 등록될 때 $0 \rightarrow 1 \rightarrow 2 \rightarrow 3 \cdots$ 식으로 번호가 매겨진다. mapping 형은 다른 언어의 연관 배열[2]에 해당한다.

mapping(_KeyType =〉_ValueType) 형식으로 선언한다. 여기서는 keyIndex를 키로 하고 String 형식을 요소로 하는 Obj라는 이름의 변수를 선언했다.

(2) 키에 대한 값 1과 2를 등록하는 함수

setValue(등록하고 싶은 값 1, 등록하고 싶은 값 2)와 같은 형태로 사용한다. 등록이 완료되면 keyIndex를 반환한다.

(3) 키에 대한 값 1을 가져오는 함수

getValue1((2)에서 반환된 keyIndex)와 같은 형식으로 사용하며 등록한 값 1을 가져온다.

(4) 키에 대한 값 2를 가져오는 함수

getValue2((2)에서 반환된 keyIndex)와 같은 형식으로 사용하며 등록한 값 2를 가져온다.

5.2.4 문자열 저장 계약 실행

이더리움에서 문자열을 저장하는 경우 숫자 값을 저장할 때보다 Gas가 많이 소모된다. 이것은 독자적인 화폐나 티켓, 쿠폰 등과 같이 주소와 숫자 값을 관리하는 것만이 아니라 문자열을 저장하기 위해 그만큼 각 이더리움 노드의 메모리와 디스크 영역을 더 소비해야 하기 때문이다.

Browser-Solidity를 이용하면 큰 데이터를 다루는 특수한 경우에 수수료(Gas)를 유연하게 결정할 수 없는 경우도 있기 때문에 이번 예제는 명령줄에서 실행한다. Browser-Solidity는 문법 검사 기능만 이용한다.

---

2 (옮긴이) associative array. 키를 통해 연관된 값을 얻을 수 있는 자료형이다. 사전(Dictionary) 형. 연상 배열이라고도 한다.

명령줄에서 실행할 때 주의할 점은 공백과 줄 바꿈이다. 문법상 공백이 들어가면 안 되는 곳에 공백이 들어가면 컴파일 및 등록이 되지 않는다. 만약 컴파일이나 등록이 제대로 되지 않는다면 Solidity 버전 확인 및 Browser-Solidity를 사용해 문법을 확인해 보는 것이 좋다.

문법 등에 대한 내용은 'Solidity Documentation'의 'Style Guide'[3]를 참고하면 많은 도움이 된다.

다음 예제 코드는 위 코드에서 인코딩 문제가 발생하지 않도록 한글 주석을 삭제한 코드다. 문자 코드를 UTF-8로 지정해 .sol 파일로 저장했다면 한글 주석이 존재하더라도 문제가 발생하지 않는다.

① 임의의 장소에 계약 프로그램을 작성한다.

```solidity
pragma solidity ^0.4.8;

contract KeyValueStore {
    uint256 keyIndex;
    struct values {
        string value1;
        string value2;
    }
    mapping (uint256 => values) Obj;
    function setValue(string _value1, string _value2) constant returns (uint256) {
        Obj[keyIndex].value1 = _value1;
        Obj[keyIndex].value2 = _value2;
        keyIndex++;
        return keyIndex;
    }
    function getValue1(uint _key) constant returns (string) {
        return Obj[_key].value1;
    }
    function getValue2(uint _key) constant returns (string) {
        return Obj[_key].value2;
    }
}
```

---

3   http://solidity.readthedocs.io/en/develop/styleguide.html

② 계약 프로그램 빌드용 Data 부분을 출력한다.

```
wikibooks@ubuntu:~$ solc -o ./ --bin --optimize KeyValueStore.sol
wikibooks@ubuntu:~$ cat KeyValueStore.bin
```

6060604052341561000f57600080fd5b5b6104c98061001f6000396000f300606060405263ffffffff
7c01000000000000000000000000000000000000000000000000000000000000600035041663159c8256811461005357
8063491460cf146100e1578063ec86cfad1461016f575b600080fd5b341561005e57600080fd5b61006960043561
0214565b60405160208082528190810183818151815260200191508051906020019080838360005b838110156100
a6578082015181840152602000161008d565b5050505090509081019060200190190601f1680156100d35780820380516001836-
6020036101000a031916815260200191505b50925050506040518091039060f35b341561009ec57600080fd5b61006960
04356102d3565b60405160208082528190810183818151815260200191508051906020019080838360005b83811015
6100a6578082015181840152b602001161008d565b5050505090509081019060200190190601f1680156100d357808203805160019081
836020036101000a031916815260200191505b50925050506040518091039061f35b341561017a57600080fd5b610202
600460248135818101908301358060020601f820181900048102016040519081016040528181529291906020084018383
808284378201915050505050509190803590602001908201803590602001908080601f016020809104026020016040
519081016040528181529291906020084018383808284375094965061039295505050505050565b604051908152602
00160405180910390f35b61021c6103eb565b600160008381526020019081526020016000206000180546001816-
0011615610100020316600290048060601f016020809104026020016040519081016040528092919081815260200010
18280546000181600116156101000203166002900480156102c65780601f1061029b57610100808354040283529100
6020019161026c565b820191906000526020600020905b815481529060010190602001808311610102a957829003
601f168201915b50505050509050905b919050565b6102db6103eb565b6001600083815260200190815260200160
00206001018054600181600116156101000020316600290048060601f016020809104026020016040519081016040-
528092919081815260200182805460001816001161561010000203166002900480156102c65780601f1061029b57610
10080835404028352916020019161026c565b820191906000526020600020905b815481529060010190602001808311
6102a957829003601f168201915b50505050509050905b9190505b60008054815260010160205260408120838051610
3b2929160200190610103fd565b506000805481526001602081905260409091200182805516103d79291602001906103f
d565b50506000805460010190819055b929150505b602060405190810160405260008152905605b8280546001181
6001116156101000203166002900490460002602060002090601f016020900481019282601f1061043e57805160ff191
6838001178555561046b565b82800160000181855582156104b579182015b8281111561046b57825182559160200191
906001019061045056b5b506104789291506104c565b5090565b61049a91905b8082111561046b578570000815560011-
0161048256b5090565b905600a165627a7a723058208f4fdc492f2b42f9526d9be55fc5b7f660fa52869f9ae591d1
6dff4849ce90290029
```

③ 계약 정보를 가져온다.

```
wikibooks@ubuntu:~$ solc --abi KeyValueStore.sol
======= KeyValueStore.sol:KeyValueStore =======
Contract JSON ABI
```
```

```
[{"constant":true,"inputs":[{"name":"_key","type":"uint256"}],"name":"getValue1","outputs":[{"
name":"","type":"string"}],"payable":false,"stateMutability":"view","type":"function"},{"const
ant":true,"inputs":[{"name":"_key","type":"uint256"}],"name":"getValue2","outputs":[{"name":""
,"type":"string"}],"payable":false,"stateMutability":"view","type":"function"},{"constant":tru
e,"inputs":[{"name":"_value1","type":"string"},{"name":"_value2","type":"string"}],"name":"set
Value","outputs":[{"name":"","type":"uint256"}],"payable":false,"stateMutability":"view","type
":"function"}]
```

④ Geth를 기동한다. 이미 기동 중이라면 해당 Geth 콘솔에서 바로 작업한다.

```
wikibooks@ubuntu:~$ geth --networkid 4649 --nodiscover --maxpeers 0 --datadir /home/wikibooks/
data_testnet console 2>> /home/eth/data_testnet/geth.log
```

⑤ 계약 등록자의 계정 잠금을 해제한다.

```
> personal.unlockAccount(eth.accounts[0], "패스워드", 0)
true
```

⑥ 계약을 블록체인에 등록한다. web3.eth.contract() 안의 모든 문자열은 ③의 결과물이다.

```
keyvaluestoreContract = web3.eth.contract([{"constant":true,"inputs":[{"name":"_key","type":"ui
nt256"}],"name":"getValue1","outputs":[{"name":"","type":"string"}],"payable":false,"stateMuta
bility":"view","type":"function"},{"constant":true,"inputs":[{"name":"_key","type":"uint256"}]
,"name":"getValue2","outputs":[{"name":"","type":"string"}],"payable":false,"stateMutability":
"view","type":"function"},{"constant":true,"inputs":[{"name":"_value1","type":"string"},{"name
":"_value2","type":"string"}],"name":"setValue","outputs":[{"name":"","type":"uint256"}],"paya
ble":false,"stateMutability":"view","type":"function"}])
```

②에서 나온 결과물 전체 값을 대입해 keyvaluestore를 만든다. 이때 ②의 결과물 데이터가 16진수라는
것을 명시하기 위해 앞에 '0x'를 붙인다.

```
> keyvaluestore = keyvaluestoreContract.new({from: eth.accounts[0], data:'0x606
0604052341561000f57600080fd5b5b6104c98061001f6000396000f300606060405263ffffffff
7c01000000000000000000000000000000000000000000000000000000006000350416631659c2568114610053
578063491460cf146100e1578063ec86cfad1461016f575b600080fd5b341561005e57600080fd5b6100696
0043560214565b604051602080825281908101838181518152602001915080519060200190808383600005b8
38110156100a65780820151818401525b60200161008d565b5050505090509081019060601f1680156
```

100d35780820380516001836020036101000a031916815260200191505b509250505060405180910
390f35b34156100ec57600080fd5b6100696004356102d3565b604051602080825281908101183818-
151815260200191508051906020019080838360005b838110156100a657808201518184015260200161008
d565b50505050905090810190601f1680156100d35780820380516001836020036101000a031916815260200
191505b509250505060405180910390f35b341561017a57600080fd5b61020260046024813581810190830130
5806020601f82018190048102016040519081016040528181529291906020840183838082843782019150505
0505050919080359060200190820180359060200190808060601f016020800910402602002001604051908101601405
281815292919060208401838380828437509496506103929550505050505050565b60405190815260200160405
180910390f35b61021c61u3eb565b600160000838152602001908152602001600020600001805460011816001
161561010002031660029004806011f0160208009104026020010604051908101601405280929190818152602002
01828054600181600116156101000020316600290048001561102c65780601f1061029b576101008083540402283
52916020019161102c6565b8201919060005260206000209085b815481529060010190602001808311610a95
7829003601f168201915b5050505050090505b919050565b6102db6103eb565b600160000838152602001190081
52602001600020600010180546000181600116156101000020316600290048001f0160208009104026020016040-
05190810160405280929190818152602002001828054600181600116156101000020316600290048001561102c65780601f1
061029b576101008083540402835291602001916102c6565b82019190600005260206000209085b81548152906000101901
9060200018083116102a957829003601f168201915b5050505050090505b919050565b600000805481526000160205260408
1208380516103b29291602001906103fd565b50600008054815260016002081905260409091200018280516103d7929160
02001906103fd565b5050600008054600101908190555b929150505065b60206004051908101604052600081529005d65b8
28054600018160011615610100002031600290049060005260206000209060011f0160209004801019282601f1061043e5
7805160ff191683800117855561046b565b8280016001018555558215610046b579182015b8281111561046b57825182
559160200191906001101906104505565b5b5061047892915061047c565b5090565b61049a91905b808211156104785-
76000815560010161610482565b5090565b905600a165627a7a723058208f4fdc492f2b42f9526d9be55fc5b7f660fa5
2869f9ae591d16dff4849ce90290029', gas: 3000000})

⑦ 채굴을 개시한다

```
> miner.start(1)
```

⑧ 계약이 블록체인에 등록된 것을 확인한다.

```
> keyvaluestore
{
  abi: [{
      constant: true,
      inputs: [{...}],
      name: "getValue1",
      outputs: [{...}],
```

```
      payable: false,
      stateMutability: "view",
      type: "function"
  }, {
      constant: true,
      inputs: [{...}],
      name: "getValue2",
      outputs: [{...}],
      payable: false,
      stateMutability: "view",
      type: "function"
  }, {
      constant: true,
      inputs: [{...}, {...}],
      name: "setValue",
      outputs: [{...}],
      payable: false,
      stateMutability: "view",
      type: "function"
  }],
  address: "0xdea74606e847ffed1588ad75d1a0293b99f77e8c",
  transactionHash: "0x6c91ddcd258a979918fa0cf5fb5bd9ababa48d50fae1047bee0f6a1534d3b0b9",
  allEvents: function(),
  getValue1: function(),
  getValue2: function(),
  setValue: function()
}
>
```

⑨ 계약에 접근하기 위한 변수를 정의한다.

```
> contractObj = eth.contract(keyvaluestore.abi).at(keyvaluestore.address)
```

⑩ 블록체인의 KeyValueStore 계약에 값 1과 값 2를 등록한다.

```
> contractObj.setValue.sendTransaction("이것은 값 1입니다", "이것은 값 2입니다",
{from:eth.accounts[0]})
"0xec72b9c945b4ed9f00f8ee70db5ce78423a5eed4f0b9e8d7976b479752696482"
```

⑪ ⑩의 트랜잭션이 처리됐는지 확인한다.

```
> eth.getTransaction("0xec72b9c945b4ed9f00f8ee70db5ce78423a5eed4f0b9e8d7976b479752696482")
{
  blockHash: "0x96c9417d3966da7d6b38178305815138318959f100b785cde8132980bf0ac6d4",
  blockNumber: 88809,
  from: "0x37dca7e66c1610e2afdb9517dfdc8bdb13015852",
  gas: 90000,
  gasPrice: 20000000000,
  hash: "0xec72b9c945b4ed9f00f8ee70db5ce78423a5eed4f0b9e8d7976b479752696482",
  input: "0xec86cfad0000000000000000000000000000000000000000000000000000000040000000000
0000000000000000000000000000000000000000000000000000000800000000000000000000000000000000000000
000000000000000000018ec9db4eab283ec9d8020eab0922031ec9e85eb8b88eb8ba4000000000000000000000000
000000000000000000000000000000000000000000000018ec9db4eab283ec9d8020eab0922032ec9e85
eb8b88eb8ba40000000000000000",
  nonce: 182,
  r: "0xaf429c41ea30e2b740f53f9df613d7e6acbac996b04d45c924f92ef8ed58f9e8",
  s: "0x17cbbd38b0fad9aa1ee4c8a7601cc635b8838187fb8daea2c5db8fa00f1f5d87",
  to: "0xdea74606e847ffed1588ad75d1a0293b99f77e8c",
  transactionIndex: 0,
  v: "0x1b",
  value: 0
}
```

⑫ 값 1을 가져온다.

```
> contractObj.getValue1.call(0, {from:eth.accounts[0]})
"이것은 값 1입니다"
```

⑬ 값 2를 가져온다.

```
> contractObj.getValue2.call(0, {from:eth.accounts[0]})
"이것은 값 2입니다"
```

⑭ 다시 계약에 접근할 때 변수를 정의하는 방법은 다음과 같다.

```
> contractObj = eth.contract(③에서 반환된 Contract JSON ABI 정보).at(⑧에서 반환된 address 값)
```

즉, 이 예제에서 나온 값으로 재구성하면 다음과 같은 내용이 된다.

```
> contractObj = eth.contract([{"constant":true,"inputs":[{"name":"_key","type":"uint256"}],"na
me":"getValue1","outputs":[{"name":"","type":"string"}],"payable":false,"stateMutability":"vie
w","type":"function"},{"constant":true,"inputs":[{"name":"_key","type":"uint256"}],"name":"get
Value2","outputs":[{"name":"","type":"string"}],"payable":false,"stateMutability":"view","type
":"function"},{"constant":true,"inputs":[{"name":"_value1","type":"string"},{"name":"_value2",
"type":"string"}],"name":"setValue","outputs":[{"name":"","type":"uint256"}],"payable":false,"
stateMutability":"view","type":"function"}]).at("0xdea74606e847ffed1588ad75d1a0293b99f77e8c")
```

프로그램 실행 설명

번호	설명
①	계약 프로그램을 정의한다.
	Vim이나 Emacs 등의 에디터 프로그램을 이용한다. 단, 한글 주석이 들어간 경우 문자 코드는 UTF-8로 저장해야 한다.
②	계약 프로그램 빌드용 Data 부분을 출력한다.
	$ solc -o [출력할 곳] --bin --optimize [컴파일할 Solidity 소스 파일]
	--bin 옵션은 출력 결과를 16진수로 표시하는 것이고, --optimize는 최적화를 수행하는 옵션이다.
	$ solc --help로 자세한 옵션을 확인할 수 있다.
	'Solidity Documentation'의 'Using the compiler'(http://solidity.readthedocs.io/en/develop/using-the-compiler.html)에서 자세한 설명을 볼 수 있다.
③	계약 정보를 가져온다.
	$ solc --abi [컴파일할 Solidity 소스 파일]
	--abi는 대상 계약의 ABI 정보를 표시해준다. ABI 정보란 대상 프로그램의 인터페이스 사양서와 같은 것이다. 어떤 함수가 있고, 어떤 인수를 받는지 알려준다. 이더리움을 중지시켰다 재기동했을 때도 이 ABI 정보가 있으면 이전에 만든 계약을 사용할 수 있다.
④	Geth를 시작한다.
	2장에서 설명한 것과 같은 방법으로 실행한다.
	$ geth --networkid 4649 --nodiscover --maxpeers 0 --datadir /home/wikibooks/data_testnet console 2>> /home/wikibooks/data_testnet/geth.log

번호	설명
⑤	계약 등록자의 계정 잠금을 해제한다. 사용 방법은 다음과 같다. 〉 personal.unlockAccount("계정 주소") 또는 〉 personal.unlockAccount("계정 주소", "패스워드") 또는 〉 personal.unlockAccount("계정 주소", "패스워드", "잠금 해제 시간(초) – 명시하지 않으면 5분, 0으로 입력하면 잠금 해제 지속")
⑥	계약을 블록체인에 등록한다. 〉 keyvaluestoreContract(임의의 변수) = web3.eth.contract(③에서 가져온 ABI 정보); 〉 keyvaluestore = keyvaluestoreContract.new({실행할 계정, data:'0x[②에서 획득한 데이터]', gas:3000000}) gas:3000000은 '5.3.4 등록 가능한 데이터 양'에서 설명한다.
⑦	채굴을 개시한다.
⑧	계약이 블록체인에 등록됐는지 확인한다. 〉 eth.getTransaction("⑥에서 획득한 트랜잭션 결과 해시 값") 계약을 등록할 때 또는 계약에 데이터를 등록할 때 반드시 트랜잭션 해시 값이 반환된다. 이 트랜잭션 해시 값을 통해 해당 트랜잭션이 실행됐는지(채굴이 됐는지) 확인할 수 있다. 실행 전에는 blockNumber에 값이 들어가 있지 않지만 실행된 후에는 실행된 트랜잭션이 포함된 블록 번호가 표시된다.
⑨	계약에 접근하기 위한 변수를 정의한다.
⑩	블록체인의 KeyValueStore 계약에 값 1과 값 2를 등록한다. $ contractObj.[등록 함수].sendTransaction(등록 함수의 인수, 실행 계정)
⑪	⑩의 트랜잭션이 실행됐는지 확인한다.
⑫	값 1을 참조한다. $ contractObj.[참조 함수].call(참조 함수의 인수, 실행 계정)
⑬	값 2를 참조한다. $ contractObj.[참조 함수].call(참조 함수의 인수, 실행 계정)
⑭	나중에 다시 계약에 접근하기 위한 방법이다.

5-3

계약 생성 관련 팁

5.3.1 개인정보 취급

블록체인에서 응용 프로그램을 만들 때 반드시 짚고 넘어가야 할 부분이 개인정보 취급이다. 당연한 말이지만 공용 블록체인에 개인정보를 기록해두면 해당 블록체인 노드에 참가하고 있는 사용자가 타인의 개인정보를 열람할 수 있는 가능성이 있다.

이 문제의 해결책은 보통 두 가지로 나뉜다. 하나는 개인정보에 별도의 패스워드를 설정해 타인이 볼 수 없도록 설정하는 것이다. 다른 하나는 기존의 시스템과 마찬가지로 블록체인을 사용하지 않고 외부 데이터베이스나 저장 장치를 이용하는 것이다.

첫 번째 방법은 아직 충분한 연구나 개발이 이뤄지지 않았으며 서비스에 적용하기에도 비용과 개발 기간이라는 과제가 남아있기 때문에 실제로 사용하는 경우는 적다. 현재 시점에서 가장 적합한 방법은 두 번째 방법이다. 개인정보 등과 같이 정형화된 데이터는 RDBMS에 저장하고, 트랜잭션 데이터(거래 정보 등)는 블록체인에 저장하는 것이다.

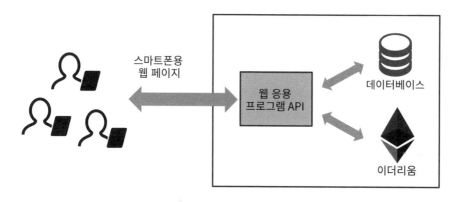

5.3.2 버그 해결

계약을 만들 때 주의해야 할 부분을 생각해보자. 거래 데이터가 변조되지 않도록 블록체인에 저장하는 경우를 예로 생각해보자. 앞의 예제 프로그램과 달리 키를 사용자 ID와 프로젝트 ID로 설정하는 경우 다음 계약은 버그가 발생한다.

거래 결과 로그 저장 계약(TransactionLogNG.sol) – 버그가 있는 계약 코드

```solidity
pragma solidity ^0.4.8;

// (1) 거래 로그 계약 선언
contract TransactionLogNG {
    // (2) 저장소 정의
    mapping (bytes32 => mapping (bytes32 => string)) public tranlog;
    // (3) 거래 내용 등록
    function setTransaction(bytes32 user_id, bytes32 project_id, string tran_data) public {
        // (4) 등록
        tranlog[user_id][project_id] = tran_data;
    }
    // (5) 사용자, 프로젝트별 거래 내용을 가져온다
    function getTransaction(bytes32 user_id, bytes32 project_id) public constant returns (string tran_data) {
        return tranlog[user_id][project_id];
    }
}
```

이 계약을 실제로 실행해보자.

① 임의의 장소에 계약 소스코드를 생성한다.

```
pragma solidity ^0.4.8;

contract TransactionLogNG {
    mapping (bytes32 => mapping (bytes32 => string)) public tranlog;
    function setTransaction(bytes32 user_id, bytes32 project_id, string tran_data) public {
        tranlog[user_id][project_id] = tran_data;
    }
    function getTransaction(bytes32 user_id, bytes32 project_id) public constant returns (string
tran_data) {
        return tranlog[user_id][project_id];
    }
}
```

② 계약 프로그램 빌드용 Data를 출력한다.

```
wikibooks@ubuntu:~$ solc -o ./ --bin --optimize TransactionLogNG.sol
wikibooks@ubuntu:~$ cat TransactionLogNG.bin

6060604052341561000f57600080fd5b6103e28061001e6000396000f300606060405263ffffffff
7c01000000000000000000000000000000000000000000000000000000006000350416631663793e4cb6811461005 2
5780638613eebb146100e2578063a6ba5def146101405760008 0fd5b341561005d57600080fd5b61006b600435
60243561015 9565b604051602080825281908101838181526020019150805190602001908083836 0005b8
38110156100a757808201518382015260200161008f565b505050509050905081019060 1f168
0156100d45780820380516001836020036101000a031916815260200191505b5092505050604051 8091039
0f35b34156100ed57600080fd5b61013e6004803590602480359 06064906044359081019083013580 60
20601f8201819004810201604051908101604052818152929190 602084018383808 284375094965061021
6955050505050505565b005b341561014b57600080fd5b61006b6004 356024356102445 6
5b600060205281600052604060002060205280600052604060 002060009150915050805460018 16
00116156101000203166002900480601f01602080910402602001604051908101 6040528092 9
19081815260200182805460018160011615610100020316600290048 01561020e578060 1f106
101e35761010080835404028352916020019161020e565b8201919060005260206000209 05b8154
8152906001019060200180831161 01f157829003601f168201915b505050505081565b60008381
5260208181526040808320858452900152902081805161023e9291602001906103095 65b505050505056 5b6102
4c610387565b600083815260208181526040808320858452825291829020805490 2600261 010060018416 15
```

0260001901909216919091049160f8301819004810201905190810160405280929190818152602001828054
600181600116156101000203166002900480156102fc5780601f106102d157610100808354040283529160200
01916102fc565b82019190600052602060000020905b81548152906000101906020018083116102df578290036
01f168201915b5050505050905092915050565b82805460018160011615610100020316600290049060005260206000
02090601f0160209004810192826010f1061034a57805160ff191683800117855561037756b82800160010185558
2156103775791820150b828111156103775782518255916020019190600101906010035c565b5061038392910
150610399565b5090565b60206040519081016040526000815290565b6103b391905b80821115610383
5760008155600010161039f565b905600a165627a7a72305820cbe8af022452c51c8ae4ef59c6cf8468a
3220288909b5db7eaa772909d510d860029

③ 계약 정보를 가져온다.

```
wikibooks@ubuntu:~$ solc --abi TransactionLogNG.sol

====== TransactionLogNG.sol:TransactionLogNG ======
Contract JSON ABI
[{"constant":true,"inputs":[{"name":"","type":"bytes32"},{"name":"","type":"bytes32"}],"name":
"tranlog","outputs":[{"name":"","type":"string"}],"payable":false,"stateMutability":"view","ty
pe":"function"},{"constant":false,"inputs":[{"name":"user_id","type":"bytes32"},{"name":"proje
ct_id","type":"bytes32"},{"name":"tran_data","type":"string"}],"name":"setTransaction","output
s":[],"payable":false,"stateMutability":"nonpayable","type":"function"},{"constant":true,"inpu
ts":[{"name":"user_id","type":"bytes32"},{"name":"project_id","type":"bytes32"}],"name":"getTr
ansaction","outputs":[{"name":"tran_data","type":"string"}],"payable":false,"stateMutability":
"view","type":"function"}]
```

④ Geth를 실행한다.

⑤ 계약 등록자 계정 잠금을 해제한다.

⑥ 계약을 블록체인에 등록한다.

```
> tranNgContract = web3.eth.contract([{"constant":true,"inputs":[{"name":"","type":"bytes32"},
{"name":"","type":"bytes32"}],"name":"tranlog","outputs":[{"name":"","type":"string"}],"payabl
e":false,"stateMutability":"view","type":"function"},{"constant":false,"inputs":[{"name":"user
_id","type":"bytes32"},{"name":"project_id","type":"bytes32"},{"name":"tran_data","type":"stri
ng"}],"name":"setTransaction","outputs":[],"payable":false,"stateMutability":"nonpayable","typ
e":"function"},{"constant":true,"inputs":[{"name":"user_id","type":"bytes32"},{"name":"project
_id","type":"bytes32"}],"name":"getTransaction","outputs":[{"name":"tran_data","type":"string"
}],"payable":false,"stateMutability":"view","type":"function"}]);
```

```
> tranNg = tranNgContract.new({from: eth.accounts[0], data:
'0x606060405234156100 0f57600080fd5b6103e28061001e6000396000f300606060405263ffffffff
7c01000000000000000000000000000000000000000000000000000000000600035041663793e4cb68114610052578
0638613eebb146100e2578063a6ba5def1461014057600080fd5b341561005d57600080fd5b61006b60043560243
5610159565b60405160208082528190810183818151815260200191508051906020019080838360005b838110156
100a757808201518382015260200161008f565b505050509050905090810190601f1680156100d45780820380516000
1836020003610100a03191681526020019150 5b5092505050606040518091039of35b34156100ed57600080fd5b
61013e6004803590602480359190606490604435908101908301358060206016f82018190004810201 6
0405190810160405281815292919060208401838380828437509496506102 169550505050505565b005b3415
61014b57600080fd5b61006b6004356024356102445 65b6000602052816000520406000020602052806000052
60406000 2060009150915050805460018160011615610100020316600029004806 01f01602080910402602001
60405190810160405280929190818152602001828054600181600116156101000020316600029 0048 01561020e5
780601f106101e3576101008083540402835291602001916102 0e565b820191 9060005260206000
20905b81548152906001019060200180831161010f1578 29003601f168201915b505050505081565
b6000838152602081815260408083208584529091529020818051610 23e92916020019061030956
5b50505050565b61024c610387565b600083815260208181526040808320858452825291 829020 80
54909260026101 0060018416150260001901909216910491601f8301819004810201905190519081
0160405280929190818152602001828054600181600116156101000020316600029004 80156102fc57806
01f106102d15761010080835404028352916020019161 02fc565b820191906000052602 06000020905b8
15481529060010190602001808311 6102df5 7829003601f1682019 15b50505050509050929150506
5b828054600181600116156101000020316600029004906000 5260206000209060 01f01602090048 101
9282601f1061034a578051 60ff19168380011785556103775 65b82800160010185558 21561037757
9182015b8281111561037757825182 5591 602001919060010190610 35c565b506101038392915 06103
99565b5090565b6020604051908101604052600815290 565b610 3b391905b808 211156103835760
008155600010161039f565b905600a165627a7a723058 20cbe8af022452c51c8ae4ef59c6cf8468a3
220288909b5db7eaa772909d510d860029', gas: 3000000}, function(e, contract){
console.log(e, contract); if (typeof contract.address != 'undefined') {console.log('Contract
mined! address: ' + contract.address + 'transactionHash: ' + contract.transactionHash); }})
```

⑦ 채굴을 시작한다.

```
> miner.start(1)
```

⑧ 계약이 블록체인에 등록됐는지 확인한다.[4]

4　(옮긴이) null [object Object]는 자신이 입력하는 것이 아니다. 계약을 블록체인에 등록하면 콘솔에 해당 내용이 출력되는 것이다.

```
> null [object Object]
Contract mined! address: 0x4266ecb68399bb11b300f2000c05b8895cc544e3transactionHash: 0xcc7f121c
53ea2eb318ce10acf3c7551b6b13bd6da1a73dad116c406670864207

> tranNg
{
  abi: [{
      constant: true,
      inputs: [{...}, {...}],
      name: "tranlog",
      outputs: [{...}],
      payable: false,
      stateMutability: "view",
      type: "function"
  }, {
      constant: false,
      inputs: [{...}, {...}, {...}],
      name: "setTransaction",
      outputs: [],
      payable: false,
      stateMutability: "nonpayable",
      type: "function"
  }, {
      constant: true,
      inputs: [{...}, {...}],
      name: "getTransaction",
      outputs: [{...}],
      payable: false,
      stateMutability: "view",
      type: "function"
  }],
  address: "0x4266ecb68399bb11b300f2000c05b8895cc544e3",
  transactionHash: "0xcc7f121c53ea2eb318ce10acf3c7551b6b13bd6da1a73dad116c406670864207",
  allEvents: function(),
  getTransaction: function(),
  setTransaction: function(),
  tranlog: function()
}
```

⑨ 계약에 접근하기 위한 변수를 정의한다.

```
> contractObj = eth.contract(tranNg.abi).at(tranNg.address)
```

⑩ 블록체인의 TransactionLog 계약에 거래 내용을 등록한다.

```
> contractObj.setTransaction.sendTransaction("USER000001","PROJ00000001","2017년 9월 25일 A가
B에게 10,000원 송금", {from:eth.accounts[0]})
"0x6b3056a02aa687a38606c972a1bc2b64367be110ad3fe60144f18df5b00c43c8"
```

⑪ ⑩의 트랜잭션 실행 여부를 확인한다.

```
> eth.getTransaction("0x6b3056a02aa687a38606c972a1bc2b64367be110ad3fe60144f18df5b00c43c8")
```

⑫ 정상적으로 등록됐는지 확인해본다.

```
> contractObj.getTransaction.call("USER000001","PROJ00000001", {from:eth.accounts[0]})
"2017년 9월 25일 A가 B에게 10,000원 송금"
```

⑬ 등록한 내용을 변경해본다.

```
contractObj.setTransaction.sendTransaction("USER000001","PROJ00000001","2017년 9월 25일 A가
B에게 990원 송금", {from:eth.accounts[0]})
```

⑭ 변경 내용이 반영됐는지 확인해본다.

```
> contractObj.getTransaction.call("USER000001","PROJ00000001", {from:eth.accounts[0]})
"2017년 9월 25일 A가 B에게 990원 송금"
```

⑮ 다시 계약에 접근할 때 변수를 정의하는 방법은 다음과 같다.

```
contractObj = eth.contract([{"constant":true,"inputs":[{"name":"","type":"bytes32"},{"name":""
,"type":"bytes32"}],"name":"tranlog","outputs":[{"name":"","type":"string"}],"payable":false,"
stateMutability":"view","type":"function"},{"constant":false,"inputs":[{"name":"user_id","type
":"bytes32"},{"name":"project_id","type":"bytes32"},{"name":"tran_data","type":"string"}],"nam
e":"setTransaction","outputs":[],"payable":false,"stateMutability":"nonpayable","type":"functi
on"},{"constant":true,"inputs":[{"name":"user_id","type":"bytes32"},{"name":"project_id","type
":"bytes32"}],"name":"getTransaction","outputs":[{"name":"tran_data","type":"string"}],"payabl
```

```
e":false,"stateMutability":"view","type":"function"}]).at("0x4266ecb68399bb11b300f2000c05b8895
cc544e3")
```

한 번 등록되면 데이터 변조가 불가능하다고 알려진 블록체인 기술에서 데이터 변조가 발생한 것을 확인할 수 있다. 스마트 계약은 유연성이 있는 만큼 일반적인 블록체인보다 제약이 약하기 때문에 구현 과정에서 실수를 하게 되면 의도하지 않은 동작이 발생할 수 있다. 그렇다면 이 버그를 어떻게 고칠지 다음예제를 보며 확인해보자.

거래 결과 로그 저장 계약(TransactionLogOK.sol) – 버그를 수정한 계약 코드

```solidity
pragma solidity ^0.4.8;

// (1) 거래 계약 선언
contract TransactionLogOK {
    // (2) 저장소 정의
    mapping (bytes32 => mapping (bytes32 => string)) public tranlog;
    // (3) 거래 내용 등록
    function setTransaction(bytes32 user_id, bytes32 project_id, string tran_data) public {
        // (*) 이미 등록된 경우 예외 처리
        if(bytes(tranlog[user_id][project_id]).length != 0) {
            throw;
        }
        // (4) 등록
        tranlog[user_id][project_id] = tran_data;
    }
    // (5) 사용자, 프로젝트별 거래 내용을 가져온다
    function getTransaction(bytes32 user_id, bytes32 project_id) public constant returns (string
tran_data) {
        return tranlog[user_id][project_id];
    }
}
```

수정된 계약을 실행해보자.

① 임의의 장소에 계약 소스코드를 생성한다.

```solidity
pragma solidity ^0.4.8;

contract TransactionLogOK {
```

```
mapping (bytes32 => mapping (bytes32 => string)) public tranlog;
function setTransaction(bytes32 user_id, bytes32 project_id, string tran_data) public {
    if(bytes(tranlog[user_id][project_id]).length != 0) {
        throw;
    }
    tranlog[user_id][project_id] = tran_data;
}
function getTransaction(bytes32 user_id, bytes32 project_id) public constant returns (string
tran_data) {
    return tranlog[user_id][project_id];
}
}
```

② 계약 프로그램 빌드용 Data를 출력한다.

```
wikibooks@ubuntu:~$ solc -o ./ --bin --optimize TransactionLogOK.sol
wikibooks@ubuntu:~$ cat TransactionLogOK.bin
```

606060405234156100f57600080fd5b5b6104988061001f6000396000f300606060405263ffffffff
7c010000000000000000000000000000000000000000000000000000000000600035041663793e4cb6811461005357
80638613eebb146100e4578063a6ba5def14610142575b600080fd5b341561005e57600080fd5b61006c60043560
24356101d3565b604051602080825281908101838181515181526020019150805190602001908083836000
5b838110156100a957808201518184015260200161009056b50505050905090810190601f1680156100d65780820380
51-6001836020036101000a03191681526020019150
5b509250505060405180910390f35b34156100ef57600080fd
5b610140600480359060248035919060649060443590810190830135806020601f82018190004810201604051908
10160405281815292919060208401838380828437509496506102909550505050505056
5b005b34156101014d57600
0080fd5b61006c60043560243560102f4565b604051602080825281908101838181515181526020019150805190602
0019080838360005b838110156100a957808201518184015260200161009056b50505050905090810190601f1
680156100d65780820380516001836020036101000a03191681526020019150
5b509250505060405180910390f3
5b600060205281600052604060002060205280600052604060002060009150915050805460018160011615610100002
0316600290048060101601602080910402602001604051908101604052809291908181526020018280546001816001161
5610100002031660029004801561028857806001f1061025d576101008083540402835291602001916102885b820
191906000052602060002090
5b81548152906001019060200180831161026b57829003601f168201915b50505050505
081565b600083815260208181526040808320858452909152902054600261010006001831615026000190190911604
156102c557600080fd5b600083815260208181526040808320858452909152902081805161 02ed929160200190610
3ba565b505b505050565b6102fc61043956b600083815260208181526040808320858452825291829020805490926
0-026101006001841615026000190190921691909104916 01f83018190004810201905190810160405280929190818152
60200182805460018160011615610100002031660029004800156103ac5780601f1061038157610100080835404028352
91602001916103ac565b82019190600005260206000020905b815481529060010190602001808311610 38f57829003 60

```
1f168201915b505050505090505b92915050565b82805460018160011615610100020316600290049060005260206
0002090601f016020900481019282601f106103fb57805160ff19168380011785555610428565b8280016001018555
8215610428579182015b82811115610428578251825591602001919060001019061040d565b5b50610435929150610
44b565b5090565b602060405190810160405260008152905090565b61046991905b808211156104355760008155600101
610451565b5090565b905600a165627a7a723058200dfd17adaee928cad56a9cd897465ea69694a4042bf544b5eed
0e4397b597ae80029
```

③ 계약 정보를 가져온다.

```
wikibooks@ubuntu:~$ solc --abi TransactionLogOK.sol

====== TransactionLogOK.sol:TransactionLogOK ======
Contract JSON ABI
[{"constant":true,"inputs":[{"name":"","type":"bytes32"},{"name":"","type":"bytes32"}],"name":
"tranlog","outputs":[{"name":"","type":"string"}],"payable":false,"stateMutability":"view","ty
pe":"function"},{"constant":false,"inputs":[{"name":"user_id","type":"bytes32"},{"name":"proje
ct_id","type":"bytes32"},{"name":"tran_data","type":"string"}],"name":"setTransaction","output
s":[],"payable":false,"stateMutability":"nonpayable","type":"function"},{"constant":true,"inpu
ts":[{"name":"user_id","type":"bytes32"},{"name":"project_id","type":"bytes32"}],"name":"getTr
ansaction","outputs":[{"name":"tran_data","type":"string"}],"payable":false,"stateMutability":
"view","type":"function"}]
```

④ Geth를 시작한다.

⑤ 계약 등록자 계정 잠금을 해제한다.

⑥ 계약을 블록체인에 등록한다.

```
> tranOkContract = web3.eth.contract([{"constant":true,"inputs":[{"name":"","type":"bytes32"},
{"name":"","type":"bytes32"}],"name":"tranlog","outputs":[{"name":"","type":"string"}],"payabl
e":false,"stateMutability":"view","type":"function"},{"constant":false,"inputs":[{"name":"user
_id","type":"bytes32"},{"name":"project_id","type":"bytes32"},{"name":"tran_data","type":"stri
ng"}],"name":"setTransaction","outputs":[],"payable":false,"stateMutability":"nonpayable","typ
e":"function"},{"constant":true,"inputs":[{"name":"user_id","type":"bytes32"},{"name":"project
_id","type":"bytes32"}],"name":"getTransaction","outputs":[{"name":"tran_data","type":"string"
}],"payable":false,"stateMutability":"view","type":"function"}]);
> tranOk = tranOkContract.new({from: eth.accounts[0], data: '0x6060604052
341561000f57600080fd5b5b6104988061001f6000396000f300606060405263ffffffff
7c0100000000000000000000000000000000000000000000000000000000600035041663793e4cb681146100535
```

780638613eebb146100e4578063a6ba5def14610142575b600080fd5b341561005e57600080fd5b61006c60043
56024356101d3565b604051602080825281908101838181518152602001915080519060200190808383600005b8
38110156100a957808201518184015256202001610009056b5b50505050905090810190601f1680156100d65780–
820380516001836020003610100a03191681526020019150b5b509250505060405180910390f35b34156100ef57600
0080fd5b610140600480359060248035919060649060443590810190830135806020601f820181900481020160405
1908101604052818152929190602084018383808284375094965061029095505050505050565b005b341561014d576
00080fd5b61006c60043560243560102f4565b60405160208082528190810183818151815260200191508051906020
0019080838360005b838110156100a9578082015181840152560200161009056b5b50505050905090810190601f1f1
680156100d65780820380516001836020003610100a03191681526020019150b5b509250505060405180910390f3
5b60006020528160005260406000206020520528060005260406000206000915091505080546001816001161561010000
20316600290048060160f016020809104026020016040519081016040528092919081815260200182805460018160001
116156101000020316600290048015610285578060f1061025d576101008083540402835291602001916102885656b5b
2019190600052620600020905b815481529060010190602001808311610260b5782900360101f168201915b505050050
5081565b600083815260208181526040808320858452900915290205460026101006001831615026000190190091116
04156102c557600080fd5b600083815260208181526040808320858452900915290208180516102ed929160200190
6103ba565b505b505050565b6102fc610439565b600083815260208181526040808320858452825291829020805461
509260026101006001841615026000190190921691909104916001f830181900481020190519081016040528091129291
90818152602001828054600181600116156101000020316600290048015610ac5780601f106103 0381576101008083
5404028352916020019161610ac565b82019190600052620600020905b81548152906001019060201808311161610103
8f57829003601f168201915b505050505090505b9291505056b282805460018160001161561010000 20316600290004
90600052620600020906016f016020900481019282601f106103fb57805160ff191683800117855610428565b82
80016001018555821561042857918201536b28111156104285785182556591602001919060010190061040d565b5b5
061043592915061044b565b5090565b602060040519081016040526000815290565b61046991905b808211156104
357600081556001016104455165b5090565b905600a165627a7a72305820dfd17adaee928cad56a9cd897465ea
69694a4042bf544b5eed0e4397b597ae80029', gas: 3000000}, function(e, contract){console.log(e,
contract); if (typeof contract.address != 'undefined') {console.log('Contract mined! address:
' + contract.address + ' transactionHash: ' + contract.transactionHash); }})

⑦ 채굴을 시작한다.

```
> miner.start(1)
```

⑧ 계약이 블록체인이 등록됐는지 확인한다.

```
> null [object Object]
Contract mined! address: 0x24730e0faf80da74ef52c506013e1570a65dd806 transactionHash: 0x37a7847
8eae8ea4f52e9726715d42342b4c47548e601e5f7c86f4358451c68b7
> tranOk
```

```
{
  abi: [{
      constant: true,
      inputs: [{...}, {...}],
      name: "tranlog",
      outputs: [{...}],
      payable: false,
      stateMutability: "view",
      type: "function"
  }, {
      constant: false,
      inputs: [{...}, {...}, {...}],
      name: "setTransaction",
      outputs: [],
      payable: false,
      stateMutability: "nonpayable",
      type: "function"
  }, {
      constant: true,
      inputs: [{...}, {...}],
      name: "getTransaction",
      outputs: [{...}],
      payable: false,
      stateMutability: "view",
      type: "function"
  }],
  address: "0x24730e0faf80da74ef52c506013e1570a65dd806",
  transactionHash: "0x37a78478eae8ea4f52e9726715d42342b4c47548e601e5f7c86f4358451c68b7",
  allEvents: function(),
  getTransaction: function(),
  setTransaction: function(),
  tranlog: function()
}
```

⑨ 계약에 접근하기 위한 변수를 정의한다.

```
> contractObj = eth.contract(tranOk.abi).at(tranOk.address)
```

⑩ 블록체인의 TransactionLog 계약에 거래 내용을 등록한다.

```
> contractObj.setTransaction.sendTransaction("USER000001", "PROJ00000001", "2017년 9월 25일 A가
B에게 10,000원 송금", {from:eth.accounts[0]})
"0x60046d073ffb04b243b53215f432741d0a8f83b1177cebfe58c4ed869fea175a"
```

⑪ ⑩의 트랜잭션 실행 여부를 확인한다.

```
> eth.getTransaction("0x60046d073ffb04b243b53215f432741d0a8f83b1177cebfe58c4ed869fea175a")
```

⑫ 정상적으로 등록됐는지 확인해본다.

```
> contractObj.getTransaction.call("USER000001","PROJ00000001",{from:eth.accounts[0]})
"2017년 9월 25일 A가 B에게 10,000원 송금"
```

⑬ 등록한 내용을 변경해본다.

```
contractObj.setTransaction.sendTransaction("USER000001", "PROJ00000001", "2017년 9월 25일 A가
B에게 990원 송금", {from:eth.accounts[0]})
```

⑭ 변경 내용이 반영됐는지 확인해본다.

```
> contractObj.getTransaction.call("USER000001","PROJ00000001", {from:eth.accounts[0]})
"2017년 9월 25일 A가 B에게 10,000원 송금"
```

⑮ 다시 계약에 접근할 때 변수를 정의하는 방법은 다음과 같다.

```
contractObj = eth.contract([{"constant":true,"inputs":[{"name":"","type":"bytes32"},{"name":""
,"type":"bytes32"}],"name":"tranlog","outputs":[{"name":"","type":"string"}],"payable":false,"
stateMutability":"view","type":"function"},{"constant":false,"inputs":[{"name":"user_id","type
":"bytes32"},{"name":"project_id","type":"bytes32"},{"name":"tran_data","type":"string"}],"nam
e":"setTransaction","outputs":[],"payable":false,"stateMutability":"nonpayable","type":"functi
on"},{"constant":true,"inputs":[{"name":"user_id","type":"bytes32"},{"name":"project_id","type
":"bytes32"}],"name":"getTransaction","outputs":[{"name":"tran_data","type":"string"}],"payabl
e":false,"stateMutability":"view","type":"function"}]).at("0x24730e0faf80da74ef52c506013e1570a
65dd806")
```

이번에는 앞의 예제와는 달리 데이터 변경이 이뤄지지 않은 것을 알 수 있다.

5.3.3 확인 처리

블록체인 프로그램을 개발할 때 자주 발생하는 논쟁은 확인 처리를 웹 응용 프로그램(자바, Node.js 같은 서버 측 프로그램)에서 수행할지, 블록체인에서 수행할지에 대한 것이다.

결론부터 말하자면 개발이 완료된 뒤 확인 처리 내용이 바뀌지 않는다면 블록체인에서 처리하는 것이 좋다. 웹 응용 프로그램에서는 확인 처리 내용의 변경과 상관 없이 모든 확인 처리를 수행하는 것이 좋다.

스마트폰 앱이나 클라이언트 응용 프로그램에서 직접 블록체인에 접근하는 경우, 확인 사양의 변경과 관계 없이 블록체인에서 모든 확인 처리를 수행하도록 구성해야 한다. 한 번 계약을 등록하면 변경하는 것이 쉽지 않기 때문에 이를 충분히 고려해야 한다.

그렇기 때문에 필요에 따라 스마트폰 앱이나 클라이언트 응용 프로그램과 이더리움 간 처리를 위한 API를 만드는 것이 좋다. API는 자바나 파이썬 등으로 간단하게 Web API 서비스를 만들거나 AWS Lambda로 만드는 것을 추천한다.

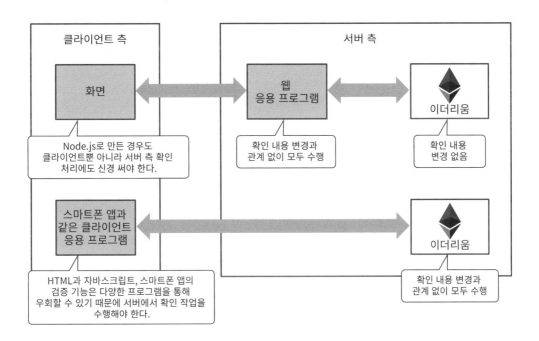

5.3.4 등록 가능한 데이터량

스마트 계약 프로그램을 개발할 때 블록체인에 과연 어느 정도의 데이터를 저장할 수 있는지 궁금할 것이다. 이 부분은 이더리움 버전, 이더리움 네트워크의 상황에 따라 필요한 Gas의 양이 달라지기 때문에 명확한 해답을 내놓기 힘들다. 2.1.4절 'Gas'에서도 잠깐 언급했지만, Gas Limit(Gas 상한)를 초과하지 않는 문자열 등록이라면 일반적인 개발에 필요한 데이터량은 충분히 확보할 수 있다.

약간 큰 데이터를 등록할 때 신경 써야 할 부분은 Gas가 모자라지 않도록 충분한 설정을 해야 하는 것이다. 테스트 환경에서라면 300만 이상의 Gas를 설정한다면 문제 없이 필요한 프로그램을 만들 수 있다. Gas를 설정하더라도 미사용분의 Gas는 반환된다. 많은 개발자가 문자열(String)을 다룰 때 Gas 설정을 잘못해 곤란한 상황에 처한다.

5.3.2절의 예제에서 ⑩의 setTransaction 부분을 보면 마지막에 {from:eth.accounts[0]}으로 사용자 주소만 사용하고 있다. 하지만 {from:eth.accounts[0], gas:3000000}과 같이 Gas 사용량을 지정하는 것도 가능하다.

① 5.3.2절에서 이용한 계약에 약간 큰 데이터를 등록한다.

```
> contractObj.setTransaction.sendTransaction("USER000002", "PROJ00000001", "xxxxxxxxxxxx
xxxxxxxxxxxxxxxxxxxxxxxxxxxxxxxx~(약 1000개 정도의 문자열을 입력해본다)~xxxxxxxxxxxxxxxxx",
{from:eth.accounts[0]})
Error: Intrinsic gas too low
    at web3.js:3119:20
    at web3.js:6023:15
    at web3.js:4995:36
    at web3.js:4055:16
    at <anonymous>:1:1
```

Gas 부족으로 인한 오류가 발생한다.

② Gas를 충분히 할당하면 아래와 같이 정상적으로 처리되는 것을 볼 수 있다.

```
> contractObj.setTransaction.sendTransaction("USER000002", "PROJ00000001", "xxxxxxxxxxxx
xxxxxxxxxxxxxxxxxxxxxxxxxxxxxxxx~(약 1000개 정도의 문자열을 입력해본다)~xxxxxxxxxxxxxxxxx",
{from:eth.accounts[0] , gas:3000000})
"0x9e825061662314735f6baf6a442bfb8a9dba05018c2dd2baeb44778e479a44d7"
```

③ 등록한 데이터를 확인한다.

```
> contractObj.getTransaction.call("USER000002","PROJ00000001",{from:eth.accounts[0]})
```

실제 서비스 환경의 이더리움에서 Gas 상한선은 ethstas(https://ethstats.net/)의 Gas LIMIT 항목에서 확인할 수 있다.

또한 Gas 값이 시시각각 변하고 있는 것을 알 수 있다.

5-4

본인 확인 서비스

5.4.1 개요

다음과 같은 시나리오를 생각해볼 수 있다. 홍길동 씨는 현재 이직 활동을 하고 있다. 기업의 채용 담당자는 홍길동 씨가 어떤 대학을 나와 어떤 회사에 재직했는지 확인하고 싶다. 주민센터 같은 행정 기관이 본인 경력을 스마트 계약으로 관리하고 열람하게끔 할 수 있는 서비스를 만들었다. 이 서비스는 홍길동 씨가 어떤 대학을 나왔고, 어떤 회사에 근무했는지에 대한 경력을 관리할 수 있다. 등장 인물은 계약 관리자, 개인과 그 개인을 증명하는 기관(대학, 기업), 그 개인의 증명을 열람할 사람이다. 홍길동 씨는 기업의 채용 담당자에게 특정 기간 동안 과거의 경력을 열람할 수 있도록 설정했다. 이 시나리오에서 역할을 가진 사람과 기관은 이직을 준비 중인 홍길동 씨와 계약 관리자, 개인을 증명해 줄 기관(대학, 기업), 증명 내용 열람자(채용 담당자)다.

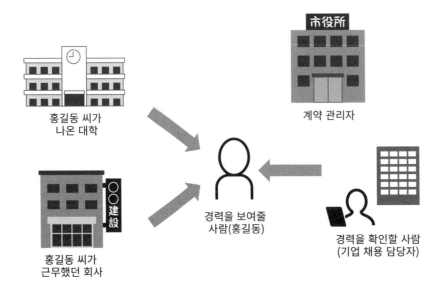

홍길동 씨가
나온 대학

市役所

계약 관리자

○○
建設

홍길동 씨가
근무했던 회사

경력을 보여줄
사람(홍길동)

경력을 확인할 사람
(기업 채용 담당자)

5.4.2 계약 시나리오

다음과 같은 시나리오를 실행한다.

No	시나리오	작업자	작업 내용
1	계약 등록	계약 관리자	· 계약을 등록한다. ※ 생성자의 사용법을 살펴본다.
2	인증 조직의 등록	홍길동 씨가 나온 대학 홍길동 씨가 재직했던 회사	· 인증 조직 정보를 등록한다. · 입학, 취업한 사실을 등록한다. ※ 공개할 항목에 대해 설명한다.
3	본인 정보 등록	경력을 보여줄 사람(홍길동)	· 본인 정보를 등록한다. · 경력을 볼 사람에게 열람권을 준다. ※ 블록 번호를 이용한 접근 제어를 설명한다.
4	본인 확인 정보 열람 (기간 내)	경력을 볼 사람(기업 채용 담당자) 계약 관리자	· 홍길동 씨의 본인 확인 정보를 열람한다.
5	본인 확인 정보 열람 (기간 종료 후)	경력을 볼 사람(기업 채용 담당자) 계약 관리자	· 홍길동 씨의 본인 확인 정보를 열람한다. ※ 기간 종료 후 열람권 제한 여부를 확인한다.

실제로 이런 계약을 만들어 사용한다면 각 속성에 암호화를 이용하거나 역할 또는 기능마다 계약을 분할하는 등 엄격한 확인 처리 내용을 넣어야 한다. 여기서는 계약의 구현 방법만 살펴보기 때문에 확인 처리는 최소한의 범위로만 사용하고 있다.

5.4.3 본인 확인 계약 설명

본인 확인 계약(PersonCertification.sol)

```
pragma solidity ^0.4.8;

// 본인 확인 계약
contract PersonCertification {

    // 계약 관리자 주소
    address admin;
```

```solidity
// (1) 열람 허가 정보
struct AppDetail {
    bool allowReference;
    uint256 approveBlockNo;
    uint256 refLimitBlockNo;
    address applicant;
}

// (2) 본인 확인 정보(홍길동)
struct PersonDetail {
    string name;
    string birth;
    address[] orglist;
}

// (3) 인증 기관 정보(학교, 회사 등)
struct OrganizationDetail {
    string name;
}

// (4) 해당 키의 열람 허가 정보
mapping(address => AppDetail) appDetail;

// (5) 해당 키의 본인 확인 정보
mapping(address => PersonDetail) personDetail;

// (6) 해당 키의 조직 정보
mapping(address => OrganizationDetail) public orgDetail;

// (7) 생성자
function PersonCertification() {
    admin = msg.sender;
}

// ------------------------------------------------------------------
// 데이터 등록 기관(set)
// ------------------------------------------------------------------
// (8) 본인 정보를 등록
function setPerson(string _name, string _birth) {
```

```
        personDetail[msg.sender].name = _name;
        personDetail[msg.sender].birth = _birth;
}


// (9) 조직 정보를 등록
function setOrganization(string _name) {
        orgDetail[msg.sender].name = _name;
}


// (10) 조직이 개인의 소속을 증명
function setBelong(address _person) {
    personDetail[_person].orglist.push(msg.sender);
}


// (11) 본인 확인 정보 참조를 허가
function setApprove(address _applicant, uint256 _span) {
    appDetail[msg.sender].allowReference = true;
    appDetail[msg.sender].approveBlockNo = block.number;
    appDetail[msg.sender].refLimitBlockNo = block.number + _span;
    appDetail[msg.sender].applicant = _applicant;
}


// ------------------------------------------------------------------
// 데이터 취득 함수(get)
// ------------------------------------------------------------------
// (12) 본인 확인 정보를 참조
function getPerson(address _person) public constant returns(
                                bool _allowReference,
                                uint256 _approveBlockNo,
                                uint256 _refLimitBlockNo,
                                address _applicant,
                                string _name,
                                string _birth,
                                address[] _orglist) {
    // (12-1) 열람을 허가할 정보
    _allowReference  = appDetail[_person].allowReference;
    _approveBlockNo  = appDetail[_person].approveBlockNo;
    _refLimitBlockNo = appDetail[_person].refLimitBlockNo;
    _applicant       = appDetail[_person].applicant;
```

```
            // (12-2) 열람을 제한할 정보
            if ((((msg.sender == _applicant)
              && (_allowReference == true)
              && (block.number < _refLimitBlockNo))
             || (msg.sender == admin)
             || (msg.sender == _person)) {
                _name    = personDetail[_person].name;
                _birth   = personDetail[_person].birth;
                _orglist = personDetail[_person].orglist;
            }
        }
    }
```

프로그램 설명

(1) 열람 허가 정보

allowReference	참조 허가 여부(true: 허가, false: 거부)
approveBlockNo	승인했을 때의 블록 번호
refLimitBlockNo	열람 기간을 종료할 블록 번호
applicant	열람을 허용할 주소

※ 여러 명에게는 열람 허가를 할 수 없다.

※ 열람이 허가된 정보는 누구나 볼 수 있다.

(2) 본인 정보

orglist에는 학교나 기업 등 인증 기관의 이더리움 주소가 배열 형태로 저장된다.

name	이름
birth	생년월일
orglist	인증 기관의 주소 목록

(3) 학교나 기업 등 인증 기관의 정보

이 예제에서는 구조를 간략화하기 위해 조직의 이름만 사용한다. 실제 서비스에 사용한다면 기업 코드 등 해당 기업을 식별할 수 있는 ID를 추가하거나 계약 관리자가 인증 기관이라는 것을 알기 쉽게 하기 위한 플래그 등을 갖춰야 한다.

(4) 해당 키의 열람 허가 정보

주소별로 열람을 허용할 정보가 저장된다.

(5) 해당 키의 본인 확인 정보

해당 주소는 본인 확인 정보다.

(6) 해당 키의 조직 정보

mapping(address => OrganizationDetail) public orgDetail; 부분만 (4), (5)와 달리 public이 선언돼 있다. public을 선언한 필드에는 다음과 같은 메서드가 자동으로 생성된다.

```
function orgDetail(address _org) returns (string name) {
    return orgDetail[_org];
}
```

따라서 프로그램에 함수가 없어도 아래와 같이 접근할 수 있다.

```
> contractObj.orgDetail.call(대상 주소, {from:eth.accounts[0]})
```

계약을 구현할 때 민감한 정보(개인정보나 카드 정보)에 public을 선언하면 제한 없이 열람할 수 있기 때문에 주의해야 한다.

(7) 생성자

이 부분은 계약을 등록할 때 호출된다. 계약 관리자가 추후 자유롭게 열람에 대한 조작을 할 수 있도록 admin이라는 변수에 계약 관리자 주소를 할당한다. msg.sender는 계약을 조작하는 사람에 따라 주소가 변경되기 때문에 admin이라는 변수를 할당한 것이다.

(8) 본인 정보를 등록

등록한 이름과 생년월일은 변경할 수 있다.

(9) 조직 정보를 등록

등록한 조직명은 변경할 수 있다.

(10) 조직이 개인의 소속을 증명

등록한 이름은 변경할 수 있다.

(11) 본인 확인 정보 참조를 허가

_applicant	참조를 허가할 대상 주소를 넣는다. 이 예제에서는 기업의 채용 담당자 주소를 입력한다.
_span	승인했을 때의 블록 번호로부터 어느 정도 이후의 블록 번호까지 참조해도 좋을지 지정한다. 일반적인 시스템이라면 초 단위까지 지정해 엄격한 시간 관리를 할 수 있지만 이더리움의 경우 이런 시간 관리가 불가능하다. 따라서 1개의 블록이 생성되는 데 걸리는 시간을 고려해 블록 생성 단위로 시간을 제한해야 한다. 예를 들어, 한 블록이 생성되는 데 30초가 걸리고, 24시간 동안 참조 허용을 하고 싶다면 24 x 60 x 2로 계산해 2880블록 후까지 허용하는 식이다.

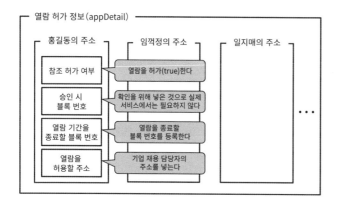

(12) 본인 확인 정보를 참조

(12-1) 열람을 허가할 정보는 누구나 열람할 수 있지만 (12-2) 열람을 제한할 정보는 특정 조건을 만족하는 사람만 열람할 수 있다. 열람을 제한할 정보를 보기 위해서는 다음 조건 중 하나를 만족해야 한다.

- 계약 관리자
- 본인(홍길동 자신)
- 본인에게 열람 허가를 받은 자가 열람 기간 내에 확인

5.4.4 본인 확인 계약을 실행하기 전 준비할 사항

이번 예제에서는 다양한 계정이 사용되므로 필요한 수만큼 계정을 생성해야 한다. 필요한 계정은 모두 5개다. 다음 명령어로 필요한 계정을 추가 생성한다.

```
> personal.newAccount("사용할 패스워드")
```

시나리오대로라면 각 계정은 자사 또는 자신의 서버에서 이더리움을 설치하고 실행해야 하기 때문에 각 계정에서 채굴을 해야 하지만 테스트넷에서 채굴한 Ether를 다른 계정에 송금해도 문제가 없다.

이 예제에서 사용할 계정 정보는 아래와 같다.

No	사용자	주소	비고
1	계약 관리자	"0x0a622c810cbcc72c5809c02d4e950ce55a97813e"	accounts[1]
2	인증 기관(대학)	"0xf898fc6cea2524faba179868b9988ca836e3eb88"	accounts[2]
3	인증 기관(기업)	"0x874e91ecc8b0b7b6b62ddb9d8ed33e8222236ea1"	accounts[3]
4	열람자(채용 담당자)	"0x3d4a2f40db14ee12dc8e976dbbd6649388634e37"	accounts[4]
5	정보 공개자(홍길동)	"0x1a3d3d3fdf2252eaecc88f2bd50e5195ee081c4c"	accounts[5]

5.4.5 본인 인증 계약 실행

이 예제는 2개의 콘솔을 사용해서 진행한다. 이렇게 하면 Geth 사용자를 전환할 때도 이전의 변수를 그대로 사용할 수 있는지 확인할 수 있다. 가령 A가 Geth를 실행하고 계약을 만든 후 트랜잭션을 발행해서 변수를 그 상태로 저장한다. 그 후 B가 Geth를 실행해 그 계약을 조작한다면 A가 저장한 변수를 그대로 사용할 수 있다. 매번 'contractObj = eth.contract(ABI 정보).at(계약 주소)'라고 변수를 재정의하는 절차가 필요 없다. 복잡하게 보이지만 직접 예제를 수행해 보면 금방 이해될 것이다. 또한 적절하게 실행 내용과 실행 결과를 메모장 등에 정리해두는 것이 좋다. 소스의 수정이나 추가 등이 발생하는 경우 언제

성공했고, 어떤 부분에서 오류가 나는지 잘 기입해두면 이후 쓸데없이 소비되는 시간을 줄일 수 있다. 조금 시간이 걸리겠지만 Git이나 SVN을 사용해 적절한 버전 관리를 하는 것도 좋은 방법이다.

시나리오 1. 계약 등록

① 임의의 장소에 계약 소스코드를 생성한다(PersonCertification.sol).

```solidity
pragma solidity ^0.4.8;

contract PersonCertification {
    address admin;
    struct AppDetail {
        bool allowReference;
        uint256 approveBlockNo;
        uint256 refLimitBlockNo;
        address applicant;
    }
    struct PersonDetail {
        string name;
        string birth;
        address[] orglist;
    }
    struct OrganizationDetail {
        string name;
    }
    mapping(address => AppDetail) appDetail;
    mapping(address => PersonDetail) personDetail;
    mapping(address => OrganizationDetail) public orgDetail;
    function PersonCertification() {
        admin = msg.sender;
    }
    function setPerson(string _name, string _birth) {
        personDetail[msg.sender].name = _name;
        personDetail[msg.sender].birth = _birth;
    }
    function setOrganization(string _name) {
        orgDetail[msg.sender].name = _name;
    }
```

```
    function setBelong(address _person) {
        personDetail[_person].orglist.push(msg.sender);
    }
    function setApprove(address _applicant, uint256 _span) {
        appDetail[msg.sender].allowReference = true;
        appDetail[msg.sender].approveBlockNo = block.number;
        appDetail[msg.sender].refLimitBlockNo = block.number + _span;
        appDetail[msg.sender].applicant = _applicant;
    }
    function getPerson(address _person) public constant returns(
                                bool _allowReference,
                                uint256 _approveBlockNo,
                                uint256 _refLimitBlockNo,
                                address _applicant,
                                string _name,
                                string _birth,
                                address[] _orglist) {
        _allowReference  = appDetail[_person].allowReference;
        _approveBlockNo  = appDetail[_person].approveBlockNo;
        _refLimitBlockNo = appDetail[_person].refLimitBlockNo;
        _applicant       = appDetail[_person].applicant;
        if (((msg.sender == _applicant)
          && (_allowReference == true)
          && (block.number < _refLimitBlockNo))
         || (msg.sender == admin)
         || (msg.sender == _person)) {
            _name    = personDetail[_person].name;
            _birth   = personDetail[_person].birth;
            _orglist = personDetail[_person].orglist;
        }
    }
}
```

② 계약 프로그램 빌드용 Data를 출력한다.

```
wikibooks@ubuntu:~$ solc -o ./ --bin --optimize PersonCertification.sol
wikibooks@ubuntu:~$ cat PersonCertification.bin
```

③ 계약 정보를 가져온다.

```
wikibooks@ubuntu:~$ solc --abi PersonCertification.sol
```

콘솔 1

④ Geth를 기동한다(계약 관리자 주소). --etherbase 부분에 사용자 주소를 설정하면 해당 주소로 실행된다. 편의상 앞으로 이 콘솔을 '콘솔 1'이라 명명한다.

```
geth --datadir /home/wikibooks/data_testnet --networkid 15 --mine --minerthreads=1 --ethe
rbase=0x0a622c810cbcc72c5809c02d4e950ce55a97813e --rpc --rpcport 8545 --rpcaddr "0.0.0.0"
--rpccorsdomain "*" --rpcapi "admin,db,eth,debug,miner,net,shh,txpool,personal,web3"
```

콘솔 2

⑤ 다른 터미널에서 Geth에 Attach한다. 편의상 앞으로 이 콘솔을 '콘솔 2'라 명명한다.

```
wikibooks@ubuntu:~$ geth attach rpc:http://localhost:8545 console
```

⑥ 계약 등록자 계정의 잠금을 해제한다.

```
> eth.coinbase
"0x0a622c810cbcc72c5809c02d4e950ce55a97813e"
> personal.unlockAccount(web3.eth.accounts[1])
```

⑦ 계약을 블록체인에 등록한다(③에서 취득한 ABI 정보를 이용한다).

```
> PersonCertificationContract = web3.eth.contract([{"constant":false,"inputs":[{"name":"_name"
,"type":"string"}],"name":"setOrganization","outputs":[],"payable":false,"stateMutability":"no
npayable","type":"function"},{"constant":true,"inputs":[{"name":"_person","type":"address"}],"
name":"getPerson","outputs":[{"name":"_allowReference","type":"bool"},{"name":"_approveBlockNo
","type":"uint256"},{"name":"_refLimitBlockNo","type":"uint256"},{"name":"_applicant","type":"
address"},{"name":"_name","type":"string"},{"name":"_birth","type":"string"},{"name":"_orglist
","type":"address[]"}],"payable":false,"stateMutability":"view","type":"function"},{"constant"
:false,"inputs":[{"name":"_name","type":"string"},{"name":"_birth","type":"string"}],"name":"s
etPerson","outputs":[],"payable":false,"stateMutability":"nonpayable","type":"function"},{"con
stant":false,"inputs":[{"name":"_person","type":"address"}],"name":"setBelong","outputs":[],"p
ayable":false,"stateMutability":"nonpayable","type":"function"},{"constant":false,"inputs":[{"
```

```
name":"_applicant","type":"address"},{"name":"_span","type":"uint256"}],"name":"setApprove","o
utputs":[],"payable":false,"stateMutability":"nonpayable","type":"function"},{"constant":true,
"inputs":[{"name":"","type":"address"}],"name":"orgDetail","outputs":[{"name":"name","type":"s
tring"}],"payable":false,"stateMutability":"view","type":"function"},{"inputs":[],"payable":fa
lse,"stateMutability":"nonpayable","type":"constructor"}]);
personCert = PersonCertificationContract.new({from: eth.accounts[1], data:'0x②에서
취득한 데이터', gas: 3000000}, function(e, contract){console.log(e, contract); if (typeof
contract.address != 'undefined'){console.log('Contract mined! address : ' + contract.address +
' transactionHash: ' + contract.transactionHash); }})
```

⑧ 잠시 기다리며 계약이 블록체인에 등록되는지 확인한다.

```
> null [object Object]
Contract mined! address : 0xb34157dbad0bedbf985f63467cc7e6dcdd608241 transactionHash: 0xcc456e
6238bcc5b02d36f9525566d5021a8847d6ba044e7a43f6344db40daf04
```

⑨ 계약에 접근하기 위한 변수를 정의한다.

```
> contractObj = eth.contract(personCert.abi).at(personCert.address)
```

시나리오 2. 인증 조직 정보 등록

콘솔 1

⑩ 콘솔 1에서 기동 중인 Geth를 종료한다(Ctrl + C). 그리고 홍길동이 이전에 다녔던 대학교의 주소를 넣고 Geth를 다시 실행한다(콘솔 2는 재접속하지 않는다).

```
geth --datadir /home/wikibooks/data_testnet --networkid 15 --mine --minerthreads=1 --ethe
rbase=0xf898fc6cea2524faba179868b9988ca836e3eb88 --rpc --rpcport 8545 --rpcaddr "0.0.0.0"
--rpccorsdomain "*" --rpcapi "admin,db,eth,debug,miner,net,shh,txpool,personal,web3"
```

콘솔 2

⑪ 콘솔 2에서 조직 정보를 등록한다.

```
> eth.coinbase
"0xf898fc6cea2524faba179868b9988ca836e3eb88"
```

```
>personal.unlockAccount(web3.eth.accounts[2])
> contractObj.setOrganization.sendTransaction("홍길동 씨가 졸업한 대학교",
{from:eth.accounts[2]})
"0x51e0cbb9bf67f962d5497d34142add1eadc7fa3a00d8330ccc6d8ddee95d959f"
> contractObj.orgDetail.call("0xf898fc6cea2524faba179868b9988ca836e3eb88",
{from:eth.accounts[2]})
"홍길동 씨가 졸업한 대학교"
```

⑫ 홍길동이 학교를 다녔다는 사실을 등록한다.

```
> contractObj.setBelong.sendTransaction("0x1a3d3d3fdf2252eaecc88f2bd50e5195ee081c4c",
{from:eth.accounts[2]})
"0x6451bd42cd9a03876830dbf51dd0ff394fb6c06df0a10469d27919f9f8433d8c"
```

콘솔 1

⑬ 콘솔 1에서 기동 중인 Geth를 종료한 뒤 홍길동이 이전에 근무한 회사의 주소로 다시 Geth를 실행한다.

```
geth --datadir /home/wikibooks/data_testnet --networkid 15 --mine --minerthreads=1 --ethe
rbase=0x874e91ecc8b0b7b6b62ddb9d8ed33e8222236ea1 --rpc --rpcport 8545 --rpcaddr "0.0.0.0"
--rpccorsdomain "*" --rpcapi "admin,db,eth,debug,miner,net,shh,txpool,personal,web3"
```

콘솔 2

⑭ 콘솔 2에서 조직 정보를 등록한다.

```
> eth.coinbase
"0x874e91ecc8b0b7b6b62ddb9d8ed33e8222236ea1"
> personal.unlockAccount(web3.eth.accounts[3])
Unlock account 0x874e91ecc8b0b7b6b62ddb9d8ed33e8222236ea1
Passphrase:
true
> contractObj.setOrganization.sendTransaction("홍길동 씨가 이전에 근무한 기업", {from:eth.accounts[3]})
"0xbb51fe14c03dff25074d8874a21708a2b51086d60e6ab8c9dfc647bde66c397a"
> contractObj.orgDetail.call("0x874e91ecc8b0b7b6b62ddb9d8ed33e8222236ea1",
{from:eth.accounts[3]})
"홍길동 씨가 이전에 근무한 기업"
```

⑮ 홍길동이 해당 기업에 근무했다는 사실을 등록한다.

```
> contractObj.setBelong.sendTransaction("0x1a3d3d3fdf2252eaecc88f2bd50e5195ee081c4c",
{from:eth.accounts[3]})
"0xa9ebe629fdf4a7fd49bd2c8b791110898e9dc75e60034d46eb60ecfd727892bb"
```

시나리오 3. 본인 정보 등록

콘솔 1

⑯ 콘솔 1에서 기동 중인 Geth를 중지하고, 홍길동의 주소로 다시 기동한다.

```
geth --datadir /home/wikibooks/data_testnet --networkid 15 --mine --minerthreads=1 --ethe
rbase=0x1a3d3d3fdf2252eaecc88f2bd50e5195ee081c4c --rpc --rpcport 8545 --rpcaddr "0.0.0.0"
--rpccorsdomain "*" --rpcapi "admin,db,eth,debug,miner,net,shh,txpool,personal,web3"
```

콘솔 2

⑰ 콘솔 2에서 본인 정보를 등록하고 확인한다.

```
> eth.coinbase
"0x1a3d3d3fdf2252eaecc88f2bd50e5195ee081c4c"
> personal.unlockAccount(web3.eth.accounts[5])
Unlock account 0x1a3d3d3fdf2252eaecc88f2bd50e5195ee081c4c
> contractObj.setPerson.sendTransaction("홍길동","19850101", {from:eth.accounts[5]})
"0xe53ca6367affbf4a20d6d8d7e5521c45187f88c7ec06c2fa60051353718c92aa"
> contractObj.getPerson.call("0x1a3d3d3fdf2252eaecc88f2bd50e5195ee081c4c",{from:eth.accounts[5]})
[false, 0, 0, "0x0000000000000000000000000000000000000000", "홍길동", "19850101", ["0xf898fc6c
ea2524faba179868b9988ca836e3eb88", "0x874e91ecc8b0b7b6b62ddb9d8ed33e8222236ea1"]]
```

⑱ 경력을 볼 사람에게 열람권을 준다(Gas를 많이 소비하기 때문에 gas:3000000으로 설정한다).

```
> contractObj.setApprove.sendTransaction("0x3d4a2f40db14ee12dc8e976dbbd6649388634e37", 200,
{from:eth.accounts[5], gas:3000000})
"0xd5e3bd6fff2bf4c8852516b30f946fd0a28ed2a38b5e69ab79cd56de93f15829"
> contractObj.getPerson.call("0x1a3d3d3fdf2252eaecc88f2bd50e5195ee081c4c", {from:eth.accounts[5]})
[true, 110491, 110691, "0x3d4a2f40db14ee12dc8e976dbbd6649388634e37", "홍길동", "19850101",
["0xf898fc6cea2524faba179868b9988ca836e3eb88", "0x874e91ecc8b0b7b6b62ddb9d8ed33e8222236ea1"]]
```

시나리오 4. 본인 확인 정보 열람

콘솔 1

⑲ 콘솔 1에서 기동 중인 Geth를 중지하고 기업 채용 담당자의 주소로 다시 기동한다.

```
geth --datadir /home/wikibooks/data_testnet --networkid 15 --mine --minerthreads=1 --ethe
rbase=0x3d4a2f40db14ee12dc8e976dbbd6649388634e37 --rpc --rpcport 8545 --rpcaddr "0.0.0.0"
--rpccorsdomain "*" --rpcapi "admin,db,eth,debug,miner,net,shh,txpool,personal,web3"
```

콘솔 2

⑳ 콘솔 2에서 본인 확인 정보를 열람한다.

```
> eth.coinbase
"0x3d4a2f40db14ee12dc8e976dbbd6649388634e37"
> eth.blockNumber
110502
> contractObj.getPerson.call("0x1a3d3d3fdf2252eaecc88f2bd50e5195ee081c4c", {from:eth.accounts[4]})
[true, 110491, 110691, "0x3d4a2f40db14ee12dc8e976dbbd6649388634e37", "홍길동", "19850101",
["0xf898fc6cea2524faba179868b9988ca836e3eb88", "0x874e91ecc8b0b7b6b62ddb9d8ed33e8222236ea1"]]
```

콘솔 1

㉑ 콘솔 1에서 기동 중인 Geth를 중지하고 계약 관리자 주소로 다시 기동한다.

```
geth --datadir /home/wikibooks/data_testnet --networkid 15 --mine --minerthreads=1 --ethe
rbase=0x0a622c810cbcc72c5809c02d4e950ce55a97813e --rpc --rpcport 8545 --rpcaddr "0.0.0.0"
--rpccorsdomain "*" --rpcapi "admin,db,eth,debug,miner,net,shh,txpool,personal,web3"
```

콘솔 2

㉒ 콘솔 2에서 본인 확인 정보를 열람한다.

```
> eth.coinbase
"0x0a622c810cbcc72c5809c02d4e950ce55a97813e"
> contractObj.getPerson.call("0x1a3d3d3fdf2252eaecc88f2bd50e5195ee081c4c", {from:eth.accounts[1]})
[true, 110491, 110691, "0x3d4a2f40db14ee12dc8e976dbbd6649388634e37", "홍길동", "19850101",
["0xf898fc6cea2524faba179868b9988ca836e3eb88", "0x874e91ecc8b0b7b6b62ddb9d8ed33e8222236ea1"]]
```

시나리오 5. 본인 확인 정보 열람(기간 경과)

㉓ ⑲와 마찬가지로 기업 채용 담당자의 주소로 Geth를 실행한다.

㉔ ⑳과 동일한 절차로 내용을 확인한다.

```
> eth.coinbase
"0x3d4a2f40db14ee12dc8e976dbbd6649388634e37"
> eth.blockNumber
110839
> contractObj.getPerson.call("0x1a3d3d3fdf2252eaecc88f2bd50e5195ee081c4c", {from:eth.accounts[4]})
[true, 110491, 110691, "0x3d4a2f40db14ee12dc8e976dbbd6649388634e37", "", "", []]
```

열람 기간이 종료됐기 때문에 이름과 생년월일을 볼 수 없다.

㉕ ㉑과 마찬가지로 계약 관리자 주소로 다시 Geth를 실행한다.

㉖ ㉒와 동일한 절차로 내용을 확인한다.

```
> eth.coinbase
"0x0a622c810cbcc72c5809c02d4e950ce55a97813e"
> contractObj.getPerson.call("0x1a3d3d3fdf2252eaecc88f2bd50e5195ee081c4c", {from:eth.accounts[1]})
[true, 110491, 110691, "0x3d4a2f40db14ee12dc8e976dbbd6649388634e37", "홍길동", "19850101",
["0xf898fc6cea2524faba179868b9988ca836e3eb88", "0x874e91ecc8b0b7b6b62ddb9d8ed33e8222236ea1"]]
```

관리자는 열람 기간과 관계 없이 열람할 수 있으므로 내용이 표시된다.

정리

이번 장에서는 '존재 증명'을 소재로 해 계약을 만들었다.

티켓이나 쿠폰과 같이 대상의 숫자 값뿐만 아니라 문자열 등 다양한 형식의 데이터를 관리할 수 있기에 어느 정도 제약은 있지만 블록체인을 사용하지 않은 일반 응용 프로그램과 거의 동일한 프로그램을 제작할 수 있다.

외부 서비스나 외부 업자와 공유하는 존재 증명 정보를 블록체인에 저장하면 특정 기관이나 사람에게 의존하지 않고 신속하게 서비스를 만들 수 있다는 것도 생각해볼 수 있다.

지금 바로 기존 시스템을 대체할 수는 없겠지만 주변 시스템 중 블록체인으로 바꿀 수 있는 부분을 하나씩 변경할 수 있을 것이라 생각한다.

4장의 '가상 화폐'와 조합해서 생각해 본다면 다양한 서비스를 만들어 낼 수도 있을 것이다.

6장

난수 생성 계약

난수 생성 계약의 필요성

기초편에서 블록체인 및 스마트 계약의 특징과 유용한 점에 대해 알아봤다. 실제로 블록체인 기술을 이용해 서비스를 만든다면 이런 특징을 잘 살릴 수 있는 서비스를 선택해야 한다. 이번 장에서는 지금까지 해온 가상 화폐나 존재 증명 외에 좀 더 엔터테인먼트 특성이 높은 분야에서 응용하는 방법을 생각해본다. 스마트 계약 구조의 투명성과 정보에 대한 무결성을 살리기 위해 게임 분야에 적용하는 것을 생각해 볼 수 있다. 몇 년 전부터 유행처럼 퍼지고 있는 각종 소셜 게임의 '갬블' 시스템은 확률 문제도 있기 때문에 투명성과 공정성이 필요하다. 공정성 확보에 있어서 중요한 것이 게임 안에서 사용되는 '난수'의 존재다.

6.1.1 난수가 사용되는 부분

랜덤 박스[1] 시스템을 예로 생각해볼 수 있다. 더 단순하게 생각하면 주사위를 생각하면 된다. 주사위의 결과가 '1'이라면 10,000포인트, 그 밖에는 100포인트를 받는 시스템을 생각해보자. 이 경우 주사위는 6면이기 때문에 10,000포인트를 받을 수 있는 확률은 1/6로 약 16.7%가 된다.

---

1 (옮긴이) 가차라고도 하며, 무작위로 게임 내 아이템 또는 캐릭터를 뽑을 수 있는 시스템

주사위 게임

1이 나온 경우 → 10,000포인트 획득
2가 나온 경우 → 100포인트 획득
3이 나온 경우 → 100포인트 획득
4가 나온 경우 → 100포인트 획득
5가 나온 경우 → 100포인트 획득
6이 나온 경우 → 100포인트 획득

아이템 랜덤 박스

1~10,000범위의 난수를 생성한다

1~100	(1%)	플래티넘 카드
101~1,000	(9%)	골드 카드
1001~2,500	(15%)	실버 카드
2501~10,000	(75%)	브론즈 카드

그림 6-1 난수의 사용법

게임 안에서 '최고의 아이템이 1%의 확률로 출현한다'라는 것을 구현하고 싶다면 1~10,000 사이의 난수를 발생시켜 생성된 숫자가 1~100 사이인 경우 해당 아이템을 획득할 수 있게끔 한다. 선택지가 몇 개가 있더라도 확률 크기를 얼마만큼으로 나누느냐, 생성할 난수(정수 값)의 범위가 얼마나 크냐에 따라 충분히 구현할 수 있다.

6.1.2 서비스에서의 난수 생성 과제

'희귀 아이템을 지금부터 1%의 확률로 획득'이라는 이벤트를 한다면 정말 1%인지 의심해 볼 수 있다. 그리고 이와 같이 난수를 발생시켜 추첨하는 것이 정말 공정한지에 대해서도 의문점이 들 수 있다. 무료 게임이라면 문제가 크지 않을 수 있지만 유료 게임이라면 이 확률에 대한 문제는 심각하게 생각해 볼 수 있는 문제다[2]. 문제로 제기할 수 있는 부분은 아래와 같다.

- 난수로 생성된 정수 값은 균등하게 분포하고 있는가
- 각 아이템의 정수 범위는 발표된 확률대로 설정돼 있는가
- 게임 운영자나 게임 개발자가 난수를 임의로 조작할 수 있는 것은 아닌가

---

2 (옮긴이) 실제로 이러한 랜덤 박스형 게임의 확률 이슈는 한국과 일본에서 계속 제기되는 문제이기도 하다. 2016년 일본의 유명 랜덤 박스형 게임의 확률 문제로 과징금 제도가 도입되기도 했다.

클라이언트–서버 방식에서 이런 추첨 방식을 사용한다면 실제로 추첨 로직을 사용자가 확인할 수 없으며, 난수 자체의 공정성, 추첨 방식의 공정성을 담보할 수 없다. 또한 운영자가 확률을 조작할 수 있는 가능성(운영 시 확률 조작을 하지 않았다는 사실을 운영자가 입증하기는 어렵다)도 있다. 인기 게임이 되면 많은 사용자가 다수의 시도를 통해 추첨 결과를 통계화해 확률이 정확한지를 검증해볼 수 있지만 비용이 많이 발생하기도 하며 통계적인 사실만 검증하는 것이기 때문에 공정성에 대한 검증은 불가능하다.

6.1.3 기존 방법을 사용한 공정성 담보

프로그램에서 난수를 생성하는 방법은 다양하지만 'seed'라고 하는 숫자 값을 사용하는 '난수 생성기'를 통해 난수를 생성하는 방법을 많이 사용한다. 이 난수 생성기를 통해 계속 새로운 난수가 생성된다. 이때 같은 seed 값으로 초기화된 난수 생성기는 매번 같은 난수열을 동일한 순서로 생성한다. 그렇기 때문에 seed 값을 미리 알고 있다면 앞으로 어떤 난수가 발생할지 완벽하게 예측할 수 있게 된다. seed 값이 결정되는 시점에 앞으로 생성될 난수열도 결정되기 때문에 이렇게 일반적인 프로그래밍 언어에 준비된 난수 생성기를 '의사 난수 생성기(PRNG: Pseudo-Random Number Generator)', 생성된 난수를 '의사 난수(Pseudo-Random Number)'라고 한다.

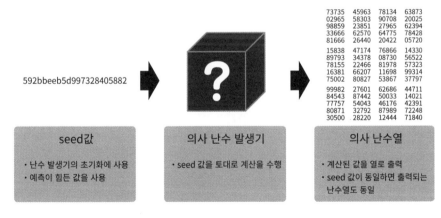

그림 6-2 기존 난수 발생기의 구조

이러한 구조의 난수 발생기를 사용해 추첨 이벤트를 진행하는 경우 공정성의 증명과 담보를 위해서는 다음 조건이 필요하다.

- seed 값이 사전에 사용자에게 알려지지 않아야 한다
- 난수 생성에 운영자의 개입이 없다는 것을 증명할 수 있어야 한다

여기서 운영자가 개입할 수 있는 부분은 세 가지가 있다. 'seed 값'을 조작하거나 '난수 생성기' 로직을 변조하거나 생성된 의사 난수 자체를 변경하는(또는 난수 생성기 자체를 사용하지 않고 임의로 값을 결정해서 넣는) 것이다. 이런 행위를 하지 않았다는 것을 증명하지 않는 한 추첨 결과를 운영자 측에 유리하게 유도하는 것도 가능할 것이다.

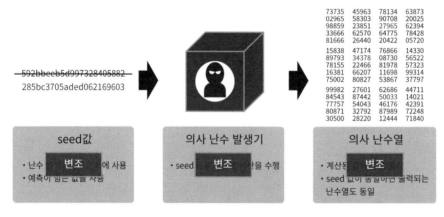

그림 6-3 변조하는 경우

아이템 추첨이 이뤄진 후 '이 seed 값과 난수 생성기(로직)을 사용했습니다'라고 공개해 사용자가 검증을 해보게끔 할 수 있다. 하지만 공개된 seed 값과 난수 생성기가 실제로 사용됐는지 역시 증명해야 한다. 이때 우선 난수 생성기(로직)와 추첨표를 미리 공개해두는 것을 생각해 볼 수 있다. 그리고 seed 값 자체는 공개하지 않고 seed의 '해시 값'을 공개한다. seed의 해시 값에서 원래의 seed 값을 찾기는 매우 어렵기 때문에 사전에 난수열을 예측하는 것도 사용자에게는 불가능하다. 이 해시 함수 자체도 공개한다.

추첨 후 원래의 seed 값을 공개한다. 사용자는 난수열을 재현해 볼 수 있으며, 실제 진행된 추첨 결과와 비교해 볼 수 있다. seed의 해시 값을 구해 사전에 공개된 seed의 해시 값과 비교해 seed 값도 변조되지 않은 것을 증명할 수 있다.

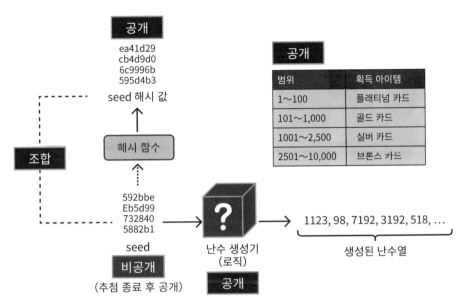

그림 6-4 공정성 담보 구조

이런 구조를 통해 추첨에 대한 공정성(seed 값, 난수 생성기, 생성된 난수열의 변조 여부)을 담보할 수 있다. 그렇다면 스마트 계약을 활용해 이 같은 공정성을 담보할 수 있을지 생각해보자.

6.1.4 난수 생성을 할 때 블록체인의 유용성

앞 절의 예에서는 미리 '난수 생성기', '추첨표'를 공개해야 했고 이벤트 후에 'seed 값'을 공개해 난수 생성의 투명성을 담보했다. 그중 '난수 생성기' 부분과 '추첨표' 부분을 스마트 계약 안에 구현해 '사전 공개' 하는 계약을 만들어본다. 'seed 값'을 공개하는 방법은 앞의 예제와 같이 진행하는 경우 사용자가 비교를 위해 해시 값을 어딘가에 저장해야 하는 번거로움이 발생하니 다른 방법을 고려한다. 여기서 구현하고자 하는 것은 'seed 값을 미리 공개하는 것이 아니라, 그 seed 값이 추첨에 사용된 것을 증명할 수 있다'라는 것이다.

6-2

난수 생성 계약 작성

6.2.1 구조에 대한 고려

먼저 기존 프로그래밍 언어에서 사용하는 난수 생성 코드를 살펴보자. 주사위를 만든다고 가정하고 1~6 의 정수를 무작위로 생성하는 경우 자바에서는 다음과 같이 구현할 수 있다.

```java
import java.util.Random;

public class MyRandom{
    public static void main(String[] args){
        // 현재 시각을 밀리초로 표현한 값을 획득
        long seed = System.currentTimeMillis();

        // 난수 생성기 초기화
        Random random = new Random(seed);

        // nextInt(n)이 0~n의 정수를 반환하기 때문에 +1을 해서 1~6의 정수로 변경
        int num = random.nextInt(6) + 1;

        System.out.println(num);
    }
}
```

'난수 생성기'에서 사용하는 방법은 몇 가지 일반적인 방법(선형 합동법, 메르센 트위스터)이 있지만 이 책에서는 설명을 쉽게 하기 위해 'seed 값을 정수로 나눈 나머지'를 생성될 난수로 만드는 방법을 사용한다. 동일한 seed 값에서 일련의 난수열을 생성하는 것이 아니라 seed 값에서 하나의 난수 값을 계산하는 방법을 사용한다. 위의 코드에서 seed 값을 현재 시각으로 한 것은 난수 생성 처리가 실행되는 시각을 미리 예측, 조작하는 것이 곤란하다는 것을 전제로 한다. 실제로 대부분의 난수 생성 기법에서는 seed 값으로 현재의 서버 시간을 사용하는 경우가 많다.

이와 동일한 내용을 스마트 계약으로 구현하기 위한 방법을 생각해보자. Solidity에는 자바와 같은 편리한 Random 클래스나 함수가 없기 때문에 seed 값을 사용한 난수 계산 부분은 자신이 직접 만들어야 한다. 그리고 Solidity에는 현재 시각을 반환하는 함수도 존재하지 않기 때문에 이를 대체할 방법을 생각해야 한다.

스마트 계약 세계에서 시간을 대신해서 쓸 수 있는 것을 찾아보자. Solidity 공식 문서에서 찾을 수 있는 것 중 "now"라는 전역 변수가 있다. now의 정의를 보면 다음과 같다.

```
now (uint): current block timestamp (alias for block.timestamp)
```

"now"는 block.timestamp의 별칭이라는 것을 알 수 있다. 즉, 가장 마지막 블록이 생성된 시간을 표시하는 것이다. block.timestamp는 1485490066과 같은 정수 값으로 표시되므로 이를 단순히 6으로 나눠서 남은 값을 반환하는 스마트 계약을 만드는 것으로 한다.

6.2.2 구현

다음 코드를 Browser-Solidity에서 컴파일해본다.

```
pragma solidity ^0.4.8;
contract RandomNumber {
    function get(uint max) constant returns (uint, uint) {
        // (1) 가장 마지막 블록이 생성된 시각을 정수 값으로 반환
        uint block_timestamp = block.timestamp;

        // (2) 그 값을 max로 나눈 나머지를 계산
        // max = 6인 경우 나머지는 0~5의 정수이므로 +1를 해 1~6의 정수로 만든다
        uint mod = block_timestamp % max + 1;
```

```
        return (block_timestamp, mod);
    }
}
```

4장에서 진행했을 때와 같이 Geth를 백그라운드에서 동작시키고 계정 잠금 해제도 함께 수행한다.

```
nohup geth --networkid 4649 --nodiscover --maxpeers 0 --datadir /home/wikibooks/data_testnet
--mine --minerthreads 1 --rpc --rpcaddr "0.0.0.0" --rpcport 8545 --rpccorsdomain "*" --rpcapi
"admin,db,eth,debug,miner,net,shh,txpool,personal,web3" --unlock 0,1 --password /home/
wikibooks/data_testnet/passwd --verbosity 6 2>> /home/wikibooks/data_testnet/geth.log &
```

왼쪽의 에디터 영역에 코드를 입력한 뒤 Create 버튼을 누른다. 이 샘플 계약의 실행 환경은 자바스크립트 VM이나 Web3 Provider 어느 쪽을 선택해도 문제 없다.

그림 6-5 예제 코드 컴파일 및 배포

예제 코드가 배포됐으면 get() 함수가 실행 가능한 상태가 된다. get 버튼 오른쪽의 입력 상자에 인수 '6'을 입력하고 실행해보자.

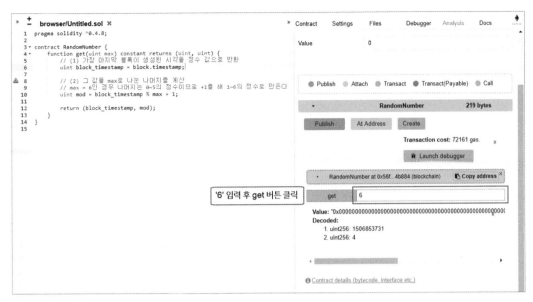

그림 6-6 get() 실행

아래와 같은 결과를 얻을 수 있다. 물론 책이 쓰인 시점과 여러분이 예제를 실행하는 시점이 다르기 때문에 많은 차이가 날 것이다. 이 예제에서의 타임스탬프는 1506853731이며, 이를 6으로 나눈 나머지(3)에 +1을 하게 되므로 4가 나온다.

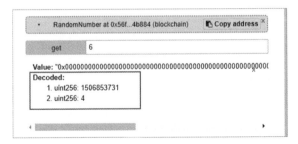

그림 6-7 실행 결과

```
Decoded:
    1. uint256: 1506853731
    2. uint256: 4
```

몇 번 더 get 버튼을 눌러보자.

```
Value: "0x0000000000000000000000000000000000000000000000000000
Decoded:
    1. uint256: 1506854080
    2. uint256: 5


Value: "0x0000000000000000000000000000000000000000000000000000
Decoded:
    1. uint256: 1506854080
    2. uint256: 5


Value: "0x0000000000000000000000000000000000000000000000000000
Decoded:
    1. uint256: 1506854080
    2. uint256: 5


Value: "0x0000000000000000000000000000000000000000000000000000
Decoded:
    1. uint256: 1506854080
    2. uint256: 5


Value: "0x0000000000000000000000000000000000000000000000000000
Decoded:
    1. uint256: 1506854080
    2. uint256: 5


Value: "0x0000000000000000000000000000000000000000000000000000
Decoded:
    1. uint256: 1506854080
    2. uint256: 5
```

그림 6-8 여러 번 실행한 결과

동일한 값이 연속으로 반환되는 것을 확인할 수 있다. 위의 예에서는

```
Decoded:
    1. uint256: 1506854080
    2. uint256: 5
```

라는 값이 여러 번 반복된 것을 알 수 있다. 해당 타임스탬프는 '직전에 블록이 생성된 시각'을 나타내기 때문에 다음 블록이 만들어질 때까지는 값이 변하지 않는다. Web3 Provider 실행 환경에서 실행했다면 Geth에서 miner.stop() 명령으로 채굴을 중지한 뒤 확인해 보면 타임스탬프 값이 변하지 않기 때문에 생성되는 난수 값도 계속 동일한 값이 되는 것을 확인할 수 있다.

6.2.3 고찰

이처럼 block.timestamp가 변하지 않는, 즉 블록체인 네트워크에 새로운 블록이 만들어지기 전까지의 시간에는 반환된 난수 값도 계속 같은 값이 된다. 그리고 같은 블록체인 네트워크에 연결된 사용자라면 누구나 최근 block.timestamp에 접근할 수 있기 때문에 거기서부터 계산이 시작되는 난수 값도 미리 알 수 있게 된다.

[과제]

- block.timestamp를 사전에 알 수 있기 때문에 난수 값을 예측할 수 있다.

- block.timestamp가 변하기 전 까지는 계속 동일한 난수 값이 반환된다.

다음 절에서 이 문제에 대한 대책을 생각해본다.

6-3

예측 곤란성 확보하기

6.3.1 구조에 대한 고려

6.2절의 과제:

- block.timestamp를 사전에 알 수 있기 때문에 난수 값을 예측할 수 있다.

- block.timestamp가 변하기 전 까지는 계속 동일한 난수 값이 반환된다.

첫 번째 과제를 해결하기 위해서는 예측 불가능한 값을 seed 값으로 사용해야 한다. 그렇다면 '다음(또는 아직 채굴되지 않은) 블록의 타임스탬프를 사용한다'라고 가정해보자. 하지만 미래의 타임스탬프는 현 시점에서 알 수 없다. 여기서 난수 생성 '예약'이라는 구현 방법을 도입하는 것을 생각해보자.

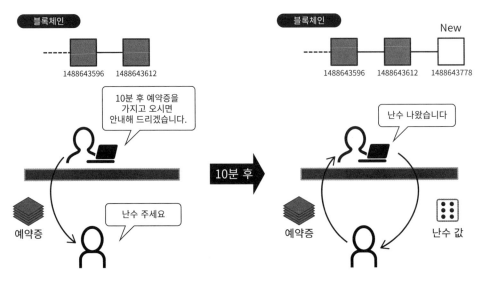

그림 6-9 난수 생성 예약

예약권에는 '난수 생성을 예약할 때의 마지막 블록 번호'를 기입해 둔다. 이를 이용해 몇 분 후(다음 블록이 생성되는 시간) 다시 질의하면 방금 전 블록 번호의 '다음' 블록의 타임스탬프를 참조해 그 값에서 난수 값을 계산하는 방법을 구현해본다.

여기서 문제가 되는 부분이 한 가지 있다. '지정한 블록의 타임스탬프를 참조'하기 위한 전역 변수 또는 함수는 Solidity에 준비돼 있지 않다. 대신 타임스탬프와 같이 블록마다 값을 다르게 하기 위해 블록 해시 값을 사용하는 것으로 한다. 블록 해시 값은 block.blockhash() 글로벌 함수를 사용해 가져올 수 있다.

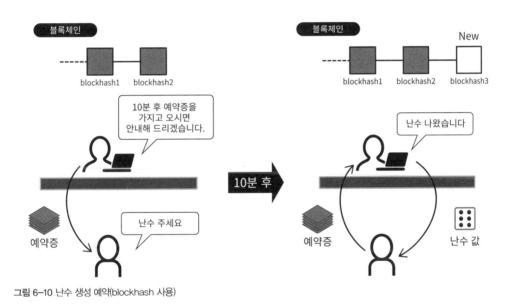

그림 6-10 난수 생성 예약(blockhash 사용)

block.blockhash() 함수의 사용법은 Solidity 문서에 다음과 같이 기재돼 있다.

```
block.blockhash(uint blockNumber) returns (bytes32): hash of the given block - only works for
256 most recent blocks excluding current
```

인수에 블록 번호를 지정해서 해당 블록의 블록 해시 값을 얻을 수 있다. 블록 해시 값은 블록별로 다르며 타임스탬프보다 사전 예측이 곤란한 값으로 처리할 수 있다.

아래의 간단한 예제 코드를 통해 블록의 해시 값을 가져와보자.

```
pragma solidity ^0.4.8;
contract BlockHashTest {
     function getBlockHash(uint _blockNumber) constant returns (bytes32 blockhash, uint
blockhashToNumber){
        bytes32 _blockhash = block.blockhash(_blockNumber);
        uint _blockhashToNumber = uint(_blockhash);
        return (_blockhash, _blockhashToNumber);
    }
}
```

우선 Geth 콘솔에서 현재 블록 정보를 확인해본다.

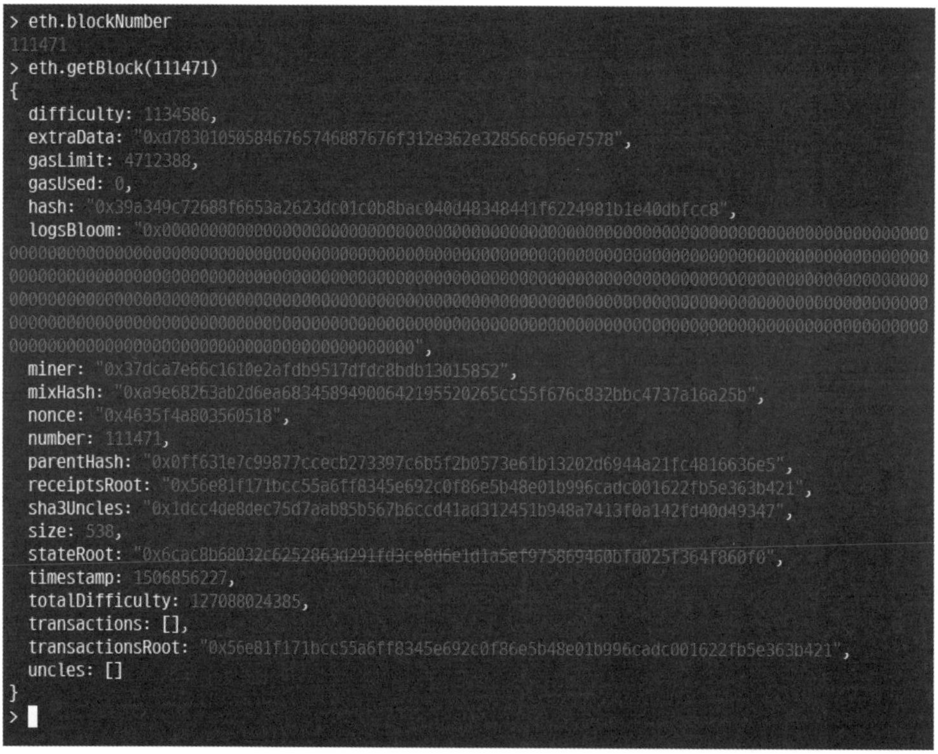
> eth.blockNumber
111471
> eth.getBlock(111471)
{
difficulty: 1134586,
extraData: "0xd783010505846765746887676f312e362e32856c696e7578",
gasLimit: 4712388,
gasUsed: 0,
hash: "0x39a349c72688f6653a2623dc01c0b8bac040d48348441f6224981b1e40dbfcc8",
logsBloom: "0x000000000000000000000000000000000000000000000000000000000000000000000000000000000
000000000000000000000000000000000000000000000000000000000000000000000000000000000000000000000000000
000000000000000000000000000000000000000000000000000000000000000000000000000000000000000000000000000
000000000000000000000000000000000000000000000000000000000000000000000000000000000000000000000000000
000000000000000000000000000000000000000000000000000000000000000000000000000000000000000000000000000
00000000000000000000000000000000000000000000",
miner: "0x37dca7e66c1610e2afdb9517dfdc8bdb13015852",
mixHash: "0xa9e68263ab2d6ea68345894900642195520265cc55f676c832bbc4737a16a25b",
nonce: "0x4635f4a803560518",
number: 111471,
parentHash: "0x0ff631e7c99877ccecb273397c6b5f2b0573e61b13202d6944a21fc4816636e5",
receiptsRoot: "0x56e81f171bcc55a6ff8345e692c0f86e5b48e01b996cadc001622fb5e363b421",
sha3Uncles: "0x1dcc4de8dec75d7aab85b567b6ccd41ad312451b948a7413f0a142fd40d49347",
size: 538,
stateRoot: "0x6cac8b68032c6252863d291fd3ce8d6e1d1a5ef975869460bfd025f364f860f0",
timestamp: 1506856227,
totalDifficulty: 127088024385,
transactions: [],
transactionsRoot: "0x56e81f171bcc55a6ff8345e692c0f86e5b48e01b996cadc001622fb5e363b421",
uncles: []
}
>
그림 6-11 최신 블록의 상세 정보를 확인한다

Geth 콘솔에서 아래 명령을 실행해 가장 마지막 블록 번호를 참조한다.

```
> eth.blockNumber
```

위의 예에서는 111471이라는 값이 확인됐다. 다음으로 확인한 블록 번호를 통해 상세한 정보를 확인한다.

```
> eth.getBlock(111471)
```

위의 예에서는 해시 값이 0x39a349c72688f6653a2623dc01c0b8bac040d48348441f6224981b1e40db
fcc8이라는 것을 알 수 있다.

이를 Solidity에서 참조할 수 있는지 확인해보자. 'Create' 버튼을 눌러 컴파일 및 배포를 한 뒤
getBlockHash 버튼 옆의 입력 상자에 앞에서 확인한 블록 번호를 입력하고 getBlockHash 버튼을 눌러
보자.

그림 6-12 Solidity에서 블록 해시 값 얻기

앞서 Geth 콘솔에서 확인한 블록 해시 값과 동일한 값이 반환됐다는 것을 알 수 있다. blockhash
ToNumber는 다음에 계산하기 쉽게 하기 위해 bytes32 형식의 블록 해시 값을 정수 값으로 바꾼 것이다.

그림 6-13 Solidity에서 블록 해시 값 얻기(결과)

```
Decoded:
    1. bytes32 blockhash: 0x39a349c72688f6653a2623dc01c0b8bac040d48348441f6224981b1e40dbfcc8
    2. uint256 blockhashToNumber: 26070337637375973437661422540420544585416489926429240426717429695641338772680
```

이제 '블록 해시 값을 사용한 난수 생성 예약' 스마트 계약을 구현해보자.

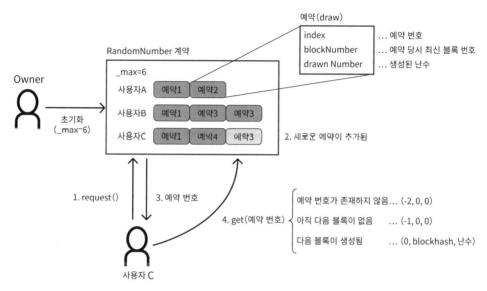

그림 6-12 난수 생성 예약 구조(설계)

Owner(계약 작성자)는 운영자를 말한다. 계약을 생성할 때 초기화 매개변수로 난수의 최댓값을 정수 값으로 전달한다. 위의 예에서는 6을 전달하고, 1~6 범위의 정수 값을 난수 값으로 반환하는 RandomNumber 계약을 만든다. 다음으로 사용자는 request()를 실행해 새로운 난수 생성을 예약한다. RandomNumber 계약 안에는 각 사용자의 예약 이력 정보를 저장할 수 있는 것으로 한다. 각 예약 정보로 index, blockNumber를 관리하는 것으로 한다.

index	예약 번호
blockNumber	예약 시 마지막 블록 번호를 저장해둔다
drawnNumber	추첨된 경우 난수 값을 저장해둔다

위의 표 내용을 계약이 파기될 때까지 저장해둔다. request() 함수는 사용자에게 '예약 번호'를 부여한다. 사용자는 이 예약 번호를 보관해둔다. 사용자는 난수 생성 예약 후 일정 시간 뒤에 난수 생성이 완료됐는지 확인한다. get() 함수의 인수로 보관해둔 '예약 번호'를 넣는다. 예약 번호에 해당하는 예약 내용을 확인해 예약 시의 블록 번호와 다음 블록 번호에 대응하는 블록의 블록 해시 값을 참조한다. 이 블록 해시 값에서 난수 값을 계산해 drawnNumber에 저장함과 동시에 사용자에게 난수 값을 반환한다.

6.3.2 구현

```solidity
pragma solidity ^0.4.8;
contract RandomNumber {
    address owner;
    // (1) 1~numberMax 범위의 난수 값을 생성하도록 설정하는 변수
    uint numberMax;

    // (2) 예약 객체
    struct draw {
        uint blockNumber;
        uint drawnNumber;
    }

    // (3) 예약 객체 배열
    struct draws {
        uint numDraws;
        mapping (uint => draw) draws;
    }

    // (4) 사용자(address)별로 예약 배열을 관리
    mapping (address => draws) requests;

    // (5) 이벤트(용도에 대해서는 이후 설명)
    event ReturnNextIndex(uint _index);
    event ReturnDraw(int _status, bytes32 _blockhash, uint _drawnNumber);

    // (6) 생성자
    function RandomNumber(uint _max) {
        owner = msg.sender;
        numberMax = _max;
    }

    // (7) 난수 생성 예약을 추가
    function request() returns (uint) {
        // (8) 현재 예약 개수 취득
        uint _nextIndex = requests[msg.sender].numDraws;
        // (9) 마지막 블록의 블록 번호를 기록
        requests[msg.sender].draws[_nextIndex].blockNumber = block.number;
        // (10) 예약 개수 카운트 증가
        requests[msg.sender].numDraws = _nextIndex + 1;
```

```
        // (11) 예약 번호 반환
        ReturnNextIndex(_nextIndex);
        return _nextIndex;
    }


    // (12) 예약된 난수 생성 결과 획득 시도
    function get(uint _index) returns (int status, bytes32 blockhash, uint drawnNumber){
        // (13) 존재하지 않는 예약 번호인 경우
        if(_index >= requests[msg.sender].numDraws){
            ReturnDraw(-2, 0, 0);
            return (-2, 0, 0);
        // (14) 예약 번호가 존재하는 경우
        }else{
            // (15) 예약 시 기록한 block.number의 다음 블록 번호를 계산
            uint _nextBlockNumber = requests[msg.sender].draws[_index]. blockNumber + 1;

            // (16) 아직 다음 블록이 생성되지 않은 경우
            if (_nextBlockNumber >= block.number) {
                ReturnDraw(-1, 0, 0);
                return (-1, 0, 0);
            // (17) 다음 블록이 생성됐기 때문에 난수 계산
            }else{
                // (18) 블록 해시 값을 획득
                bytes32 _blockhash = block.blockhash(_nextBlockNumber);
                // (19) 블록 해시 값에서 난수 값을 계산
                uint _drawnNumber = uint(_blockhash) % numberMax + 1;
                // (20) 계산된 난수 값을 저장
                requests[msg.sender].draws[_index].drawnNumber = _drawnNumber;
                // (21) 결과를 반환
                ReturnDraw(0, _blockhash, _drawnNumber);
                return (0, _blockhash, _drawnNumber);
            }
        }
    }
}
```

(1) 1~numberMax 범위의 난수 값을 생성하도록 설정하는 변수

생성자가 호출될 때 난수의 범위를 지정할 수 있다.

(2) 예약 객체

예약 객체(구조체)는 예약 시의 블록 번호(blockNumber)와 난수 생성 후 난수(drawnNumber)의 두 값을 모두 갖는다. 이 내용은 추첨 결과의 이력으로 사용할 수 있다.

(3) 예약 객체 배열

예약 번호를 색인으로 하는 예약 객체의 배열이다. 나중에 index를 지정해 해당 예약 객체를 참조할 수 있게 한다.

(4) 사용자(address)별로 예약 배열을 관리

사용자별로 예약 객체의 배열을 보유할 수 있게 한다. solidity의 mapping 형식에는 count나 length처럼 요소의 수를 가져오는 함수가 없기 때문에 별도의 uint 형식 변수인 numDraws에 예약 수를 저장해 둔다.

(5) 이벤트

앞에서는 다음과 같은 형태로 함수를 정의했다.

```
function get(uint max) constant returns (uint, uint)
```

constant가 지정된 함수는 참조 전용 함수라는 것을 나타내며, 계약 상태에 변화를 줄 수 없다. 그리고 참조 전용이기 때문에 실행할 때 블록 생성을 기다릴 필요 없이 즉시 결과를 얻을 수 있었다. 이번 예제 코드에서는 다음과 같이 "non-constant" 함수로 정의됐기 때문에 트랜잭션으로 실행해야 한다.

```
function get(uint _index) returns (int status, bytes32 blockhash, uint drawnNumber)
```

트랜잭션으로 실행하면 계약의 상태 변경 이력을 남길 수 있다.

단, Browser-Solidity를 사용해 디버깅할 때 불편한 점이 하나 있다. Browser-Solidity에서는 블록체인 네트워크와의 통신에 web3.js를 이용하는데, web3에서 "non-constant" 함수를 실행하는 경우 return 결과를 받을 수 없다(표시 및 확인). 반환 값은 트랜잭션 해시가 반환될 뿐이다(다른 스마트 계약에서 함수를 호출하는 경우 "non-constant" 함수라도 반환 값을 받을 수 있다). 이 예제 코드에서는 Browser-Solidity(web3.js)의 디버깅용 '이벤트'를 정의하고 반환 값의 내용과 동일한 것을 이벤트를 통해 기록해 값을 확인한다[3].

(6) 생성자

계약 소유자(owner)와 난수의 범위(1~numberMax)를 설정한다.

(7) 난수 생성 예약을 추가

예약 배열의 다음 색인을 구하기 위해 현재의 예약 개수를 확인하고 새로운 예약을 배열에 추가한다. 새로운 색인을 '예약 번호'로 반환한다(Browser-Solidity에서 결과를 확인할 수 있도록 ReturnNextIndex 이벤트를 호출한다).

(12) 예약된 난수 생성 결과 획득 시도

예약 번호가 배열에 존재하지 않는 경우 '(-2,0,0)'을 반환한다. 반환 값의 형식은 'status, 블록 해시 값, 난수 값'이다. 예약 번호가 배열에 존재하는 경우 마지막 블록 번호가 예약 시 블록 번호보다 큰지 확인한다. 아직 예약 당시의 번호가 가장 마지막 블록 번호인 경우(새로운 블록이 생성되지 않은 경우) '(-1, 0, 0)'을 반환한다. 예약 시 블록 번호의 '다음' 블록 번호가 존재하는 경우 해당 블록의 블록 해시 값을 취득한다.

블록 해시 값은 bytes32 형식으로 반환된다. bytes32 형식은 32바이트(256비트)의 순차형 값이다. 이를 uint 형식(정수 값)으로 변환해서 numberMax로 나눈 뒤 +1을 해서 1~numberMax 범위를 가진 정수 값을 하나 얻게 된다. 이 함수도 return으로 반환하는 값 외에 ReturnDraw 이벤트로 반환되는 값을 기록한다.

여기까지가 예제 코드에 대한 설명이다. 이제 예제 코드를 Browser-Solidity에 입력해 실행해보자. 이번에는 트랜잭션 발행이 필요하기 때문에 자바스크립트 VM이 아니라 Web3 Provider 환경에서 실행한다.

'Create' 버튼 옆의 입력 상자에 '6'을 입력한 뒤 'Create' 버튼을 클릭한다. 여기에 입력한 값이 RandomNumber 계약의 생성자 인수로 전달된다. 즉, numberMax 변수에 설정된다(이 계약은 1~6 범위의 정수 값을 난수로 생성하는 계약이다).

---

3 constant 함수의 내부에는 "call"이라는 처리가 실행되고 non-constant 함수에서는 "sendTransaction"이라는 처리가 수행된다.

그림 6-15 계약 컴파일 및 배포

배포가 완료되면 'get'과 'request' 버튼이 나타
난다. 먼저 request 버튼을 클릭해 난수 생성
예약을 해보자(그림 6-16).

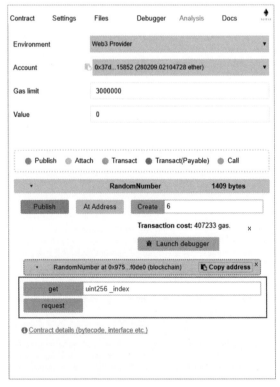

그림 6-16 request 버튼

그림 6–17과 같이 'Result:'에 트랜잭션 내용이 표시된다. 그리고 이벤트를 호출했기 때문에 'Events' 부분에도 반환 값 내용이 표시된다.

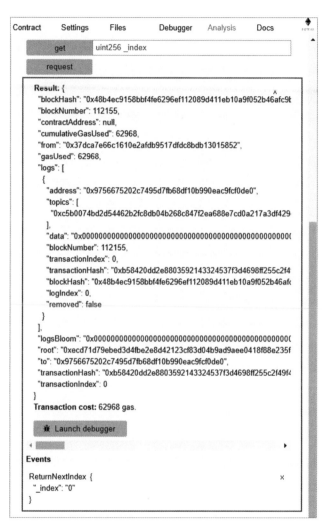

그림 6–17 request 결과

```
ReturnNextIndex{
    "_index": "0"
}
```

이 예제에서는 "_index": "0"이 반환됐다. 이것이 '예약번호'를 나타낸다. 이 예약 번호를 사용해 실제 난수가 생성됐는지 확인해보자.

이번에는 get 버튼 옆의 입력 상자에 예약 번호인 '0'을 입력하고 get 버튼을 클릭한다(그림 6–18). get()
함수에 0을 인수로 전달해 트랜잭션이 발행된다. 트랜잭션을 실행한 것이기 때문에 블록이 생성될 때까
지 잠시 기다려야 한다. 이번에도 'Event'에 반환 값이 표시된다(그림 6–19).

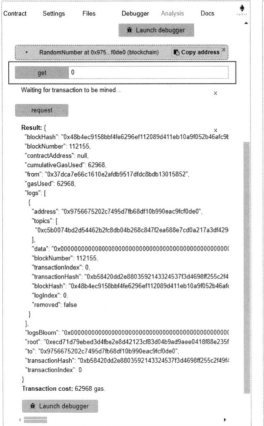

그림 6–18 get 버튼   그림 6–19 get 결과

"_status":"0"은 정상적으로 난수가 생성됐다는 것을 알려준다. "_blockhash"는 난수 생성을 위해 사용
한 블록 해시 값을 16진수로 표시한 것이다. 매우 큰 값이라는 것을 알 수 있다. 이 값을 numberMax(이
예제에서는 6)로 나눈 나머지가 "_drawnNumber":"4"다.

```
ReturnDraw{
  "_status": "0",
  "_blockhash": "0x708f1043c3f1bf492edc85fbc9628a722530306392da2d4413bc02b340d0876d",
  "_drawnNumber": "4"
}
```

이로써 난수 생성을 예약하는 것에서부터 실제 난수 값을 획득하는 것까지의 흐름을 살펴봤다. 여러 번 직접 예약을 진행하며 쌓인 데이터를 get()으로 참조하거나 다른 사용자를 통한 예약과 난수 취득을 직접 해보기 바란다.

6.3.3 고찰

get() 함수의 실행이 트랜잭션으로 처리됐기 때문에 응답성이 좋지 않다. 여기서 트랜잭션을 사용하는 이유는 난수의 계산 결과를 예약 객체로 저장하기 때문이다.

```
// (20) 계산된 난수 값을 저장
requests[msg.sender].draws[_index].drawnNumber = _drawnNumber;
```

사실 예약할 때의 블록 번호(draw.blockNumber)가 저장돼 있다면 언제든지 결정된 난수 값을 계산(매 번 같은 계산 결과가 된다)할 수 있기 때문에 계산 결과의 난수 값을 계약에 저장할 필요가 없다. 이 점을 다음과 같이 개량해보자.

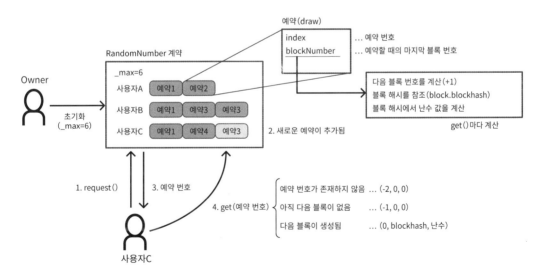

그림 6-20 난수 값의 계산 결과를 보존하지 않음

```solidity
pragma solidity ^0.4.8;
contract RandomNumber {
    address owner;
    uint numberMax;

    struct draw {
        // (1) 예약할 때 마지막 블록 번호만 유지
        uint blockNumber;
    }

    struct draws {
        uint numDraws;
        mapping (uint => draw) draws;
    }

    mapping (address => draws) requests;

    // (2) request()의 반환 값 참조용 이벤트에 정의
    event ReturnNextIndex(uint _index);

    function RandomNumber(uint _max) {
        owner = msg.sender;
        numberMax = _max;
    }

    function request() returns (uint) {
        uint _nextIndex = requests[msg.sender].numDraws;
        requests[msg.sender].draws[_nextIndex].blockNumber = block.number;
        requests[msg.sender].numDraws = _nextIndex + 1;
        ReturnNextIndex(_nextIndex);
        return _nextIndex;
    }

    // (3) 난수 값 계산 결과를 저장하지 않게끔 변경하고 constant 함수로 변경
    function get(uint _index) constant returns (int status, bytes32 blockhash, uint drawnNumber){
        if(_index >= requests[msg.sender].numDraws){
            return (-2, 0, 0);
        }else{
            uint _nextBlockNumber = requests[msg.sender].draws[_index]. blockNumber + 1;
```

```
        if (_nextBlockNumber >= block.number) {
            return (-1, 0, 0);
        }else{
            // (4) 매번 블록 번호로부터 블록 해시를 참조해 반환
            bytes32 _blockhash = block.blockhash(_nextBlockNumber);
            uint _drawnNumber = uint(_blockhash) % numberMax + 1;
            return (0, _blockhash, _drawnNumber);
        }
    }
}
```

위의 코드를 실행해보자.

앞의 예제와 마찬가지로 'Create'에 6을 입력하고 'Create' 버튼을 클릭한다. 계약이 실행되면 get 버튼이 파란색으로 표시된다. 이것은 함수가 constant 함수로 정의된 것을 나타낸다.

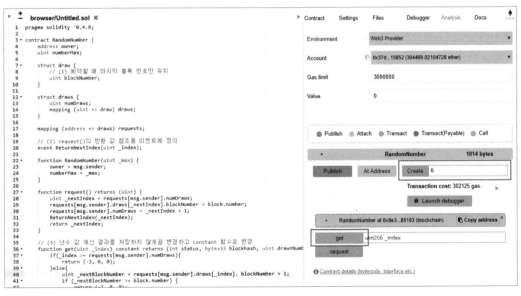

그림 6-21 개량된 계약 실행

실행이 완료되면 request 버튼을 클릭해 난수를 예약한다. 트랜잭션 처리가 완료되면 이벤트 알림에서 "_index" 값을 확인할 수 있다. 해당 값이 예약 번호이며, 이 값을 get 버튼의 입력 상자에 입력한 뒤 get 버튼을 클릭한다.

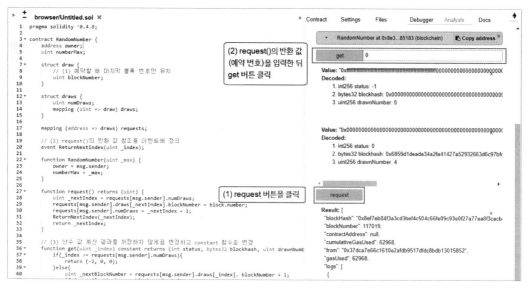

그림 6-22 난수 생성 확인

request 버튼을 클릭해 예약한 직후 get 버튼을 누르면 아직 트랜잭션이 처리되지 않았기 때문에 블록 해시 값이 0x00000000000⋯.가 되는 경우가 있다. 이때는 잠시 기다린 후 다시 get 버튼을 클릭한다. 아래와 같이 status=0으로 결과가 반환된다.

```
Decoded:
    1. int256 status: 0
    2. bytes32 blockhash: 0x6859d1deade34a2fa41427a52932663d6c97bfd1a4ecdc9d66e106950132291f
    3. uint256 drawnNumber: 4
```

같은 예약 번호를 사용해 여러 번 get() 함수를 호출해서 매번 같은 결과가 반환되는지 확인해본다. 이 함수는 constant 함수로 정의해 실행할 때 블록을 생성하지 않고 Gas 소비도 없으며 가볍게 몇 번이고 값을 참조할 수 있다.

여기서 한 가지 실험을 해보자. Browser-Solidity를 여러 개 실행해 동일한 RandomNumber 계약에 같은 타이밍(참조하는 블록 번호가 같게)에 request()를 실행한다. 예약할 때의 블록 번호가 같으면 당연히 다음 블록의 블록 해시도 같기 때문에 생성되는 난수도 동일할 우려가 있다. 실제로 동일한지 확인해 보자. 먼저 계약을 재시작한다.

그림 6-23 계약을 재실행한 후 계약 주소를 복사

계약 배포가 완료되면 나타나는 'Copy address' 버튼을 클릭해 계약 주소를 복사해 둔다.

브라우저 창을 한 개 더 생성해 Browser-Solidity를 실행한다. 이번에는 'Create' 버튼이 아니라 'At Address'라는 녹색 버튼을 클릭한다. 이미 네트워크에 배포된 계약을 주소로 지정해 실행하는 것이다.

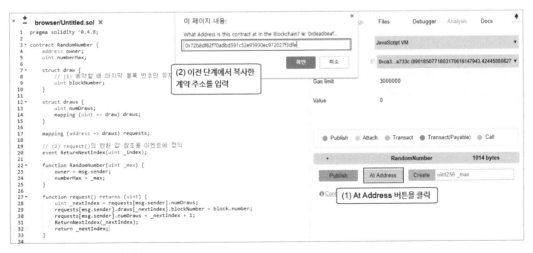

그림 6-24 주소를 지정해 계약 실행

동일한 계약을 여러 개의 Browser-Solidity에서 실행하는 환경이 됐다. 두 개의 브라우저에서 request 버튼을 최대한 빠른 시간 내에 클릭해본다.

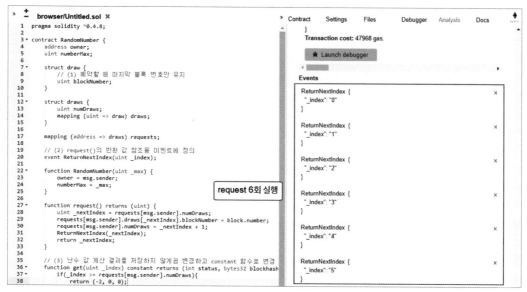

그림 6-25 2개의 브라우저에서 request 버튼을 3번씩 클릭

위 예제에서는 각 브라우저에서 3번씩 빠르게 request 버튼을 클릭했다(예약 번호 0~5).

처리가 완료되면(예약 번호가 이벤트에 모두 표시되면) 각 예약 번호를 입력해 생성된 난수를 확인해본다.

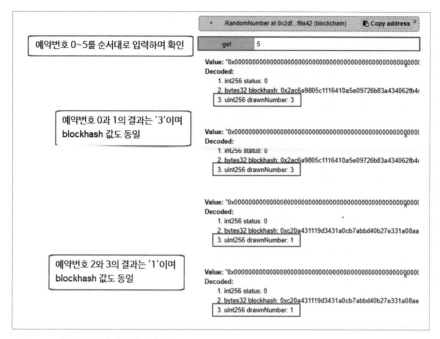

그림 6-26 각 예약 번호별 난수 생성 결과 확인

처리가 완료되면(예약 번호가 이벤트에 모두 표시되면) 각 예약 번호를 입력하고 get 버튼을 눌러보자. 예약 번호 0과 1의 결과, 2와 3의 결과가 동일하게 나왔다. 블록 해시 값도 동일한 것으로 볼 때 예약한 시각(request를 실행한 시각)에 참조한 블록이 동일한 것이었음을 알 수 있다.

이 예제에서는 같은 사용자가 인위적으로 같은 시각에 예약을 실행해 이 같은 허점을 재현했지만 실제 서비스라면 서로 다른 사용자가 같은 시간에 예약한 것만으로 같은 난수 값을 받을 수 있다. 즉, 다수의 동일한 난수가 계약 내에 생성되는 것을 의미한다.

이 경우 사용자가 사전에 난수 값을 알 수 있는 것은 아니기 때문에 예측 곤란성이라는 관점에서는 문제가 없다. 하지만 '난수로 생성된 값은 균일하게 분포되는가'라는 조건에는 문제가 생긴다. 운영자 관점에서 바라보면 생성된 난수 값에 편차가 발생할 가능성이 있기에 바람직하지 않다. 예를 들어, 특별한 아이템을 이벤트로 증정하는 경우를 생각해보자. 특정 시점에 생성된 난수는 모두 동일하기 때문에 해당 시간에 이벤트에 참여한 사람은 모두 동일한 아이템을 받는 문제가 발생한다. 각 아이템 추첨이 독립적으로 시행된다고 말하기 힘든 상황이 되는 것이다. 다음 절에서는 각 추첨(난수 생성 예약)마다 독립적인 난수를 생성하는 방법을 알아본다.

6-4

난수로서의 균일성 확보하기

6.4.1 구조에 대한 고려

6.3절의 과제:

- 같은 사용자가 같은 시각에 여러 번 난수 요청을 수행하면 동일한 난수가 생성됨

- 다른 사용자가 같은 시각에 난수 요청을 하면 동일한 난수가 생성됨

이 문제의 원인은 다른 요청임에도 같은 블록 해시 값을 사용해 계산하기 때문이다. 요청이 올 때마다 다른 값을 사용하고 사용자마다 다른 값을 포함시킨 값을 난수 계산에 사용하도록 변경해야 한다.

이번 예제에서는 '사용자마다 다른 값'으로는 사용자의 주소(msg.sender)를, '요청마다 다른 값'으로는 예약 번호를 사용해 새로운 값을 계산해 보겠다. 블록 해시 값, 사용자 주소, 예약 번호를 조합한 새로운 해시 값을 생성한다. 해시 값 생성은 Solidity에 기본으로 준비된 sha256 함수를 사용한다.

```
sha256(...) returns (bytes32): compute the SHA256 hash of the (tightly packed) arguments
```

sha256() 함수를 사용해 블록 해시 값, 사용자 주소, 예약 번호를 새로운 해시 값으로 만들어 bytes32 형식 값으로 취득한다. 이를 정수 값으로 변경한 것을 난수 계산용 seed 값으로 사용한다[4].

---

4   여기서는 간단히 sha256() 함수를 사용했으나 사실 Solidity에서의 암호화 함수 사용은 비용(Gas)이 높게 설정돼 있다. 이를 줄이기 위해서는 더 가벼운 암호화 함수를 사용하는 것이 좋다. sha256() 비용보다 sha3()의 비용이 더 저렴하게 설정돼 있다. 추가 비용이 들지 않게 하기 위해서 해시를 사용하지 않고 단순히 '블록 해시 값+사용자 주소+예약번호'를 그대로 사용하는 방법도 검토해볼 수 있다.

6.4.2 구현

```
pragma solidity ^0.4.8;
contract RandomNumber {
    address owner;
    uint numberMax;

    struct draw {
        uint blockNumber;
    }

    struct draws {
        uint numDraws;
        mapping (uint => draw) draws;
    }

    mapping (address => draws) requests;

    event ReturnNextIndex(uint _index);

    function RandomNumber(uint _max) {
        owner = msg.sender;
        numberMax = _max;
    }

    function request() returns (uint) {
        uint _nextIndex = requests[msg.sender].numDraws;
        requests[msg.sender].draws[_nextIndex].blockNumber = block.number;
        requests[msg.sender].numDraws = _nextIndex + 1;
        ReturnNextIndex(_nextIndex);
        return _nextIndex;
    }

    // (1) 디버깅용으로 blockhash와 seed 값을 반환하도록 변경
    function get(uint _index) constant returns (int status, bytes32 blockhash, bytes32 seed,
uint drawnNumber){
        if(_index >= requests[msg.sender].numDraws){
            return (-2, 0, 0, 0);
        }else{
```

```
            uint _nextBlockNumber = requests[msg.sender].draws[_index]. blockNumber + 1;
            if (_nextBlockNumber >= block.number) {
                return (-1, 0, 0, 0);
            }else{
                bytes32 _blockhash = block.blockhash(_nextBlockNumber);
                // (2) 블록 해시 값, 사용자 주소, 예약 번호를 바탕으로 seed 값 계산
                bytes32 _seed = sha256(_blockhash, msg.sender, _index);
                // (3) seed 값을 바탕으로 난수 계산
                uint _drawnNumber = uint(_seed) % numberMax + 1;
                // (4) 상태, 블록 해시 값, 난수 계산의 기반이 되는 seed 값, 계산된 난수를 반환
                return (0, _blockhash, _seed, _drawnNumber);
            }
        }
    }
}
```

(2) 사용자 주소, 예약 번호 구성

블록 해시 값, 사용자 주소, 예약 번호를 조합해 새로운 해시 값을 만들어 seed 값으로 사용한다.

(3) 만들어진 seed 값을 바탕으로 난수 계산

이전 예제와 마찬가지로 난수를 계산한다.

(4) 상태, 난수 계산에 사용된 seed 값, 계산된 난수를 반환

디버깅용으로 사용하기 위해 계산에 사용된 중간 값(블록 해시 값과 seed 값)을 반환한다.

위와 같이 변경한 내용을 반영해 다시 계약을 실행해본다.

이전 예제와 마찬가지로 브라우저를 2개 준비해 각각 Browser-Solidity를 실행한다. 한쪽에서는 Create 버튼을 클릭해 계약을 배포하고, 다른 한쪽에서는 'At Address'를 클릭해 배포된 계약 주소를 지정해 계약에 연결한다.

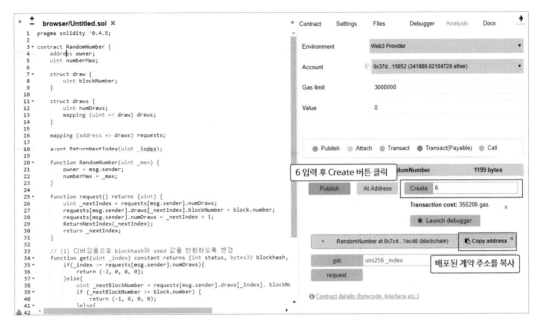

그림 6-27 이전 예제와 마찬가지로 계약 배포

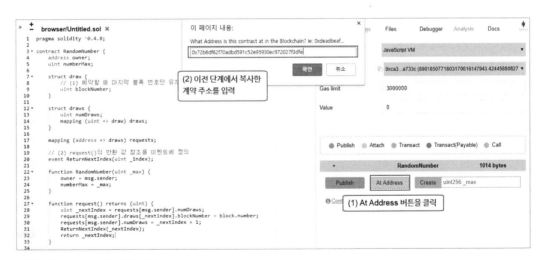

그림 6-28 주소를 지정해 계약을 실행

이번에도 두 개의 브라우저 창에서 request 버튼을 거의 동시에 3번씩 클릭해본다.

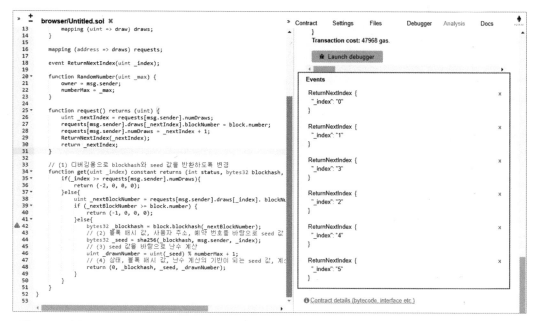

그림 6-29 두 개의 창에서 request 버튼 클릭

각 예약 번호의 난수 생성 결과를 확인해보자.

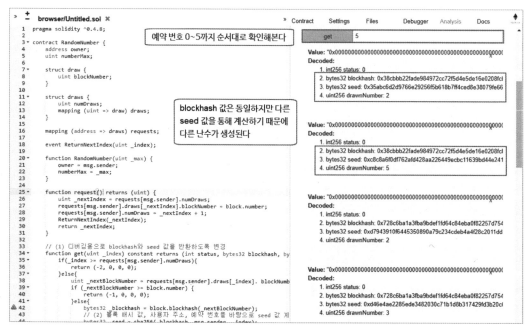

그림 6-30 각 계약 번호의 난수 생성 결과를 확인

앞의 예제와 마찬가지로 동일한 블록 해시 값이 사용되는 경우가 발생했지만 seed 값이 달라진 것을 확인할 수 있다. 그 결과 블록 해시 값이 동일해도 최종적으로 생성된 난수 값은 차이가 발생했다.

6.4.3 고찰

이번 절에서 만든 난수 생성 로직은 정말 예측 불가능성과 무작위성을 담보해서 만들어졌을지 확인해보자. 다음은 실제로 이 계약을 사용해 난수를 1,000개 만들어 본 결과다.

Geth 콘솔에서 컴파일 및 배포를 수행하고 아래의 스크립트로 1,000번 request()를 하고 1,000번 get()을 실행해보자. 먼저 컴파일 및 배포를 수행한다.

2장에서와 마찬가지로 파일을 하나 생성한 뒤, 해당 파일에 tr 명령을 사용해 줄바꿈을 모두 제거한다.

```
cat randomNumber.sol | tr -d '\n' > RandomNumber.sol
```

줄 바꿈이 제거된 소스를 source 변수에 대입한다.

```
> source = 'pragma solidity ^0.4.8;contract RandomNumber { address owner; uint numberMax;
struct draw { uint blockNumber; } struct draws { uint numDraws; mapping (uint => draw)
draws; } mapping (address => draws) requests; event ReturnNextIndex(uint _index);
event ReturnDebug(bytes32 _seed, uint _drawnNumber); function RandomNumber(uint _max)
{ owner = msg.sender; numberMax = _max; } function request(uint _dummy) returns (uint)
{ uint _nextIndex = requests[msg.sender].numDraws; requests[msg.sender].draws[_next
Index].blockNumber = block.number; requests[msg.sender].numDraws = _nextIndex + 1;
ReturnNextIndex(_nextIndex); return _nextIndex; } function getNum() constant returns(uint
num){ return requests[msg.sender].numDraws; } function get(uint _index) constant
returns (int status, bytes32 blockhash, bytes32 seed, uint drawnNumber){ if(_index >=
requests[msg.sender].numDraws) { return (-2, 0, 0, 0); }else{ uint _nextBlockNumber =
requests[msg.sender]. draws[_index].blockNumber + 1; if (_nextBlockNumber >= block.number) {
return (-1, 0, 0, 0); }else{ bytes32 _blockhash = block.blockhash(_nextBlockNumber); bytes32
_seed = sha256(_blockhash, msg.sender, _index); uint _drawnNumber = uint(_seed) % numberMax + 1;
return (0, _blockhash, _seed, _drawnNumber); } } } }'
```

source를 eth.compile 명령으로 컴파일한다.

```
> compiled = eth.compile.solidity(source)
```

컴파일하면 '/tmp/geth-compile-solidity[숫자]:RandomNumber: {'라는 부분이 제일 첫 줄에 나온다. 이 부분을 복사해서 다음 명령에 사용한다.

```
> contract = compiled['/tmp/geth-compile-solidity[숫자]:RandomNumber'].info.abiDefinition
> compiledContract = eth.contract(contract)
> deploy = compiledContract.new(6, {from:eth.accounts[0], data:compiled['/tmp/geth-compile-solidity[숫자]:RandomNumber'].code, gas:1000000})
```

txpool.status 명령으로 트랜잭션이 실행됐는지 확인해본다. 아직 처리되지 않은 트랜잭션이 있다면 아래와 같이 pending에 처리되지 않은 트랜잭션의 수가 표시된다. pending:0이 되면 모든 트랜잭션이 처리됐다는 것을 의미한다.

```
> txpool.status
{
  pending: 1,
  queued: 0
}
> txpool.status
{
  pending: 0,
  queued: 0
}
```

트랜잭션이 실행되면 배포한 계약의 주소를 확인할 수 있다. 콘솔에서 deploy를 치면 아래와 같이 address에 주소가 생긴 것을 볼 수 있다.

```
> deploy
{
  abi: [{
      constant: true,
      inputs: [],
      name: "getNum",
      outputs: [{...}],
      payable: false,
      stateMutability: "view",
      type: "function"
  }, {
      constant: true,
```

```
        inputs: [{...}],
        name: "get",
        outputs: [{...}, {...}, {...}, {...}],
        payable: false,
        stateMutability: "view",
        type: "function"
    }, {
        constant: false,
        inputs: [{...}],
        name: "request",
        outputs: [{...}],
        payable: false,
        stateMutability: "nonpayable",
        type: "function"
    }, {
        inputs: [{...}],
        payable: false,
        stateMutability: "nonpayable",
        type: "constructor"
    }, {
        anonymous: false,
        inputs: [{...}],
        name: "ReturnNextIndex",
        type: "event"
    }, {
        anonymous: false,
        inputs: [{...}, {...}],
        name: "ReturnDebug",
        type: "event"
    }],
    address: "0x779875bc1cc1304b596b508638f4cb288be7f363",
    transactionHash: "0x20eae7ca2db3317b63ce28a838d3c989803c7e1c78a966691ff7488d3a76786e",
    ReturnDebug: function(),
    ReturnNextIndex: function(),
    allEvents: function(),
    get: function(),
    getNum: function(),
    request: function()
}
```

배포된 것을 확인했다면 request()를 3,000번 실행해본다. Solidity에서는 자바스크립트 같은 문법을 사용해 for 구문을 실행할 수 있다.

```
for(i=0; i<3000; i++){
    console.log(eth.contract(deployed.abi).at(deployed.address).request.sendTransaction(0,
{from: eth.accounts[0]}));
}
```

위 구문을 실행하면 트랜잭션이 3,000개 발행된다. 명령이 실행된 후 txpool.status로 모든 트랜잭션이 처리되는 것을 확인한다. 모든 트랜잭션이 처리되면 get()을 3,000번 실행한다.

```
for(i=0; i<3000; i++){
    console.log(eth.contract(deployed.abi).at(deployed.address).get.call(i));
}
```

결과는 다음과 같이 확인할 수 있다. 여기서 제일 뒤의 숫자가 난수 결과다.

```
0,0x7b52400c636bea02befb6d1a7aaf961f531b7d8c2d9b8c54606c8ae350b48c5d,0xbcd2508cc64b9da70a22f09
8c6749cb6a6cbf9b17655ce0f143038269b4c8a0f,4
0,0x7b52400c636bea02befb6d1a7aaf961f531b7d8c2d9b8c54606c8ae350b48c5d,0x6631b8ecbf441aa1dec3392
1b16f41aa8530dd5e6b1c2ce179d9f8fb2c998fa8,3
0,0x7b52400c636bea02befb6d1a7aaf961f531b7d8c2d9b8c54606c8ae350b48c5d,0xd281a2de00060b54747736d
69fddd2eada9a7133cee1e9f985b7a4509fc7df2d,2
0,0x7b52400c636bea02befb6d1a7aaf961f531b7d8c2d9b8c54606c8ae350b48c5d,0x9a013912a13a049711cb650
674f7fc60f2f3039799cea9cb3c62fde75233a5b4,5
0,0x7b52400c636bea02befb6d1a7aaf961f531b7d8c2d9b8c54606c8ae350b48c5d,0x8c86f51fe0a2c587f93afc3
f675e113624b03912b59b58ee1c2d94f5e0be2abb,2
0,0x7b52400c636bea02befb6d1a7aaf961f531b7d8c2d9b8c54606c8ae350b48c5d,0xa1653c85694d35cb246d8ff
0f038451c8a46a599ff287c841eb033388a653c99,6
0,0x7b52400c636bea02befb6d1a7aaf961f531b7d8c2d9b8c54606c8ae350b48c5d,0x7609db7d2f869d8a95eccf8
0aaa232476e88d52965bd9096a93e014933898003,4
0,0x7b52400c636bea02befb6d1a7aaf961f531b7d8c2d9b8c54606c8ae350b48c5d,0xebc872ab7bc62fd2f4babb8
98334e0a66b428b2cc5e784d51cb906e5ccc8f607,6
0,0xdf350247e915872d6d6d544cbae1b4832cdcd401f3c8d3230219a8d13be5a13d,0x8fd553fb4d547da6dffc04a
f6e63e842090d4ac0e6e1e5a04fb18deb5e9a7fe0,5
0,0xdf350247e915872d6d6d544cbae1b4832cdcd401f3c8d3230219a8d13be5a13d,0x0d5bc9df4eb62304f26aa83
f374d8140bc1e48586637163e4cee74c62bf50d12,1
0,0xdf350247e915872d6d6d544cbae1b4832cdcd401f3c8d3230219a8d13be5a13d,0x4368307a6dfc920829fb4ec
```

d360802173f1bcb012ab57679531fe3ab0fa4a97b,6
0,0xdf350247e915872d6d6d544cbae1b4832cdcd401f3c8d3230219a8d13be5a13d,0xc4d9d096e55f8b538c1b8c2
85d83985590cef424e29761d20190674c26f5dae1,2
0,0xdf350247e915872d6d6d544cbae1b4832cdcd401f3c8d3230219a8d13be5a13d,0xc928058d71e8165e8678ec1
18e54dc599583ff98af0e7bdaa849f6e96646d46a,1
0,0xdf350247e915872d6d6d544cbae1b4832cdcd401f3c8d3230219a8d13be5a13d,0x02342ce69fa57bf4ca186e4
7e03982af007444a7cc404b4ee1e1b8a9319fdf6a,3
0,0xdf350247e915872d6d6d544cbae1b4832cdcd401f3c8d3230219a8d13be5a13d,0x50fd48e77c73976954fe392
377859eef2fe28ea9ab5441e8a8ac215ecb04fce2,5
...(생략)...

아래는 난수 값의 출현 빈도를 히스토그램으로 나타낸 결과다. 하나의 값이 거의 500번씩 나온 것을 확인할 수 있다.

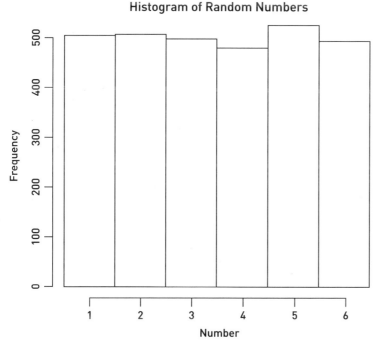

그림 6-35 난수 값 출현 빈도 히스토그램

'생성된 난수 값이 정말 균등하게 발생했는가'에 대한 결과는 직관적으로 볼 때 타당해 보인다. 좀 더 정확하게는 균일 분포(각 값이 같은 기댓값만큼 출현하는 것을 가정하는 분포)에 대해 위의 관측 결과 값의 편차가 허용 범위에 있는지 검정하는 것이 좋다. 여기서는 카이제곱 검정을 통해 계산해보겠다.

관측된 빈도

1	2	3	4	5	6
503	492	503	478	503	521

```
Chi-squared test for given probabilities:
data: c(503, 492, 503, 478, 503, 521)
X-squared = 2.032, df = 5, p-value = 0.8447
```

일반적으로 p−value 〉0.05(유의 수준 5%보다 크다)인 경우 통계학적으로 '편차가 적다'고 판단한다. 이 결과는 p−value = 0.8447이기 때문에 '충분히 편차가 적다'고 판단할 수 있다.

외부 정보를 참조하는 방법

이번 절에서는 조금 관점을 바꿔 더 간단하게 난수를 만드는 방법을 생각해본다. 앞 절까지는 스마트 계약(또는 이더리움 네트워크) 내에서만 난수를 생성해볼 수 있었다. 이번 절에서는 충분히 신뢰할 수 있는 외부 기관으로부터 스마트 계약 안으로 정보를 가져오는 형태로 난수를 생성하는 방법을 소개한다.

이더리움 네트워크 외부와 정보를 연결해주는 서비스를 '오라클[5]' 또는 '외부 오라클'이라고 부른다. 유명한 것으로는 'Oraclize'가 있다. 여기서는 Oraclize를 사용해 외부에서 계산된 난수 값을 스마트 계약에서 참조하는 방법을 시험해본다. 먼저 Oraclize 구조를 살펴보자.

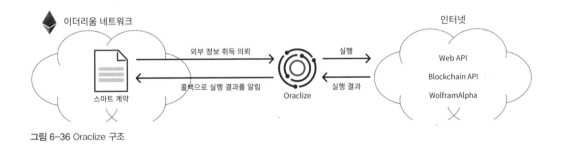

그림 6-36 Oraclize 구조

스마트 계약이 Oraclize(의 스마트 계약)에 대해 요청을 보내면 Oraclize가 외부 API를 대신 호출해준다. 그 결과를 콜백(callback)이라는 형태로 처음 호출한 스마트 계약으로 반환한다. 이더리움 네트워크의 영역에서 빠져나와 외부 처리 실행을 대신해주는 것이다. Oraclize가 제공하는 처리는 일반적인 웹

---

5 데이터베이스 관리 시스템인 Oracle과는 다른 것이다.

API 호출(GET/POST), 비트코인 통계 정보를 반환, WolframAlpha라는 지식 엔진 호출, IPFS[6]의 파일에 접근하는 것 등이 있다. 이번에는 WolframAlpha가 지원하는 'random number between 0 and 100' 같은 지식 질의어를 사용한다.

6.5.1 준비

라이브 네트워크 및 공용 테스트 네트워크에는 이미 Oraclize가 제공하는 스마트 계약이 배치돼 있기 때문에 제공된 스마트 계약을 호출해 외부 처리를 의뢰할 수 있다. 일반적으로 Oraclize가 제공하는 oraclizeAPI.sol을 로드(임포트한다)하기 때문에 Oraclize의 스마트 계약 주소를 몰라도 Oraclize Address Resolver(OAR)가 자동으로 주소를 찾아준다.

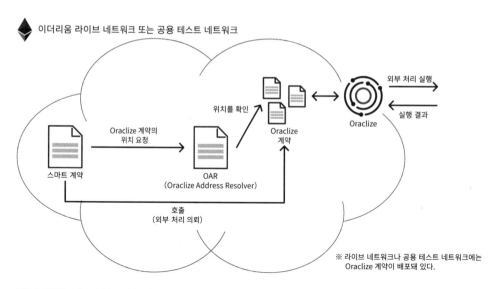

그림 6-37 Oraclize Address Resolver

여기서는 사설 테스트 네트워크에서 테스트를 수행하므로 Oraclize를 통한 외부 처리를 수행하는 부분은 ethereum-bridge를 사용해 구현한다.

---

6 https://ipfs.io

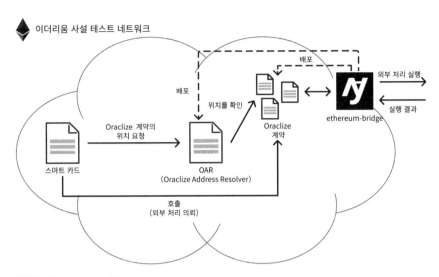

이더리움 사설 테스트 네트워크

그림 6-38 ethereum-bridge

라이브 네트워크나 공용 테스트 네트워크에서는 Oraclize가, 사설 테스트 네트워크에서는 이 ethereum-brdige가 이더리움이라는 생태계와 외부를 연결하는 역할을 한다.

여기서는 사설 테스트 네트워크에서 테스트를 수행하므로 Oraclize를 이용해 외부 처리를 수행하는 부분은 ethereum-bridge를 사용해 구현한다.

먼저 ethereum-bridge[7]를 설치한다. ethereum-bridge를 실행하려면 node.js와 npm이 필요하다. node.js 버전은 5.0.0 이상을 사용해야 한다[8]. 깃허브에서 ethereum-bridge를 클론(clone)하고 필요한 모듈을 설치한다.

```
$ git clone https://github.com/oraclize/ethereum-bridge.git
$ cd ethereum-bridge
$ npm install
```

ethereum-brdige 설치가 완료되면 Geth가 현재 실행 중인지 확인한다. 실행 중이 아니라면 다른 장에서와 마찬가지로 Geth를 실행한다.

---

7 ethereum-bridge 소스코드는 https://github.com/oraclize/ethereum-bridge에 공개돼 있다.
8 테스트 환경에서는 node.js 8.6.0, npm 3.5.2를 사용했다.

```
$ nohup geth --networkid 4649 --nodiscover --datadir /home/wikibooks/data_testnet --mine
--unlock 0x33d57855afc783514c2790339c587783938fc11c --rpc 2>> /home/wikibooks/data_testnet/
geth.log &
```

Geth 콘솔에서 작업하기 위해 Geth에 접속한다.

```
$ geth attach rpc:http://localhost:8545
```

Oraclize와 연결하기 위해 ethereum-bridge가 제공하는 계약을 테스트 네트워크에 배포한다. 이때 gas가 소비되는 것에 주의한다. 이 예제에서는 지금까지 예제에서 사용한 계정 중 eth.accounts[0]과 eth.accounts[1]을 사용한다. 우선 각 계정의 잔고를 확인해본다.

```
> web3.fromWei(eth.getBalance(eth.accounts[0]), 'ether')
31652.02146728
> web3.fromWei(eth.getBalance(eth.accounts[1]), 'ether')
457.99429982
```

지금까지 예제를 모두 진행했다면 각 계정에 상당량의 Ether가 있을 것이다. 만약 Ether가 부족하다면 다음과 같이 Ether를 송금한다.

```
> eth.sendTransaction({from: eth.accounts[0], to: eth.accounts[1],value: web3.toWei(10, "ether")})
```

eth.accounts[1]의 계정 잠금을 해제한다.

```
> personal.unlockAccount(eth.accounts[1], "pass1", 0)
true
```

이로써 Oraclize 계약 배포 및 난수 생성 계약 배포용 계정의 준비가 완료됐다. 우분투 콘솔로 돌아와 ethereum-bridge를 실행한다. git clone으로 생성된 ethereum-bridge 디렉터리에서 아래 명령을 실행한다.

```
wikibooks@ubuntu:~/ethereum-bridge$ node bridge -H localhost:8545 -a 1 --disable-deterministic-oar

Please wait…
[2017-10-09T02:45:13.034Z] INFO you are running ethereum-bridge - version: 0.5.5
[2017-10-09T02:45:13.035Z] INFO saving logs to: ./bridge.log
[2017-10-09T02:45:13.036Z] INFO using active mode
[2017-10-09T02:45:13.036Z] INFO Connecting to eth node http://localhost:8545
```

```
[2017-10-09T02:45:34.900Z] INFO connected to node type Geth/v1.5.5-stable-ff07d548/linux/go1.6.2
[2017-10-09T02:45:34.900Z] WARN Using 0x0a622c810cbcc72c5809c02d4e950ce55a97813e to query
contracts on your blockchain, make sure it is unlocked and do not use the same address to
deploy your contracts
[2017-10-09T02:45:35.003Z] INFO deploying the oraclize connector contract...
[2017-10-09T02:46:21.056Z] INFO connector deployed to: 0xbd7c74fb58a8ff62fbdca61c49790c9a561e7980
[2017-10-09T02:46:21.057Z] WARN deterministic OAR disabled/not available, please update your
contract with the new custom address generated
[2017-10-09T02:46:21.057Z] INFO deploying the address resolver contract...
[2017-10-09T02:48:48.673Z] INFO address resolver (OAR) deployed to: 0x55359e7e492218e4cf8112fc
e6a8ef7e319ea4fb
[2017-10-09T02:48:48.673Z] WARN skipping pricing update...
[2017-10-09T02:48:48.674Z] INFO successfully deployed all contracts
[2017-10-09T02:48:48.676Z] INFO instance configuration file saved to /home/wikibooks/ethereum-
bridge/config/instance/oracle_instance_20171008T194848.json

Please add this line to your contract constructor:

OAR = OraclizeAddrResolverI(0x55359e7e492218E4CF8112FCe6a8Ef7e319eA4fB);

[2017-10-09T02:48:48.772Z] INFO Listening @ 0xbd7c74fb58a8ff62fbdca61c49790c9a561e7980
(Oraclize Connector)

(Ctrl+C to exit)
```

node bridge 실행 옵션이 의미하는 것은 다음과 같다[9].

- –a 1 : eth.accounts[1]을 Oraclize 계약 배포 계정으로 사용한다

- ––disable–deterministic–oar: OAR(Oraclize Address Resolver) 배포 주소를 고정하지 않음

표시된 OAR 주소를 나타내는 부분을 복사해둔다.

```
OAR = OraclizeAddrResolverI(0x55359e7e492218E4CF8112FCe6a8Ef7e319eA4fB);
```

여기까지 진행한 작업으로 Oraclize를 사용하기 위한 준비가 완료됐다.

---

9 ethereum–bridge에는 그 밖에도 상세한 시작 옵션이 있다. 여기서는 'disable–deterministic–oar'을 사용했지만 기본값(지정하지 않는 경우)은 deterministic OAR
로 OAR이 배포된다. deterministic OAR을 사용하면 매번 OAR 주소를 지정할 필요 없이 자동으로 Oraclize 라이브러리가 Oraclize 계약을 찾아준다. 단점은 de-
terministic OAR 배포에 시간이 걸린다는 점이다. 그렇기 때문에 이번 장에서는 disable–deterministic–oar을 사용했다. 자세한 내용은 https://github.com/oraclize/
ethereum–bridge를 참조하기 바란다.

6.5.2 구현

Oraclize를 사용하려면 usingOraclize를 상속한 계약을 만들어야 한다.

```solidity
// (1) Oraclize가 제공하는 API를 읽어 들인다
import "github.com/oraclize/ethereum-api/oraclizeAPI.sol";
// (2) usingOraclize를 상속하는 계약을 정의한다
contract RandomNumberOraclized is usingOraclize {
    function RandomNumberOraclized () {
        ...
    }
}
```

(1) Oraclize가 제공하는 API를 읽어 들인다

Oraclize과의 연동에 필요한 API는 oraclizeAPI.sol을 임포트해서 사용할 수 있다.

(2) usingOraclize를 상속한 계약을 정의한다

Solidity의 "is" 구문을 사용해 usingOraclize를 상속한다. 이렇게 해서 RandomNumberOraclized 계약 내에서 Oraclize API를 호출할 수 있게 된다.

다음으로 외부 처리를 호출하는 부분과 처리 결과를 Oraclize에서 받아오는 부분의 코드를 작성한다.

```solidity
pragma solidity ^0.4.8;
import "github.com/oraclize/ethereum-api/oraclizeAPI.sol";

contract RandomNumberOraclized is usingOraclize{
    uint public randomNumber;
    bytes32 public request_id;

    function RandomNumberOraclized() {
        // (1) Oraclize Address Resolver를 읽어온다
        // OAR 주소를 지정. deterministic OAR인 경우 이 행은 필요 없다.
        OAR = OraclizeAddrResolverI(0x55359e7e492218E4CF8112FCe6a8Ef7e319eA4fB);
    }

    function request() {
```

```
        // (2) Oraclize에 WolframAlpha을 통한 난수 계산을 의뢰
        // 디버그를 위해 request_id에 Oraclize 처리 의뢰 번호를 저장해둔다
        request_id = oraclize_query("WolframAlpha", "random number between 1 and 6");
    }

    // (3) Oraclize 측에서 외부 처리가 실행되면 이 __callback 함수를 호출한다
    function __callback(bytes32 request_id, string result) {
        if (msg.sender != oraclize_cbAddress()) {
            throw;
        }

        // (4) 실행 결과인 result를 drawnNumber에 저장
        randomNumber = parseInt(result);
    }
}
```

(1) OAR 주소 지정

앞에서 확인한 OAR 주소를 지정한다(deterministic OAR로 지정한 경우 Oraclize 라이브러리가 자동으로 OAR을 찾아주기 때문에 이 코드는 필요 없다).

(2) Oraclize에 WolframAlpha을 통한 난수 계산을 의뢰

WolframAlpha에 'random integer between 1 and 6'이라는 질의를 전송해본다. 실행 결과 1~6 범위의 정수 값이 반환될 것이다. http://www.wolframalpha.com에 접속해서 직접 확인해볼 수 있다.

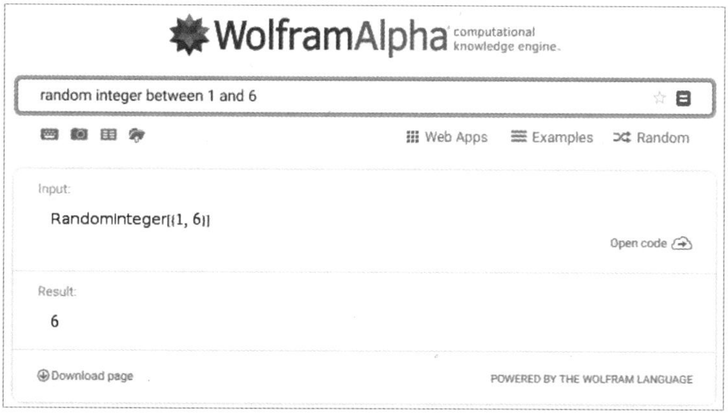

그림 6-39 WolframAlpha에 직접 질의

Oraclize가 제공하는 외부 처리는 wolframAlpha 외에도 다음과 같은 것이 있다.

URL을 지정해 결과를 취득

```
oraclize_query("URL", "http://www.google.com/finance/getprices?q=NI225")
```

IPFS 주소를 지정해 파일 내용을 취득

```
oraclize_query("IPFS", "Qmuv3s1WF9ul9rsWy2Pf8giaLBKmqhoqXT9tLCJ6mcHkzb")
```

oraclize_query에서는 Oraclize에 처리를 의뢰했을 때의 의뢰 번호가 반환된다. 디버그를 위해 public 변수에 저장해둔다.

(3) Oraclize 측에서 외부 처리가 실행되면 이 __callback 함수를 호출한다

Oraclize는 의뢰받은 처리의 실행이 완료되면 실행 결과를 인수로 삼아 RandomNumberOraclize의 __callback() 함수를 호출한다. RandomNumberOraclize에서는 받은 실행 결과를 사용한 후속 처리를 수행하게 된다.

(4) 실행 결과 result를 drawnNumber에 저장

Oraclize에서 전달된 실행 결과인 result를 자신의 멤버 변수인 drawnNumber에 저장한다. 이 예제 코드는 단순히 테스트를 위한 것이기 때문에 request()를 여러 번 호출해도 이전 기록들이 모두 저장되는 것이 아니라 맨 마지막 drawnNumber만 저장하게끔 구현했다.

Browser-Solidity에 위의 코드를 작성하고 Create 버튼을 클릭해 계약을 배포한다. 여기서는 ethereum-bridge에서 Oraclize 관련 계약을 배포하는 데 사용한 eth.accounts[1]이 아니라 eth.accounts[0]을 사용해 계약을 배포한다.

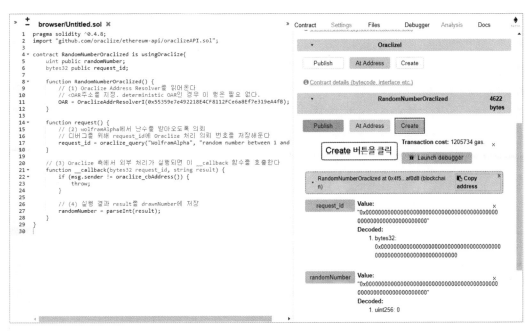

그림 6-40 RandomNumberOraclized 계약 배포

다음으로 request() 함수를 호출해 Oraclize(ethereum-bridge)에 외부 처리를 의뢰한다.

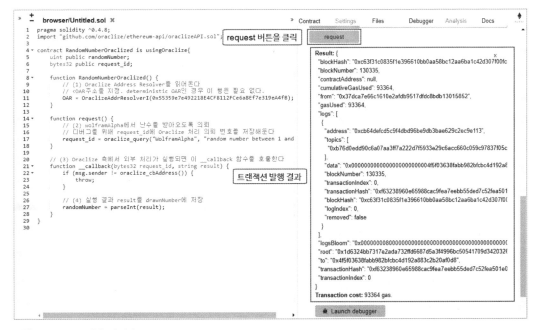

그림 6-41 request 호출 및 결과

트랜잭션이 발행되면 Oraclize에서 처리 의뢰를 받았다는 처리 의뢰 번호를 반환한다. 실제로는 byte32 형식의 값이 반환된다. request_id 버튼을 클릭해 저장된 값을 확인해보자. 같은 계약에서 Oraclize에 여러 처리 의뢰를 하는 경우 등 __callback으로 반환되는 처리 결과가 어떤 처리에 대한 것인지는 이 request_id로 확인할 수 있다.

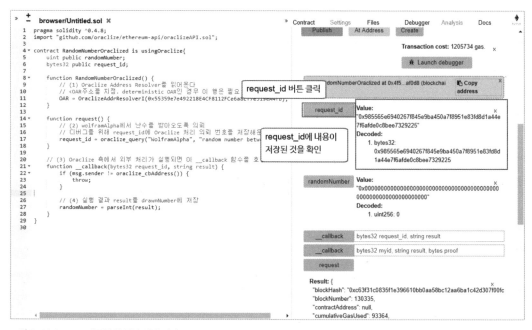

그림 6-42 Oraclize에 접수된 외부 처리 의뢰

실제 Oraclize에서 어떻게 처리가 이뤄지고 있는지 ethereum-bridge 로그를 살펴보자. ethereum-bridge를 실행한 콘솔 창을 보면 다음과 같은 로그를 확인할 수 있다.

```
[2017-10-09T06:41:08.901Z] INFO new HTTP query created, id: a4ce8d11f7ee48db37a6eb0e477e135566
250792e9a1551dcebef0d3ce29fc8d
[2017-10-09T06:41:08.909Z] INFO checking HTTP query a4ce8d11f7ee48db37a6eb0e477e135566250792e9
a1551dcebef0d3ce29fc8d status in 0 seconds
[2017-10-09T06:41:08.910Z] INFO checking HTTP query a4ce8d11f7ee48db37a6eb0e477e135566250792e9
a1551dcebef0d3ce29fc8d status every 5 seconds…
※ ethereum-bridge에서 HTTP 질의가 발행되는 것을 알 수 있다

[2017-10-09T06:41:14.923Z] INFO a4ce8d11f7ee48db37a6eb0e477e135566250792e9a1551dcebef0d3ce29fc
8d HTTP query result:
```

```json
{
    "result": {
        "_timestamp": 1507531272,
        "id": "a4ce8d11f7ee48db37a6eb0e477e135566250792e9a1551dcebef0d3ce29fc8d",
        "daterange": [
            1507531268,
            1507531328
        ],
        "_lock": false,
        "id2": "985565e6940267f845e9ba450a7f8951e83fd8d1a44e7f6afde0c8bee7329225",
        "actions": [],
        "interval": 3600,
        "checks": [
            {
                "errors": [],
                "success": true,
                "timestamp": 1507531272,
                "results": [
                    "3"
                ],
                "proofs": [
                    null
                ],
                "match": true
            }
        ],
        "version": 3,
        "_timestamp_creation": 1507531268,
        "context": {
            "protocol": "eth",
            "relative_timestamp": 1507531261,
            "type": "blockchain",
            "name": "eth_2D525B4426"
        },
        "active": false,
        "hidden": false,
        "payload": {
            "conditions": [
                {
```

```
                    "query": "random number between 1 and 6",
                    "proof_type": 0,
                    "check_op": "tautology",
                    "datasource": "WolframAlpha",
                    "value": null
                }
            ]
        }
    },
    "success": true
}
```

※ WolframAlpha로부터 HTTP를 통해 질의 결과를 받았다

```
[2017-10-09T06:41:14.927Z] INFO sending __callback tx...
{
    "contract_myid": "0x985565e6940267f845e9ba450a7f8951e83fd8d1a44e7f6afde0c8bee7329225",
    "contract_address": "0x4f5f03638fabb982bfcbc4d192a883c2b20af0d8"
}
[2017-10-09T06:41:45.481Z] INFO contract 0x4f5f03638fabb982bfcbc4d192a883c2b20af0d8 __callback
tx sent, transaction hash: 0x1fe490d8ae941624b4f5f15469e0712e4d38540c52f621d4d7be116513967451
{
    "myid": "0x985565e6940267f845e9ba450a7f8951e83fd8d1a44e7f6afde0c8bee7329225",
    "result": "3",
    "proof": null,
    "proof_type": "0x00",
    "contract_address": "0x4f5f03638fabb982bfcbc4d192a883c2b20af0d8",
    "gas_limit": 200000,
    "gas_price": null
}
```

※ __callback 함수를 호출해 처리 결과를 전달한다

```
[2017-10-09T06:42:42.655Z] INFO transaction hash 0x1fe490d8ae941624b4f5f15469e0712e4d38540c52f
621d4d7be116513967451 was confirmed in block 0xfb1906cd5a9c219c090ed691f4a604a9fc90db619968a91
e797e4f7232cd161c
```

※ __callback 호출이 무사히 완료(confirmed)됐다.

WolframAlpha의 실행 결과로 "'results":["3"]'이 나온 것을 확인할 수 있다. Oraclize(ethereum-bridge)이 __callback 함수를 호출한 것을 로그에서 확인할 수 있었으므로 Browser-Solidity에서 처리 결과를 받았는지 확인해본다.

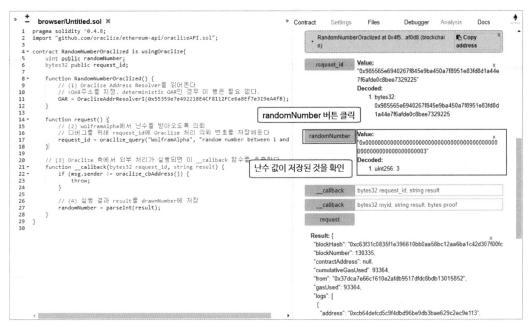

그림 6-43 __callback 결과가 저장된 것을 확인

WolframAlpha로부터 받은 결과인 난수 값 '3'이 __callback을 통해 저장된 것을 확인할 수 있다.

6.5.3 고찰

이번 예제에서는 두 개의 외부 자원에 의존해 난수 생성 부분을 스마트 계약 내에 구현했다. 하나는 외부에 질의를 해주는 Oraclize였고, 다른 하나는 실제 난수를 생성하는 서비스인 WolframAlpha였다. 스마트 계약 코드에서 "random number between 1 and 6"이라는 지시를 한 것만으로 바로 결과를 얻을 수 있었다. 이처럼 외부 자원을 활용하면 구현이 복잡한 기능도 쉽게 이용할 수 있다. 신뢰 가능한 API 제공처가 있다면 개발에 투입되는 수고를 줄이기 위해 제공되는 API를 사용하는 것도 좋은 방법이다.

정리

이번 장에서는 '난수 생성의 공정성'을 주제로 다른 장과는 다른 관점에서 계약을 만들어 봤다. 스마트 계약이 투명성과 변조 불가능성을 충족시키는 대신 사전에 예측할 수 없는 것을 스마트 계약 안에서 어떻게 다루고 극복할지 고민하는 것부터 시작했다. 사전 예측이 힘든 난수 생성을 구현하고, 난수 분포가 고르게 되도록 만들었다. 실제로 사용할 수 있게 만들기 위해서는 응답 시간과 실행 비용(gas)이 들기 때문에 아직 검토가 필요하지만 기능의 실증 실험 단계에서 볼 때 필요한 최소한의 기능을 구현할 수 있었다.

마지막 절에서는 스마트 계약 외부의 정보를 사용해 더욱 쉽게 난수 생성을 구현하는 방법도 소개했다. 여기서는 WolframAlpha를 통해 난수를 받아왔지만 Oraclize를 활용하면 다양한 외부 API의 결과를 스마트 계약 안에서 참조하거나 IPFS에 저장된 정보를 참조할 수 있는 등 스마트 계약의 가능성을 더욱 크게 만들 수 있다. 난수 생성에 그치지 말고 자유로운 발상으로 스마트 계약의 특징과 유용성을 살릴 수 있는 계약을 만들어보길 바란다.

A

부록

A-1

Geth 설치(우분투 / 맥 OS X / 윈도우)

2장에서는 우분투에서 소스를 직접 내려받아 Geth 설치를 진행했는데, PPA(Personal Package Archive)라는 패키지로부터 설치하는 것도 가능하다. 그 밖에 맥 OS X이나 윈도우, 라즈베리 파이[1] 같은 플랫폼에도 설치할 수 있다. 여기서는 우분투에서 패키지로 설치하는 절차와 맥 OS X, 윈도우에서 설치하는 절차를 알아본다.

A.1.1 우분투에 PPA로 설치

우분투에 Geth 최신 버전을 설치하는 방법을 설명한다. Geth 1.6.0 이후 버전은 Go 언어 1.7 이상이 필요하므로 우선 최신 Go 언어를 설치한다.

```
wikibooks@ubuntu:~$ sudo apt-get install software-properties-common
wikibooks@ubuntu:~$ sudo add-apt-repository ppa:longsleep/golang-backports
wikibooks@ubuntu:~$ sudo apt-get update
wikibooks@ubuntu:~$ sudo apt-get install golang-go
wikibooks@ubuntu:~$ go version
go version go1.8.3 linux/amd64
```

계속해서 Geth를 설치한다.

```
wikibooks@ubuntu:~$ sudo add-apt-repository -y ppa:ethereum/ethereum
wikibooks@ubuntu:~$ sudo apt-get update
```

---

1 http://ethembedded.com/

```
wikibooks@ubuntu:~$ sudo apt-get install ethereum
wikibooks@ubuntu:~$ sudo apt-get install solc
```

정상적으로 설치됐는지 확인해본다.

```
wikibooks@ubuntu:~$ which geth
/usr/bin/geth
wikibooks@ubuntu:~$ which solc
/usr/bin/solc
wikibooks@ubuntu:~$ geth version
Geth
Version: 1.7.0-stable
Git Commit: 6c6c7b2af3efdad4d2f64f70f3a724af434bbcd2
Architecture: amd64
Protocol Versions: [63 62]
Network Id: 1
Go Version: go1.9
Operating System: linux
GOPATH=
GOROOT=/usr/lib/go-1.9
```

1.6.0 이후 버전에서는 genesis 파일에 "config" 항목을 반드시 넣어야 한다. 2장에서와 같이 data_testnet 디렉터리를 생성한 후 genesis.json 파일을 만든다.

```json
{
    "config": {},
    "nonce": "0x0000000000000042",
    "timestamp": "0x0",
    "parentHash": "0x0000000000000000000000000000000000000000000000000000000000000000",
    "gasLimit": "0x8000000",
    "difficulty": "0x4000",
    "mixhash": "0x0000000000000000000000000000000000000000000000000000000000000000",
    "alloc": {}
}
```

사용자 계정의 생성이나 송금 명령은 1.5.x 버전과 동일하지만 컴파일은 geth 콘솔에서는 수행할 수 없다. 1.6 버전 이후에서 계약을 컴파일하는 방법은 5장을 참고한다.

A.1.2 맥 OS X에 설치

■ Homebrew로 설치

Homebrew tap을 사용해 맥 OS X에 Geth를 간단히 설치할 수 있다. 미리 Homebrew가 설치돼 있어야 한다[2].

터미널에서 다음 명령어를 실행한다.

```
$ brew tap ethereum/ethereum
$ brew install ethereum
```

개발 브랜치를 설치하는 경우 다음과 같이 --devel 옵션을 붙인다.

```
$ brew install ethereum --devel
```

■ 소스에서 직접 빌드

임의의 디렉터리에 리포지터리를 복제한다.

```
$ git clone https://github.com/ethereum/go-ethereum
```

Geth를 빌드하려면 Go 컴파일러가 필요하다. Go 언어를 설치할 때도 Homebrew를 사용한다.

```
$ brew install go
```

터미널에서 다음 명령어를 실행해 Geth를 빌드한다.

```
$ cd go-ethereum
$ make geth
```

바이너리가 'build/bin/geth'에 생성된다.

2 　https://brew.sh/

A.1.3 윈도우에 설치

윈도우용 Geth는 다음 사이트에서 내려받을 수 있다.

https://geth.ethereum.org/downloads/

다운로드 페이지에는 설치 파일 및 zip 파일이 있다. 설치 파일은 자동으로 PATH 환경 변수에 geth를 추가한다. 안정 버전(Stable release)에서 사용 중인 윈도우 버전에 맞는 파일을 내려받아서 실행하면 된다.

zip 파일을 내려받은 경우 다음과 같은 순서로 실행한다.

① 임의의 디렉터리에 내려받은 zip 파일의 압축을 해제한다.

② 명령 프롬프트에서 압축을 해제한 디렉터리로 이동한다.

③ geth.exe를 실행한다.

명령 옵션은 help 옵션으로 확인할 수 있다. help 옵션을 포함해 기본적인 사용법은 다른 운영체제와 동일하다.

```
P:\geth>geth.exe --help
NAME:
   geth.exe - the go-ethereum command line interface

   Copyright 2013-2017 The go-ethereum Authors

USAGE:
   geth.exe [options] command [command options] [arguments...]

VERSION:
   1.7.0-stable-6c6c7b2a

COMMANDS:
   account      Manage accounts
   attach       Start an interactive JavaScript environment (connect to node)
   bug          opens a window to report a bug on the geth repo
   console      Start an interactive JavaScript environment
   dump         Dump a specific block from storage
   dumpconfig   Show configuration values
(이하 생략)
```

A-2

라이브 네트워크에 연결

이번 절에서는 라이브 네트워크에 연결하는 방법을 설명한다.

테스트 네트워크와 동일한 방법으로 라이브 네트워크용 디렉터리를 생성한다[3].

```
$ mkdir ~/data_livenet
```

geth를 실행한다. 라이브 네트워크는 테스트 네트워크와 달리 genesis 파일을 만들지 않는다.

```
$ geth --fast --cache=512 --datadir /home/wikibooks/data_livenet/ console 2>> /home/wikibooks/
data_livenet/geth.log
```

이후 테스트 네트워크와 마찬가지로 콘솔 조작을 수행할 수 있다.

```
Welcome to the Geth JavaScript console!

instance: Geth/v1.7.0-stable-6c6c7b2a/linux-amd64/go1.9
 modules: admin:1.0 debug:1.0 eth:1.0 miner:1.0 net:1.0 personal:1.0 rpc:1.0 txpool:1.0
web3:1.0

>
```

---

3 생성하지 않는 경우 기본 디렉터리(~/.ethereum)가 사용된다.

연결 노드를 확인한다. 이 노드는 인터넷에 존재하는 이더리움 노드다. 노드 수는 서서히 증가한다[4].

```
> net.peerCount
0
> net.peerCount
1
```

블록 수를 확인해본다.

```
> eth.blockNumber
0
```

0이 반환된다. 이때 블록 파일을 확인해보자. 다른 터미널 창을 열어 tail 명령어로 로그 파일을 열어 진행 상황을 볼 수 있다. 이 메시지 중 number 항목이 블록 수다. 2017년 10월 시점의 이더리움 블록 수는 430만 개 가량으로 동기화에 많은 시간이 소요된다[5][6].

```
INFO [10-02|18:00:58] Block synchronisation started
INFO [10-02|18:01:04] Imported new block headers          count=192 elapsed=935.080ms
number=192 hash=723899…123390 ignored=0
INFO [10-02|18:01:04] Imported new block receipts          count=2    elapsed=47.734μs
bytes=8 number=2    hash=b495a1…4698c9 ignored=0
INFO [10-02|18:01:05] Imported new block headers           count=192 elapsed=33.023ms
number=384 hash=d3d5d5…c79cf3 ignored=0
INFO [10-02|18:01:05] Imported new block receipts          count=4    elapsed=250.503μs
bytes=1096 number=6    hash=1f1aed…6b326e ignored=0
```

동기화가 완료되면 eth.blockNumber 명령으로 블록 수를 확인할 수 있다.

계정을 생성한다. 테스트 네트워크와 마찬가지로 첫 번째 계정은 coinbase로 설정되며 잔고는 0인 상태다.

```
> personal.newAccount("xxxxxxxxxxxx")
"0x60ec31d4232ffc2d089b0dcb650b4f820b0ed200"
```

---

4 수십 초에 걸쳐 조금씩 숫자가 바뀐다. 연결 노드 수는 시간에 따라 증감한다.
5 가상 머신 환경에서 20시간 이상 걸리며 32GB 이상의 디스크 용량이 필요하다. 시간은 네트워크 상태와 PC의 성능에 따라 달라진다. ─fast 옵션이 아닌 경우 70GB 가량 필요하다.
6 (옮긴이) geth 버전에 따라 로그 파일 표시에 차이가 있다. 아래 내용은 1.7.0의 로그다.

```
> eth.accounts
["0x60ec31d4232ffc2d089b0dcb650b4f820b0ed200"]
> eth.coinbase
"0x60ec31d4232ffc2d089b0dcb650b4f820b0ed200"
> eth.getBalance(eth.accounts[0])
0
```

가지고 있는 Ether가 있다면 여기서 확인해볼 수 있고, 송금 역시 가능하다[7].

```
> eth.getBalance(eth.accounts[0])
994971411902294
> web3.fromWei(eth.getBalance(eth.accounts[0]), "ether")
0.000994971411902294
```

라이브 네트워크와 테스트 네트워크의 차이점은 다음과 같다.

- 실행 옵션에 networkid와 nodiscover 옵션을 지정하지 않는다.

- genesis 파일이 필요 없다.

이 밖에 기본적으로 테스트 네트워크와 라이브 네트워크가 동일하지만 채굴 난이도는 매우 높기 때문에 Gas로 사용할 Ether는 별도로 구매해야 한다.

---

7 Ether는 채굴하거나 구입해야 한다. 이 책을 집필하는 시점의 송금 수수료는 50원 가량이었다.

계정과 관련된 명령

● web3.eth.personal.newAccount

기능	새로운 계정을 생성(주의: 패스워드는 평문 텍스트로 전송되므로 안전하지 않은 웹소켓 또는 HTTP를 통해 이 함수를 호출하지 않는 것이 좋다)
인수	1. string: 패스워드
반환 값	string: 생성된 계정 주소

예

```
> personal.newAccount("pass0")
"0x46d613bb59608a04451fe8cafb459d8964d7b598"
```

● web3. eth.accounts

기능	계정의 주소 목록을 표시. 배열 인덱스를 지정해 인덱스에 대응하는 계정 주소를 표시한다
인수	없음
반환 값	Array: 계정 주소가 배열 형태로 반환. 배열 인덱스를 지정한 경우 대응하는 계정 주소를 표시

예

```
> eth.accounts
["0x46d613bb59608a04451fe8cafb459d8964d7b598", "0xf261b41e588313fa5757cf7cac4bc6a055c6c701",
"0xd4b066d813731a946fb883037f318c2d9444fcfe"]
> eth.accounts[0]
"0x46d613bb59608a04451fe8cafb459d8964d7b598"
```

● web3.eth.coinbase

기능	Etherbase 주소를 표시
인수	없음
반환 값	string: Etherbase 주소

예

```
> eth.coinbase
"0x46d613bb59608a04451fe8cafb459d8964d7b598"
```

● web3.miner.setEtherbase

기능	Etherbase 주소 설정
인수	string: Etherbase로 설정할 계정 주소
반환 값	boolean: 정상적으로 설정된 경우 true. 실패 시 예외 처리

예

```
> miner.setEtherbase(eth.accounts[1])
true
> miner.setEtherbase()
Error: invalid address
    at web3.js:3879:15
    at web3.js:4948:28
    at map (<native code>)
    at web3.js:4947:12
    at web3.js:4973:18
    at web3.js:4998:23
    at <anonymous>:1:1
```

채굴과 관련된 명령

● web3.eth.miner.start

기능	채굴 개시
인수	1. number: 스레드 수(생략 시 버전에 따라 다른 숫자가 기본값으로 사용됨. 1.5까지는 프로세서의 코어 수. 1.6부터는 1)
반환 값	boolean: 성공 시 true를 반환. 실패 시 예외 처리(1.6 이후 버전에서는 성공 시 "null"을 반환)

예

```
> miner.start(1)
true
> miner.start(1)
Error: etherbase missing: etherbase address must be explicitly specified
    at web3.js:3104:20
    at web3.js:6191:15
    at web3.js:5004:36
    at <anonymous>:1:1
```

● web3.eth.miner.stop

기능	채굴 정지
인수	없음
반환 값	boolean: 성공 시 true를 반환. 실패 시 예외 처리

예

```
> miner.stop()
true
```

● web3.eth.mining

기능	채굴 중인지 확인
인수	없음
반환 값	boolean: 채굴 중인 경우 true를 반환. 채굴 중이 아닐 때는 false를 반환

예

```
> eth.mining
true
```

● web3.eth.hashrate

기능	현재 해시 속도 표시
인수	없음
반환 값	number: 1초당 해시 속도

예

```
> eth.hashrate
140956
```

블록과 관련된 명령

● web3.eth.blockNumber

기능	현재 블록 번호를 표시
인수	없음
반환 값	number: 블록 번호

예

```
> eth.blockNumber
592
```

● web3.eth.getBlock

기능	블록 정보를 표시
인수	블록 번호
반환 값	Object: 블록 정보

예

```
> eth.getBlock(111471)
{
  difficulty: 1134586,
  extraData: "0xd783010505846765746887676f312e362e32856c696e7578",
  gasLimit: 4712388,
  gasUsed: 0,
  hash: "0x39a349c72688f6653a2623dc01c0b8bac040d48348441f6224981b1e40dbfcc8",
  logsBloom: "0x00000000000000000000000000000000000000000000000000000000000000000
000000000000000000000000000000000000000000000000000000000000000000000000000000
0000000000000000000000000000000000000000000000000000000000000000000000000000000
0000000000000000000000000000000000000000000000000000000000000000000000000000000
0000000000000000000000000000000000000000000000000000000000000000000000000000000
00000000000000000000000000000000000000000000000000000000",
```

```
    miner: "0x37dca7e66c1610e2afdb9517dfdc8bdb13015852",
    mixHash: "0xa9e68263ab2d6ea68345894900642195520265cc55f676c832bbc4737a16a25b",
    nonce: "0x4635f4a803560518",
    number: 111471,
    parentHash: "0x0ff631e7c99877ccecb273397c6b5f2b0573e61b13202d6944a21fc4816636e5",
    receiptsRoot: "0x56e81f171bcc55a6ff8345e692c0f86e5b48e01b996cadc001622fb5e363b421",
    sha3Uncles: "0x1dcc4de8dec75d7aab85b567b6ccd41ad312451b948a7413f0a142fd40d49347",
    size: 538,
    stateRoot: "0x6cac8b68032c6252863d291fd3ce8d6e1d1a5ef975869460bfd025f364f860f0",
    timestamp: 1506856227,
    totalDifficulty: 127088024385,
    transactions: [],
    transactionsRoot: "0x56e81f171bcc55a6ff8345e692c0f86e5b48e01b996cadc001622fb5e363b421",
    uncles: []
}
```

송금과 관련된 명령

● web3.personal.unlockAccount

기능	지정한 계정의 잠금 해제
인수	1. string: 잠금 해제할 계정 주소
	2. string: 패스워드
	3. number: 잠금 해제할 시간. 단위는 초. 0은 geth를 종료할 때 까지
반환 값	boolean: 잠금 해제를 성공하면 true를 반환. 실패 시 오류 발생

예

```
> personal.unlockAccount(eth.accounts[0], "pass0", 0)
true
> personal.unlockAccount(eth.accounts[1], "pass1",0)
first argument must be the account to unlock
> personal.unlockAccount(eth.accounts[0], "pass1", 0)
Error: could not decrypt key with given passphrase
```

● web3.eth.sendTransaction

기능	지정한 주소로 송금한다. 명령을 실행한 결과는 트랜잭션 ID이며, 송금 완료를 나타내는 것이 아님에 주의한다.
	송금이 완료되기 위해서는 채굴이 완료(블록 생성)돼야 한다.

인수	Object: 송금자 주소, 송금처 주소, 송금액(단위: wei)을 나타내는 객체
반환 값	string: 트랜잭션 ID

예

```
> eth.sendTransaction({from: eth.accounts[0], to: eth.accounts[1], value: web3.toWei(10,
"ether")})
"0x1600d7f5c9d835333b7fac071869dada0b57ffa51e647303c09ef7d79d86073d"
```

● eth.getBalance

기능	지정한 계정 주소의 잔고 확인
인수	1. string: 계정 주소
반환 값	number: 인수로 지정된 주소의 잔고. 단위는 wei

예

```
> eth.getBalance(eth.accounts[0])
305000000000000000000
```

● web3.fromWei

기능	지정한 값(1번째 인수)을 지정한 단위(2번째 인수)로 변환
인수	1. number: 변환할 값(입력 값)
	2. string: 단위. "szabo", "finney", "ether" 등으로 지정 가능
반환 값	number: 2번째 인수에서 지정한 단위로 변환한 첫 번째 인수 값

예

```
> web3.fromWei(eth.getBalance(eth.accounts[0]), "ether")
305
```

● web3.toWei

기능	지정한 값을 wei로 변환
인수	1. number: 변환할 값 (입력 값)
	2. string: 단위. "szabo", "finney", "ether" 등으로 지정 가능
반환 값	number: 두 번째 인수에서 지정한 단위의 첫 번째 값을 wei로 변환한 값

예

```
> web3.toWei(234, "ether")
"234000000000000000000"
```

● web3.eth.getTransaction

기능	지정한 트랜잭션 ID의 정보 표시
인수	string: 트랜잭션 ID
반환 값	Object: 트랜잭션 정보

예

```
> eth.getTransaction("0xd5e3bd6fff2bf4c8852516b30f946fd0a28ed2a38b5e69ab79cd56de93f15829")
{
  blockHash: "0x64e36f61eb756b0b8617e9327b7e02b4ab1ef91decc03e3288732e24e84b591c",
  blockNumber: 110491,
  from: "0x1a3d3d3fdf2252eaecc88f2bd50e5195ee081c4c",
  gas: 3000000,
  gasPrice: 20000000000,
  hash: "0xd5e3bd6fff2bf4c8852516b30f946fd0a28ed2a38b5e69ab79cd56de93f15829",
  input: "0xc4925fea00000000000000000000000003d4a2f40db14ee12dc8e976dbbd6649388634e3700000000000
0000000000000000000000000000000000000000000000000000000000c8",
  nonce: 1,
  r: "0xfce5b4f1b7ba279efe8f65973d8df8639e4d64e2ab85522d905006f9a04b6f1",
  s: "0x73bb1d4a88902d4950280e5d348db3686630f2475021bfe55f90f0a4d847c766",
  to: "0x58effeaae41a781c7336dd975b036909244b03e6",
  transactionIndex: 0,
  v: "0x1c",
  value: 0
}
```

● web3.eth.pendingTransactions

기능	대기 중인 트랜잭션 정보 표시
인수	없음
반환 값	Array: 대기 중인 트랜잭션 정보를 배열로 표시

예

```
> eth.pendingTransactions
[{
    blockHash: null,
    blockNumber: null,
    from: "0x37dca7e66c1610e2afdb9517dfdc8bdb13015852",
    gas: 90000,
    gasPrice: 20000000000,
    hash: "0x48263c09c7159a019b485f68b3f30f45c8214ca02343d506496892f14636edb7",
    input: "0x",
    nonce: 195,
    r: "0x4f1de4051fbf472d8049027f26aa111e4817944fd2dd6c74207a2740ea6acb57",
    s: "0xbde64122d8a7fdf96178a212648e9cd227ca01931112f350ccd20d52ee01774",
    to: "0x0a622c810cbcc72c5809c02d4e950ce55a97813e",
    transactionIndex: null,
    v: "0x1b",
    value: 10000000000000000000
}, {
    blockHash: null,
    blockNumber: null,
    from: "0x37dca7e66c1610e2afdb9517dfdc8bdb13015852",
    gas: 90000,
    gasPrice: 20000000000,
    hash: "0xba0bd43c431813bb75cdcabaecf12457bb0ffd7faebbbecc0fc2c3bdb69aed11",
    input: "0x",
    nonce: 196,
    r: "0x4bbb50f4b6af8d4610f776c984467afed13935df41b21d395bef179af551c641",
    s: "0x25ce9df9125751e376262a3bdb4318bb42d41dec817aecf7b3871e5576f053b8",
    to: "0x0a622c810cbcc72c5809c02d4e950ce55a97813e",
    transactionIndex: null,
    v: "0x1c",
    value: 10000000000000000000
}]
```